Der zweite Urknall
Wohin, Mensch?

Harald Müller

Der zweite Urknall
Wohin, Mensch?

Wege zur transhumanen Intelligenz

Bibliografische Information der Deutschen Nationalbibliothek
Die Deutsche Nationalbibliothek verzeichnet diese Publikation in der Deutschen Nationalbibliografie; detaillierte bibliografische Daten sind im Internet über http://dnb.dnb.de abrufbar.

Grafik: Keith Tarrier/ Shutterstock.com

Umschlaggestaltung, Satz, Herstellung und Verlag:
BoD – Books on Demand, Norderstedt

ISBN: 978-3-7562-4705-9

INHALT

ZWEITER TEIL

DRITTER TEIL

VIERTER TEIL

VORWORT

Wann kommt die posthumane oder transhumane Intelligenz? Und wie? Wenn alles läuft, wie die Astrophysiker es erwarten, wird in einigen Milliarden Jahren unser Planet in der Strahlung einer sich aufblähenden Sonne verglühen. Viel zu weit in der Zukunft, um uns davon beunruhigen zu lassen. Wir haben andere Sorgen, andere Bedrohungen könnten in einer viel näheren Zukunft aktiv werden oder sind es teilweise schon geworden. Zum Beispiel Auswirkungen des Bevölkerungswachstums, gravierende Klimaveränderungen, außer Kontrolle geratene Wirkungen der Industrie, Genetik, Medizin. Oder unglücklich gelagerte Meteoritenbahnen, die unsere Erde unbewohnbar machen könnten, u. a. m. Solche Sachen stehen zunehmend in unserem Fokus.

Die Umsiedlung der Menschheit zu einem Exoplaneten ist das wohl spektakulärste Projekt zur Vermeidung solcher Bedrohungen. Es wurde sogar eine Station gebaut, in der Freiwillige eine Zeit lang isoliert leben, um zu erfahren, wie es sich denn auf dem Raumschiff anfühlt, das auf dem Weg zu einem anderen Planeten ist. Tausende Exoplaneten sind entdeckt worden, unser höchstes Interesse gilt ihrer Bewohnbarkeit. Manche Prognosen sprechen sogar von möglichen „superhabitablen" Exoplaneten, mit besseren Lebensbedingungen als auf unserer Erde. Diese Hypothese ist nicht ganz ernst zu nehmen, weil die Biosphäre sich nicht notdürftig an unseren Planeten anpassen musste, sondern sich in Einheit mit ihm in völlig verschiedenen Klimazonen entwickelt hat.

Das Szenario eines bewohnbaren Planeten als Auswanderungsziel hat nüchtern betrachtet die geringsten Chancen, in Betracht gezogen zu werden. Es verlangt einen für die Menschheit enormen, nicht überwindbaren Energie- und Zeitaufwand. Darüber hinaus lässt die rasante Beschleunigung der menschlichen Entwicklung die Auswanderung als eher sinnlos erscheinen: Einerseits vervielfacht sich das Wissen in immer kürzeren Abständen. Andererseits wird der Mensch nicht mehr warten, bis die natürliche Selektion und Evolution ihn weiter bringen. Er selbst wird an sich Hand anlegen und zu einem Wesen werden, was wir heute nicht näher bestimmen können. Ansatzmäßig hat er eigentlich schon damit begonnen. Ob sich dann nach seiner rasant beschleunigten Evolution das Projekt Umsiedlung noch so wie heute darstellt, muss bezweifelt werden.

Ganz allgemein dürfte aus der heutigen Kurve der Entwicklung gemutmaßt werden, dass die transhumane Intelligenz noch vor der nächsten Jahrtausendwende Realität sein könnte. In allen Bereichen wurden und werden Szenarien unserer Zukunft gezeichnet. Einige recht plausibel, andere eher für Science-Fiction-Produkte gedacht. Unsere Szenarien müssen sich auf möglichst glaubwürdige, aus Erfahrungen und Wissen entstandene Voraussetzungen stützen. Es ist unmöglich, alles zu berücksichtigen. Auch sorgfältig erdachte Zukunftsszenarien können nicht allzu weit vorpreschen, weil der Mensch nicht in alle Ewigkeit das bleiben kann, was er jetzt ist. Er wird sich ändern, schneller und tiefgreifender, als wir es vermuten.

Eine oft feststellbare Ursache von fragwürdigen bis unreifen Projektionen in die Zukunft ist deren Reduktionismus. Ihre Autoren berücksichtigen zu wenige und zu wenig gesicherte Erkenntnisse, so wie sie eben zur Verfügung standen. So zum Beispiel stellte sich eine Voraussage aus den 1950er Jahren den Zukunftsmensch so vor: zierlich (weil die Muskelmasse mangels Beanspruchung geschrumpft ist), mit einem großen, birnenförmigen Schädel (in den viel Gehirn hineinpasst) und mit einer ganz kleinen Mundöffnung (weil er nicht mehr feste Nahrung zerkauen muss, sondern nur Pillen und Flüssigkeiten zu sich nimmt). Heute lächeln wir über solche Voraussagen. Aber bitte nicht zu hämisch; unsere Enkel werden über unsere Voraussagen lächeln.

Eine glaubwürdige Beschreibung einer transhumanen Intelligenz kann nicht als einfache Fortführung einzelner Mechanismen, Kausalketten, Eigenschaften oder Fähigkeiten ausgelegt werden, so wie sie uns heute erscheinen. Möglichst viele Facetten, Sichtweisen, Erkenntnisse und Fakten müssen einbezogen werden. Aus diesem Grund wird im Buch auch ein Bild des allgemeinen Wissensstands und des Status der Menschengesellschaft vorgestellt. Die vier Teile des Buches sind:

I. **Natur und Wissen – Wie wir denken (Wahrnehmung und Physik)**
II. **Gesellschaft und Wissen – Wie wir leben (Soziale Strukturen)**
III. **Evolution – Wie wir werden (Genetische Richtungen)**
IV. **Transhumane Intelligenz – Wohin Mensch?**

Wunschdenken und ungehemmte Fantasieflüge werden nach bestem Willen ausgelassen. Inwiefern das wirklich gelingt, kann erst im Ferndialog mit dem Leser entschieden werden. Kein Mensch kann restlos aus seiner Haut schlüpfen.

ERSTER TEIL

NATUR UND WISSEN – WIE WIR DENKEN

A. WIE REAL IST MEINE WIRKLICHKEIT? DER TEUFELSKREIS

Ich sehe durchs Fenster einen Baum. „Ich sehe“ heißt:

- Das vom Baum reflektierte Licht trifft auf meine Retina.
- Die Sehzellen feuern über den Sehnerv Impulse zum Gehirn.
- Das Gehirn sortiert die Impulse, erstellt aus ihnen ein Modell und entscheidet dessen Zugehörigkeit zum Begriff „Baum“.

Ein bisschen komplizierter ist das schon, denn ich sehe nicht irgendeinen Baum, sondern ein Unikat – das Gewächs vor meinem Fenster. Genauer: Nicht den Baum sehe ich, sondern die elektromagnetischen Wellen, die auf meine Retina prasseln. Mein Gehirn „sieht“ nur die Impulse, die von der Retina kommen. Und ich „sehe“ ja nur das Bild, das mir mein Gehirn liefert. Wobei „Ich“ eine Funktion dieses Gehirns ist. Das heißt auch: Wenn jemand meine Sehzellen in der gleichen Art und Weise künstlich reizt, wie es die Lichtstrahlen getan haben, werde ich – also meine Retina, also mein Gehirn – meinen Baum „sehen“, obwohl er gar nicht existiert. So etwas wie eine neuronal gesteuerte Virtual Reality. Eine beunruhigende Erkenntnis.

Andere Sinne funktionieren ähnlich: Ich höre z. B. das Bellen eines Hundes. Genauer, ich höre die Vibrationen meines Trommelfells, oder nein, mein Gehirn „hört“ die vom Trommelfell ausgelösten Impulse. Erst mein Gehirn ordnet die Impulse zum „Bellen“, weil es die Wahrnehmungen meiner Sinne bei der Begegnung mit einem Hund gespeichert hat. Auch hier finde ich hinter dem Begriff „Gebell“ eine Wahrnehmungskette.

Welche Phase in solchen Verkettungen kann „Wirklichkeit“ oder „Realität“ genannt werden? Wo kann ich über jeden Zweifel erhaben meine Erkenntnisse verankern? Wissen kann ich es nicht, weil alles, was dazu gehört, Baum oder Gebell usw. von meinem Gehirn gestaltet wurde, und zwar nicht direkt, sondern aus physikalischen Kanälen und Nervenimpulsen – mit bestem Wissen und Gewissen, aber *immer aus zweiter oder dritter Hand.* Vielleicht verankere ich meinen Glauben an die Wirklichkeit eher in meine Retina, in mein Trommelfell, in meine taktilen Sensoren. Oder dann schon gleich in mein Gehirn? Nein, natürlich nicht, denn das, was ich „mein Gehirn" nenne, ist ein Modell einer kleinen Parzelle des von mir erschaffenen Weltbilds, das ich Realität nenne. Es ist ein Organ, das Signale von Sensoren verarbeitet, daraus Modelle erstellt und Befehle emittiert, die ihm und seinen Sensoren die Existenz sichern sollen. Das ist sein Job. Dieses „mein Gehirn" kann ich nicht unmittelbar, sondern ausschließlich als Modell zu Gesicht bekommen, als Zeichnung, Hologramm, Röntgen- oder MRT-Bild. Und selbst wenn ich es in der Hand hätte und alles sehen und nachvollziehen könnte, was in ihm vorgeht, ginge alles von vorne los: Was „sehe" oder „verstehe" ich denn? Wieso läuft alles so und nicht anders? Wer bin ich? Besser: *Was* bin ich eigentlich? Die Katze beißt sich in den Schwanz. Ein Teufelskreis.

Irgendwo muss ich aber mein Denken verankern, von irgendeinem Grundstein muss ich ausgehen, auf dem ich bauen kann, sonst hänge ich in einem mentalen Vakuum, mein Gehirn kann nicht kommunizieren. Ich entscheide mich für die Arbeitshypothese *„Realität"* als mein tiefstes, allumfassendes Postulat (ich wage nicht, *„Wirklichkeit"* zu sagen). Also für eine Realität, die aus Wellen, Impulsen, Synapsen und wer weiß noch was zustande gekommen ist.

Ein starkes Argument für diese Entscheidung ist die Wahrnehmung der Zeit:

- Ein Geschehen in der Realität braucht seine Zeit, an der ich nicht rütteln kann. Um das Zeitgeschehen in der Realität zu erleben, muss ich mich manchmal mächtig gedulden. Oder ich kann das Geschehen gar nicht erleben, weil es der Vergangenheit angehört, oder einer Zukunft, die zu weit vor mir liegt. Die Realität folgt einem gerichteten Zeitpfeil, seine Richtung kann ich nicht ändern.
- In vielen mentalen Modellen ist die Zeit eingebunden, doch anders, in einer abstrahierten Form. Etwa so wie das Symbol „t" in einer Formel,

das z. B. für die dreieinhalb Milliarden Jahre des Lebens auf unserem Planeten steht, für die fünfzehn Minuten Unterrichtspause oder für die unermesslich kurze Planck-Zeit. Eine quantitative Korrespondenz zur realen Zeit, die von diesem „t" symbolisiert wird, gibt es nicht. Es handelt sich ja nur um ein Zeichen, ein Symbol. Jetzt aber „Heureka!" ausrufen, „Der Zeitpfeil ist der Schlüssel, die Zeit ist der absolute Ankerplatz, sie ist die Wirklichkeit!" wäre voreilig. Denn die Zeit, wie auch das Geschehen, auf dessen Dauer ich keinen Einfluss habe und ein Teil meiner Realität ist, sind letztendlich auch mentale Modelle.

Es bleibt mir wohl nichts anderes übrig. Ich muss die mir erscheinende Realität als Ausgangspunkt für die Annahme einer Wirklichkeit postulieren. Etwas Vertrauenswürdigeres habe ich nicht. Nur „postulieren"? Wozu sollte unterschieden werden zwischen *„Das* ***ist*** *die Wahrheit, der absolute Ankerplatz"* und seinem vorsichtigeren Zwilling *„Ich gehe davon aus, dass …"*? Weil die Verankerung an einen erhofften absolut sicheren Referenzpunkt – Wirklichkeit, Subjekt, Objekt, Geist, Kausalität, Wahrheit oder was auch immer – seit Menschengedenken immer wieder zu Widersprüchen geführt hat. Die Geschichte der Erkenntnis ist eine endlose Folge von Widersprüchen. Immanuel Kants „Ding an sich" ist in der Philosophie der mächtige Name einer nie greifbaren Wirklichkeit. Bleibt noch die Frage, ob diese real ist oder ein mentales Konstrukt. Und dann: Was ist „real"? Was ist ein „mentales Konstrukt"? Ich weiß es nicht. Niemand weiß es. Es kann nicht gewusst werden.

Spätestens die quälenden Fragezeichen der Quantenphysik zwingen uns, Hoffnungen auf einen absoluten Referenzpunkt aufzugeben. Dieser Zweig der Wissenschaft ist gnadenlos, in ihm verläuft die strengste Front der Erkenntnis. Mit der Unbestimmtheitsrelation und der Postulierung von Wahrscheinlichkeit statt Kausalität hat sie auf einen absoluten Referenzpunkt verzichtet. Die Observierung der Realität über Geräte hat diesen Verzicht erzwungen.

All das hindert uns nicht, weiter zu suchen. Der Weg ist das Ziel.

B. GLAUBEN UND WISSEN

Das Wort „Glaube“ wird eher mit Bekenntnissen zu Mystischem, Übernatürlichem sowie zu religiösen Dogmen in Verbindung gebracht. Objektiv betrachtet steht der Begriff jedoch nur für eine subjektive Einstellung, für Überzeugungen, deren Wahrheitsgehalt nicht oder nicht gründlich hinterfragt wurden, oder auch wenn der Gläubige etwas anderes nicht wahrhaben will.

In diesem Sinne muss unterschieden werden zwischen mystischem Glauben, der widerspruchslos angenommen wird, und wissenschaftlichen Überzeugungen. Diese können auch falsch sein. Doch sie können und werden hinterfragt, unter Umständen auch fallen gelassen – das unterscheidet sie von der Mystik.

Der Sinn des Zweifelns wurde uns schon in der Schule im Mathematikunterricht geliefert. Ein Axiom ist eine Aussage, die nicht bewiesen werden kann, die dennoch als wahr angenommen wird und zusammen mit anderen Axiomen als Ausgangspunkt für Herleitungen dient. Dadurch wird das Beobachtete verstanden und neue Erkenntnisse werden erworben. Axiome sind unerlässlich. Man muss eben von irgendetwas ausgehen, woran man glaubt. An diesem Glauben hält man fest, solange sich kein Widerspruch zeigt.

Schon immer haben sich Wissenschaftler die Frage gestellt, wieso ein Axiom als wahr und richtig deklariert werden darf, obwohl es dafür keine Beweise gibt. Die Antwort ist einfach: weil wir dazu keine Alternativen haben. Axiome sind streng genommen reine Glaubensbekenntnisse. Hier einige Definitionen von Axiomen:

Axiom ist ein als absolut richtig erkannter Grundsatz;
gültige Wahrheit, die keines Beweises bedarf

Axiome gelten als unmittelbar einsichtig
Ein Axiom ist eine als wahr angenommene primäre Aussage

Wir stützen uns auf Erfahrungen, die bestätigt haben, dass anerkannte Axiome die wahrgenommene Realität abbilden. Nur die Annahmen, die unwidersprochen zur Realität passen, dürfen „Axiome" genannt werden. Unbeantwortet bleibt, ob und in welchem Maße ein Axiom oder auch irgendeine andere Aussage absolut zweifelsfrei zur Realität passt oder nicht. Es ist eine Frage der Modellierung der Realität, die wir später erörtern werden.[1]

Wenden wir uns zunächst den Axiomen der Mathematik zu. 1899 hat David Hilbert (1862–1943) auf den Glauben an die unmittelbare Evidenz verzichtet: Wie Alexander der Große durchtrennt er den gordischen Knoten und postuliert die Forderung auf Widerspruchsfreiheit und Konsistenz des Axiome-Systems als Ankerplatz der Mathematik. Dadurch hat er die schwammigen Überzeugungen durch ein formal unangreifbares Konstrukt ersetzt:

Widerspruchsfreiheit besteht dann, wenn nur logische Folgerungen abgeleitet und damit nur logische Wahrheiten bewiesen werden. Konsistenz eines Systems besteht dann, wenn seine Aussagen sich nicht widersprechen.

Einerseits befreit eine solche Sichtweise die Definition der Axiome von der Erwähnung des Glaubensbekenntnisses. Andererseits stiehlt sie sich irgendwie aus der Verantwortung, weil die Frage der Fragen nicht einmal erwähnt wird, wo sie denn sei, die absolute, fundamentale Wahrheit, in

1 vgl. Kap. D - Modelle

der wir alle unsere Gedanken, Überzeugungen und Sehnsüchte verankern könnten.

- Hilberts Auffassung ermöglicht die Anwendung der Axiomatik auf alle Wissenschaften. Es geht nicht mehr um fundamentale Wahrheiten ganz unten, wo das Wissen beginnt, sondern um Systeme, deren axiomatische Ausgangspunkte (Prämissen oder Annahmen) innerhalb einer bestimmten Wissenschaft oder einer definierten Wissensklasse nicht bewiesen werden müssen oder können. Sie werden aufgestellt und bleiben gültig, solange sie sich als konsistent erweisen. Hilbert muss sich bewusst gewesen sein, dass er mit seiner Definition die Frage des Ursprungs der tiefst möglichen axiomatischen Ebene umgangen hat: 1900 stellte er an einem Mathematikkongress seine Liste von 23 ungelösten mathematischen Problemen vor, darunter die Forderung nach dem Beweis für die Widerspruchsfreiheit der Axiome der Arithmetik.
- 1930 bewies Kurt Gödel (1906–1978), dass die Widerspruchsfreiheit der Axiome der Arithmetik nicht bewiesen werden kann. Einige Zeit danach glaubten noch manche Wissenschaftler, Gödels Demonstration sei nur eine formale Spielerei. Heute werden ihr Wahrheitsgehalt und ihre ungeheure Reichweite akzeptiert. Für unsere Sehnsucht nach dem absoluten Ankerplatz des Wissens heißt das:

Es gibt keine tiefste axiomatische Ebene, in der alle unsere Erkenntnisse und Überzeugungen an absolut sicherer Stelle verankert werden können.

Der Traum, irgendwann den Weg zur absoluten Wahrheit gefunden zu haben, bleibt ebenso gegenstandslos, wie Anfang und Mitte des 20. Jahrhunderts die Hoffnung vieler Physiker, eine Weltformel zu finden, die grundsätzlich alle Tore zum Verständnis des Universums öffnen soll. Jahre mussten noch verstreichen, bis die meisten Wissenschaftler akzeptiert hatten, dass es eine solche Formel nicht geben kann. Der Traum von einer Weltformel war wohl einer der letzten Ausläufer der vor 1900 weit verbreiteten Meinung, dass die Grundprinzipien der Physik schon entdeckt wären, und dass nur noch Fleißarbeit nötig ist, um die Realität zu entziffern.

Hilberts radikale Abtrennung der Axiome vom unbeweisbaren Wurzelwerk des allgemeinen Daseins stellt für uns das Verhältnis zwischen Glaube und Wissen in ein schonungsloses Licht: Alles was wir wissen und denken, begründet sich auf Wahrnehmungsergebnisse und Aussagen, an die wir *glauben*. Axiome sind zwar widerspruchsfrei, doch aus anderen Aussagen hergeleitet werden können sie nicht: Erst dadurch dürfen sie so genannt werden. Gültig sind sie nur für ein begrenztes Aussagensystem. Ihr tiefster Ursprung ist ein Erfahrungs- und Glaubensakt, irgendwo im Teufelskreis der Erkenntnis. Mit irgendeiner Form von dualem Glauben an „Geist“ und „Materie“ hat das nichts zu tun.

Die Widerspruchsfreiheit von Axiomen ist nicht beweisbar, oder konnte nicht bewiesen werden (siehe Gödel). Wir müssen an sie glauben, sonst ist Denken nicht denkbar. Und wir sollten sie überprüfen, wann immer es möglich und sinnvoll ist.

Für Immanuel Kant (1724–1804) „*... bleibt es immer ein Skandal der Philosophie und allgemeinen Menschenvernunft, das Dasein der Dinge außer uns bloß auf Glauben annehmen zu müssen, und, wenn es jemand einfällt, es zu bezweifeln, ihm keine genugtuenden Beweise entgegenstellen zu können*“.
Worauf Martin Heidegger (1889–1976) entgegenhält: „Der ‚Skandal der Philosophie‘ besteht nicht darin, dass dieser Beweis noch aussteht, sondern darin, dass solche Beweise immer wieder erwartet und versucht werden. Nicht die Beweise sind unzureichend, sondern die Seinsart des beweisenden und beweisheischenden Seienden ist unterbestimmt“.

Heideggers Einwurf ist nicht überzeugend. Dass die „Seinsart des Seienden“ irgendwann abschließend bestimmt werden könnte, ist auch nur ein nicht überprüfbarer Glaubensakt. Die Beweise sind und bleiben unzureichend. Die Anstrengungen der Philosophie, das Verhältnis zwischen Vernunft und Glauben zu klären, sind sehr alt. Wenn die Vernunft keinen absoluten Ankerplatz haben kann, bleibt nur noch die Möglichkeit zu *postulieren, dass die Vernunft überprüfter Glaube ist* – so weit wie für unsere Fähigkeiten irgend möglich. Das beharrliche Überprüfen unterscheidet die Vernunft von Religionen.

Weniger rigorose Axiome werden in den Naturwissenschaften „Postulate" genannt. Der Begriff „Postulat" wird oft für Aussagen eingesetzt, die bis auf weiteres wie Axiome behandelt werden. Hier zwei Beispiele von geschichtlich vergänglichen Postulaten der Naturwissenschaften:

Die Erde ist das Zentrum des Universums. Die Gestirne kreisen um die Erde (Ptolemäus, um 150 n. Chr.). Der unbeugsame Pantheist Giordano Bruno (1548–1600) hat widersprochen und wurde auch dafür auf dem Scheiterhaufen hingerichtet.

Das Universum wird von Newtons Gesetzen regiert. Gegen Ende des 19. Jahrhunderts wähnten sich viele Wissenschaftler auf der Zielgeraden in Richtung endgültiger Erkennung der Naturgesetze angekommen zu sein. Um 1900 verkündete der Physiker William Thomson (Lord Kelvin), das Ende der Physik an. Die Naturgesetze müssten nur noch nach und nach entschlüsselt werden.

Es sollte aber ganz anders kommen. Mindestens zwei Experimente störten diese idyllische Auffassung: die verwirrenden Ergebnisse des Doppelspalt-Experiments und die verstörenden Messungen der Lichtgeschwindigkeit.

B.1 WURZELN DER MODERNEN PHYSIK: DAS DOPPELSPALT-EXPERIMENT

Nach Isaac Newton (1642–1726) beschäftigte eine Frage die Wissenschaftler: Besteht das Licht aus Partikeln oder aus Wellen? 1802 hat Thomas Young (1773–1829) ein Experiment ersonnen, das die klärende Antwort geben sollte: Die Versuchsanordnung besteht aus einer Lichtquelle, deren

Strahl auf eine Blende fällt, die durch zwei eng beieinander liegenden parallelen Spalten durchbrochen ist. Monochromatisches Licht passiert die Spalten und beleuchtet einen dahinter stehenden Schirm – mit dem Ergebnis, dass auf dem Schirm nicht wie erwartet, ein heller, zu den Rändern allmählich verblassender Lichtfleck erscheint, sondern mehrere parallele Lichtstreifen zu sehen sind. Es ist das für Wellen typische Interferenzmuster. Wird eine der Spalten abgedeckt, verschwindet das Interferenzmuster. Die Antwort schien – zumindest für die nächsten hundert Jahre – geklärt: Licht ist demnach ein Wellenphänomen.

1900 machte Max Planck (1858–1947) die Ergebnisse seiner Experimente bekannt, die zeigten, dass die Energie nicht kontinuierlich, sondern in winzigen, festgelegten Paketen übertragen wird, in „Quanten". Planck hat zwei Jahre lang gezögert, bevor er dieses Ergebnis veröffentlichte, an das er selbst kaum glauben konnte.

Zurück zum Doppelspaltexperiment: Was geschieht, wenn das Licht durch nur eine Spalte geschickt wird, während die andere offenbleibt? Unglaublich: Auf dem Schirm erscheint das Interferenzmuster, *als ob das Licht beide Spalten gleichzeitig passiert hätte.* Wie und woher „weiß" das Licht, das durch die eine Spalte geschickt wurde, dass die andere Spalte offen ist? Als ob das nicht genug wäre: Wenn nur einzelne Teilchen durch eine der Spalten geschickt werden, etwa im Abstand einer Sekunde hintereinander, wenn also keine Wechselwirkung zwischen den einzelnen Teilchen entstehen kann, *erscheinen auf dem Schirm wieder die Interferenzstreifen.* Sie bauen sich zwar langsamer auf, aber sie sind unverkennbar. Was kann das bedeuten, läuft ein Teilchen gleichzeitig durch beide Spalten? Hat das Teilchen mit sich selbst interferiert? Entsteht das Teilchen erst durch die Messung? Ist da ein Quantenobjekt am Werk, für das unser Gehirn einfach kein Modell gefunden hat und nicht in der Lage ist, eins zu finden? Oder, mit Heidegger: Ist das Quantenobjekt ein für uns „unterbestimmtes Seiendes"? Die Ergebnisse des Experiments widersprechen jeglichem gesunden Menschenverstand. Solche unbeantworteten Fragen prägen den Kern der Quantenphysik.

Allmählich wurde deutlich, dass die Entscheidung Wellen- oder Teilchennatur des Lichts nicht greift, denn Licht ist beides, Welle und Teilchen. Schlimmer noch: Es gibt weder Wellen noch Teilchen; es gibt nur Gleichungen, von denen postuliert wird, dass sie etwas beschreiben, das „Wellen" und „Teilchen" genannt werden kann.[2]

Die hier angeführten Aussagen schildern die undankbare Wahrheitssuche in der Physik der letzten 120 Jahre. Ein intuitives, in sich geschlossenes Bild der Realität, so wie es Isaac Newton vor 300 Jahren nachvollziehbar gezeigt hatte, ist auch heute immer noch nicht erkennbar. Niels Bohr (1885–1962) soll gesagt haben „Wer behauptet, über die Quantenmechanik nachdenken zu können, ohne verrückt zu werden, zeigt damit bloß, dass er nicht das Geringste davon verstanden hat." Richard Feynman (1918–1988), Nobelpreisträger der Physik, schrieb einmal: „Ich versuche, meinen Studenten die Quantenmechanik zu erklären … sie verstehen sie nicht … weil *ich* sie nicht verstehe …". Und auch: „Ich glaube, mit Sicherheit behaupten zu können, dass heutzutage niemand die Quantenmechanik versteht".

Umso erstaunlicher ist, dass die von unseren Gehirnen erdachten Gleichungen anhand der gemessenen Ergebnisse die Vorgänge in der Quantenmechanik sehr genau beschreiben, genauer als jede andere wissenschaftliche Beschreibung der Realität. Als ob die Mathematik eine eigenständige, von unserem Denken quasi unabhängige Existenz führen würde. Viele Wissenschaftler, darunter keine Geringeren als Albert Einstein (1879–1955) und Kurt Gödel glaubten das jedenfalls, ein Glaube, der heute noch weit verbreitet ist. Zahlen wären „eigenständige Einheiten" mit exakten Werten[3] …". Klingt fast wie das Postulat einer eigenständigen Realität. Dabei sind Zahlen nur Modelle.

2 vgl. Kap. F - Zitat Hossenfelder

3 „Trends in Cognitive Sciences", 1917 – zitiert in „Spektrum der Wissenschaft" 42/2021

B.2 WURZELN DER MODERNEN PHYSIK: LICHTGESCHWINDIGKEIT UND TEILCHENVERSCHRÄNKUNG

Ich fahre auf der Autobahn mit 100 km/h. Aus entgegengesetzter Richtung kommt ein Verkehrsteilnehmer, der ebenfalls mit 100 km/h unterwegs ist. Mit welcher Geschwindigkeit bewegen wir uns aufeinander zu? Das wissen schon Grundschüler: 200 km/h. Ich setze mich rittlings auf einen Lichtstrahl, wie eine Hexe auf den Besenstiel, und fliege mit einer Geschwindigkeit von 300.000 km/sec in Richtung Mars. Von dort nähert sich mir ein entgegengesetzter Lichtstrahl. Mit welcher Geschwindigkeit bewegen wir uns aufeinander zu? Klar doch, mit 300.000 + 300.000 = 600.000 km/sec.

Die real resultierende Geschwindigkeit dieses Aufeinandertreffens von (mit) Lichtstrahlen wurde gegen Ende des 19. Jahrhunderts gemessen. Das Ergebnis war inakzeptabel für einen Beobachter, der meint, bei Sinnen zu sein: immer 300.000 km/sec. Wie soll man das begreifen? Aus Messungen und Experimenten hat Albert Einstein 1905 gefolgert, dass *die Lichtgeschwindigkeit die Obergrenze jeder Art von Bewegung in unserem Universum ist.* Begreifen kann man den Vorgang immer noch nicht. Wir müssen es akzeptieren und damit arbeiten, wenn wir unser Universum verstehen wollen.

Ein Schweißfuß kommt bekanntlich selten allein. Es sollte noch schlimmer kommen: Erwin Schrödinger (1887–1961) hat in den 1930er-Jahren die „*Verschränkung der Elementarteilchen*“ aus der Taufe gehoben. Sie zeigt etwas anderes, etwas ganz merkwürdiges, was dem Gesetz der maximalen Geschwindigkeit vielleicht widerspricht, auf jeden Fall aber die Suche nach intuitiven Entitäten in der Quantenphysik mächtig durcheinanderbringt. Hier die Versuchsanordnung:

1. Im Labor werden komplementär polarisierte Teilchenpaare (A, B) erzeugt. Die Polarisierung jedes einzelnen Partikels des Paares ist unbekannt. Wir wissen nur, dass, wenn ein Teilchen eine bestimmte Polari-

sation hat – A hat zum Beispiel „Spin up" – der Partner B mit Gewissheit „Spin down" haben muss.

2. Das Teilchen (A) eines Paares wird zu einem Empfänger geschickt. Sein Zwilling (B) wird von einem anderen, weit entfernten Empfänger registriert.
3. Die Messung der Polarisation des Teilchens (A) sagt uns *sofort* auch die Polarisation des anderen Teilchens (B). „Sofort" heißt, dass gemessen wird, wie schnell das Teilchen B nach der Polarisationsmessung von A seine eigene Polarisation offenbart. Errechnet und immer wieder experimentell bestätigt wurden Geschwindigkeiten, die *mindestens das Zehntausendfache der Lichtgeschwindigkeit betragen*.

Einstein nannte das eine „spukhafte" Fernwirkung (an die er übrigens nicht glaubte). In der Physik musste sie akzeptiert werden, auch weil sie im Laufe der Jahrzehnte unzählige Male unter Beweis gestellt wurde. Eine kausal untermauerte Erklärung dafür gibt es vorerst nicht – wenn man von nicht überprüften Hypothesen absieht, wie zum Beispiel die für die SF-Szenarien so ergiebigen extremen Krümmungen der Raumzeit, die „Wurmlöcher".

Diese vor wenigen Jahrzehnten so berechnete, enorme Geschwindigkeit kann übrigens nicht zum Senden von Nachrichten genutzt werden. Das, was wir „Realität" nennen, bleibt nach wie vor von der Lichtgeschwindigkeit begrenzt – ganz im Sinne der Relativitätstheorie (Einstein bevorzugte den Ausdruck „Invariantentheorie"[4]). Heute wagen einige Autoren schon die Vermutung, dass die „spukhafte Fernwirkung" sogar instantan sein könnte. Sehr mutig, denn das würde unser gesamtes Weltbild durcheinanderbringen. Nach der Archimedes-Galilei-Newton-Physik und der Planck-Einstein-Heisenberg-Physik wäre das der Ursprung einer

4 vgl. Kap. C. Invarianz ~ Symmetrie, Grenzen)

dritten Physik, die ohne Kausalität auskommt, denn bei fehlendem Zeitpfeil macht das Begriffspaar Ursache und Wirkung keinen Sinn.

Und wieder steht unser Verstand vor einer Mauer. Was passiert in dieser Versuchsanordnung? Was auch immer dort wirkt, mit unseren gefestigten Begriffen können wir das Geschehen schlecht fassen. Es bleibt uns nichts anderes übrig, als der Mathematik und ihrem unerbittlichen Wenn-Dann zu vertrauen. Als ob die formale Logik unser absoluter Ankerplatz wäre.

Von solchen aus Experimenten resultierenden Angriffen auf das Vertrauen in den gesunden Menschenverstand sind die Quantenphysik und die Relativitätstheorie entstanden. Der Glaube an den kognitiven Wert der Intuition beginnt zu bröckeln, dafür verlagert sich das Vertrauen immer mehr zum formalisierten Verstand der Mathematik. Der Begriff „Intuition" bezeichnet hier nicht die im Alltag gemeinte Ahnung eines Verstehens, sondern vielmehr den Wunsch nach einer schlüssigen Repräsentation eines Phänomens. Schon Einstein musste die Hilfe eines befreundeten Mathematikers, Marcel Grossman (1878-1936), heranziehen, um sich in der Differenzialgeometrie zurechtzufinden und damit seine allgemeine Relativitätstheorie zu formulieren.

Newtons Gesetze sind heute noch praktisch unentbehrliche Näherungen, aber eben nur Näherungen.

B.3 AXIOME, POSTULATE, GESETZE

Eines der ersten Axiome, die wir in der Schule gelernt haben, lautet: Durch einen Punkt kann auf einer Ebene zu einer Geraden nur eine einzige Parallele verlaufen. Das hatte schon in der Antike Euklid gesagt, und bis heute hat es niemand geschafft, dieses Axiom zu beweisen oder ihm zu widersprechen.

An dieser Stelle ist zu unterscheiden zwischen den Axiomen der Mathematik, mit ihren scharf definierten Begriffen, und den Postulaten der physikalischen Realität, etwa auf dem Gebiet der Physik, Astronomie, Chemie, Biologie. Bei diesen sieht es nämlich anders aus: Die Postulate der Naturwissenschaften sind nicht ewig, nicht fundamental, und auch ihr Wirkungsradius ist nicht unendlich. Ihre Grenzen sind unscharf,[5] sie werden früher oder später korrigiert oder gar widerlegt. Oft waren den Wissenschaftlern Fakten bekannt, die den akzeptierten Postulaten eigentlich widersprachen. Sie wurden aber nicht richtig wahrgenommen oder sogar unter den Teppich gekehrt, weil sie lieb gewonnene Konstrukte in Zweifel ziehen könnten. Max Planck meinte scherzhaft: „Die Wahrheit triumphiert nie. Nur ihre Feinde sterben aus". Ganz so schlimm ist es um die neuen Erkenntnisse nicht bestellt, aber die Trägheit der Überzeugungen kann gewaltig sein. Das stellt die Wissenschaft nicht infrage, es zeigt nur das Menschliche in uns, und so wird es auch in Zukunft bleiben – insofern die Definition „Mensch" zu uns passt.

Wir könnten die Postulate der Naturwissenschaften einfach „Hypothesen" nennen. Warum nicht? Denn das sind sie ja eigentlich. Allerdings würde der unangenehme Beigeschmack des Provisoriums stören. Üblicherweise werden Herleitungen in den Wissenschaften „Gesetze" genannt, denen die Natur „gehorcht". Das sind nur Wortspiele, denn sie wurden von uns Menschen „gesetzt". Die Natur gehorcht niemandem. Bestimmte, in der Natur erkannte Vorgänge werden von bestimmten Mustern ausreichend genau beschrieben. Wenn diese Muster (Modelle) lange genug und oft genug richtig liegen, nennt man sie „Gesetze".

---

5 vgl. Kap. B3.1, Kap. C5

B3.1 DER AXIOMATISCHE BAUM – DIE GLAUBWÜRDIGKEITSORDNUNG

Stellen wir uns unser gesamtes Wissen metaphorisch vor, als Bild eines Baums, von seiner tiefsten Ebene, von den Wurzeln, über immer höher aufgetürmte Schichten von abgehobenen Ebenen, die sich bis zu den Spitzen verzweigen und weiter wachsen – eine gigantische, virtuelle Pinnwand für unsere Gedanken. Unzählige Zettel mit allen möglichen Aussagen hängen an seinen Zweigen wie der Schmuck am Weihnachtsbaum. Das ist der *Baum der axiomatischen Ebenen.*

- In seiner tiefsten Ebene sind die fundamentalen Aussagen angesiedelt, die Axiome der Mathematik, von denen man sicher sein darf, dass sie voraussichtlich weder bewiesen noch falsifiziert oder geändert werden können, etwa Euklids Axiome. Diese sind nur für das in Betracht kommende Gebiet fundamental, nicht für die grundsätzlichen Fragen der Wirklichkeit und der Erkenntnis – das wissen wir von David Hilbert.
- In der nächsthöheren Ebene über den Axiomen der Mathematik finden wir die Postulate der Naturwissenschaften. Ihre Aussagen sind erfahrungs- und vereinbarungsabhängig. Wir wissen, dass die Aussagen dieser Ebene zeitlich begrenzt gültig sind.
- Je abgehobener die Ebene ist, auf der wir uns gedanklich befinden, desto skeptischer darf man die Aussagen betrachten. Mit der Höhe wächst ihre Unzuverlässigkeit. David Hilberts sechste Frage in seiner Liste der ungelösten mathematischen Probleme lautet: Wie kann die Physik axiomatisiert werden? Wenn der Unterschied zwischen Axiomen und Postulaten konsequent beachtet wird, muss die Antwort lauten: gar nicht.[6]
- Nicht alle Gesetze der Physik haben den gleichen axiomatischen Status, die gleiche Position im axiomatischen Baum. Die Gesetze der Thermodynamik beispielsweise sind statistische Modelle. Deshalb liegen sie auf einer höher gelagerten axiomatischen Ebene als die vorhin besproche-

6 vgl. Kap. B3

nen, von Newton und Einstein formulierten Gesetze. Das heißt, sie sind mit Vorsicht zu genießen, weil sie weniger scharf und nicht universell sind, und zuweilen Korrekturen brauchen. Sie stützen sich auf Aussagen tieferer Ebenen, die vorerst nicht angezweifelt werden – was sich aber ändern kann. Das Wissen darum, dass die Gesetze der Thermodynamik nur einen statistischen Wert haben, befreit keinen Physiker oder Ingenieur von der Pflicht, sie so exakt wie möglich zu beachten.

- Eine Stufe höher (also noch ungenauer) liegen die Gesetze der Biologie, deutlich abgehobener noch die der Soziologie, irgendwo darüber die der Politik, insofern sie überhaupt noch „Gesetze" genannt werden können.
- Weit abgehoben in diesem axiomatischen Baum sind zum Beispiel unüberprüfbare Alltagsüberzeugungen, Aberglaube und Religionen angesiedelt, deren widersprüchliche axiomatische Wurzeln von nicht hinterfragendem, festem Glauben gestützt sind. Ebenso auch die oberflächlich begründeten Prämissen, von denen ausgehend wir durch Wenn-Dann-Herleitungen unsere Überzeugungen bauen und unsere Entscheidungen treffen. Hier beginnt die Welt der Verschwörungstheorien. „Schon meine dritte Katze ist frühzeitig verstorben. Mein Nachbar muss sie vergiftet haben!".

Hier sei noch einmal daran erinnert, dass alle Aussagen des axiomatischen Baums, sowohl die Axiome der Mathematik und die Postulate der Naturwissenschaften, als auch die hochgehaltenen Wahrheiten der Religionen grundsätzlich Glaubensbekenntnisse sind.

Unsere tiefsten Postulate und Axiome sind Verallgemeinerungen von Erfahrungen. Wissen ist das gespeicherte Ergebnis von Herleitungen. Die Unterschiede zwischen Glaubensakten liegen im Umgang mit Widersprüchen: Naturwissenschaften nehmen sie wahr und reagieren früher oder später darauf, Aberglaube und Religionen nicht. Und die üblichen, etwa persönlichen oder sozialen Wahrheiten dazwischen? Denen steht das unbegrenzte Feld der Alltagserfahrungen und der Meinungsunterschiede zur Verfügung.

Auch heutzutage werden fundamentale Glaubensbekenntnisse in allen Ebenen des axiomatischen Baums gepflegt. Götter, der Satan, Engel, das Gute und das Böse, die Geister der Verstorbenen, die Macht der Sternzeichen und viele andere Überzeugungen werden als absolute Bausteine des Seins angesehen und manchmal angebetet. Die Macht des Glaubens hängt davon ab, inwiefern der Glaubende fähig ist, allen Widersprüchen zu trotzen. Oder im Gegenteil, die Widersprüche seines Glaubens oder Aberglaubens zu erkennen und seine Zweifel nicht zu verdrängen, sondern zu durchleuchten. Und wenn er einen Widerspruch erkannt und den alten Glauben verworfen hat, folgt der nächste. Das gilt für die Jäger und Sammler im Urwald und für alle Einsteins dieser Welt.

Solange es Kleinkinder gibt, wird es auch den Weihnachtsmann und den Osterhasen geben. Solange es Menschen gibt, wird es auch Götter geben. Manche Erkenntnismodelle mögen unerschütterlich, respekteinflößend, tragisch, skurril, rührend oder lachhaft erscheinen. Sie alle haben etwas gemeinsam mit den am wenigsten anfechtbaren Axiomen des Wissens: Wie auch diese sind und bleiben sie Glaubensbekenntnisse.

Die Positionierung der Religionen in die zum Teil argumentativ haltlosen, höheren Ebenen des axiomatischen Baums ist keinesfalls als Herabwürdigung verstanden. Religionen sind Phasen in der Gestaltannahme der Erkenntnis, deren Beitrag zur Entwicklung der Menschheit immens ist. Sie sind die ersten umfassenden Formen des Nachdenkens über Bewusstsein und den Sinn des Lebens. Es gibt keine Gesellschaften im tiefsten Urwald oder in den Glas- und Betonschluchten der Metropolen, die nicht in ihren Anfängen auch von Religion getragen worden wären. Das von Karl Marx (1818–1883) und W. I. Lenin (1870–1924) stammende „Religionen sind Opium für das Volk“ ist ein viel zu einfacher, ideologisch und politisch motivierter Slogan. Zwar haben Religionen in der Geschichte grausame Vorgänge eingeleitet und sich oft gegen den Fortschritt gestellt und es zuweilen immer noch tun. Gleichermaßen haben sie die Ausgrenzung von andersglaubenden Menschengruppen toleriert oder befürwortet. All das entkräftet weder ihre Rolle als Ursprung der menschlichen Selbsterkenntnis, noch ihre heute für viele Menschen unverzichtbare Kraft als sozialer Kitt, moralische Instanz und Hoffnungsstifter.

Die Postulate der Naturwissenschaften und teilweise der Philosophie gehören zu den mächtigsten überhaupt, doch, wie gesagt, nicht einmal diese sind fundamental – aber sie sind glaubwürdig, insofern zumindest im Zeitpunkt ihrer analytischen Betrachtung nicht erkennbar ist, dass mit dem einen oder anderen etwas nicht stimmt.

Alles, was wir denken, glauben, meinen oder hoffen, ob nun falsch oder wahr, findet seine Begründung in verschiedenen Ebenen des axiomatischen Baums, und bewegt sich auf vielfältigen Pfaden bis zu unserem Bewusstsein. Damit treffen wir unsere Entscheidungen.

B3.2 MEIN ALLTAG – EINE NISCHE IM AXIOMATISCHEN BAUM

Ich muss zur Arbeit fahren. Um 8:20 Uhr kommt der Bus zur Haltestelle – ich werde pünktlich da sein. Zunächst aber mach ich mir einen Kaffee. Das geht ganz schnell: Tasse unter den Auslauf, Kapsel in die Maschine, Start-Knopf drücken … Mann, ist das ein Kaffee! Was mach ich aber, wenn die Maschine meinen Befehlen nicht gehorcht? Oder wenn nichts Vernünftiges rauskommt, weil das Wasser kalt bleibt? Oder etwas später, richtig dumm, wenn am Bürgersteig die Ankündigung „Haltestelle abgeschafft" zu lesen ist? Ich bewältige meinen Alltag, indem ich mich auf Aussagen stütze, die auf verschiedenen, mehr oder weniger abgehobenen axiomatischen Ebenen angesiedelt sind. Also auf praktischen, aber eher lockeren Prämissen und Annahmen, deren Wahrheitsgehalt nicht sehr streng gemessen ist. Und ich werde mir nicht das Leben kaputtmachen mit besessenem Zweifel, ob all diese Aussagen immer stimmen und was denn so alles passieren könnte, wenn sie nicht stimmen. Kontrollfreaks haben es schwer im Leben, wenn sie ihren Hang nicht zügeln.

Wenn ich den Knopf der Kaffeemaschine drücke, *Dann* fließt der Kaffee in die Tasse. Oder auch nicht – in diesem Fall werde ich nach dem Wenn-Dann Prinzip die Ursache suchen. Wenn ich sie nicht finde, schicke ich die Maschine zum Hersteller.

- *Wenn-Dann ist ein allgemein logischer Ausdruck eines Prinzips.*
- *Wenn die reale Zeit dabei ist, wird das Prinzip **Kausalität** genannt.*

Wenn-Dann *ist* Logik, beim Menschen ist das eine klare Sache. Aber: Wann ist im Laufe der Evolution die Logik erschienen? Ein so komplizierter Mechanismus kann nicht durch plötzliche Mutationen entstanden sein. Welchen Namen geben wir den mentalen Reaktionen unserer Vorfahren, nicht nur in der Steinzeit, sondern viel früher, vor einer Million Jahren? Oder vor zwanzig Millionen Jahren, als wir nur Primaten waren? Welcher mentale Mechanismus kann über den gesamten Evolutionsstrang hinunter nachverfolgt werden? Logik ist ein vorläufiger Höhepunkt einer Entwicklung in ganz kleinen Schritten, die bis hinunter zu den frühesten Lebewesen der Erdgeschichte reicht. Von der Logik einer Zecke zu sprechen, die auf einem Grashalm lauert, klingt bestenfalls befremdlich. Dabei folgt die Zecke dem gleichen Mechanismus wie der Mensch beim Lösen eines Problems: „*Wenn* der saftige Warmblüter vorbeirauscht, *dann* krall ich ihn mir“. Nur bedient sie sich dabei nicht einer Sprache. Sie verfügt über viel einfachere und direktere Reaktionswege.

- *Kausal*: Im Kaffee-Beispiel weiter oben drücke ich *zuerst* den Knopf (Ursache), *danach* fließt der Kaffee (Wirkung). Der Zeitpfeil eines kausalen Verhältnisses zeigt die Richtung; er kann nicht umgekehrt werden.
- *Logik*: *Wenn* A größer als B, und B größer als C, *dann* A größer als C. Diese Aussage ist eine logische Schlussfolgerung. Die reale Zeit spielt

hier keine Rolle. Kausalität bleibt in diesem Fall gegenstandslos. Logisch ist nicht gleich kausal.

Die Tatsache, dass ich Zeit brauche, um zu einem logischen Ergebnis zu kommen, ist wiederum ein kausales Geschehen: *Erst* muss ich die Aussage wahrnehmen, *danach* muss ich grübeln und die Lösung finden. Meine mentale Anstrengung braucht Zeit, das ist Teil der physikalischen Realität.

Der Wissenschaftler bewältigt seine Aufgaben, indem er sich in seinem Gebiet auf Aussagen stützt, die in tieferen axiomatischen Ebenen angesiedelt sind, bis hinunter zu einer für ihn fundamentalen Ebene. Er baut auf die glaubwürdigsten Aussagen, die ihm zur Verfügung stehen (*wenn* …), um eine neue Aussage zu erreichen (*dann* …).

Ähnlich räsonieren wir alle: Wir knüpfen uns einige Voraussetzungen, Überzeugungen, Informationen und Erfahrungen vor – oder sie bieten sich uns gerade an – und basteln daraus neue Erkenntnisse, Vorhaben etc. Verschiedene Personen ziehen oft andere Schlüsse und fällen andere Entscheidungen aus auf den ersten Blick gleichen Prämissen – weil unsere Denkmechanismen nicht identisch sind. Bedeutsam ist, dass unsere individuellen Denkmechanismen auch gleiche Prämissen unterschiedlich gewichten. Für den einen ist es normal, das Essen aus dem Teller mit den Fingern zu greifen, für den anderen ist das inakzeptabel. Für den einen ist die Krankheit COVID-19 nur ein Grippchen, das schnell verschwindet, für den anderen ist sie Auslöser einer schweren Pandemie. Für den einen ist eine kritische Bemerkung Anlass zu Verbesserungen, für den anderen ist sie eine schwere Beleidigung. Alle Auseinandersetzungen beruhen zum Teil auf Gewichtungsunterschieden. Die Erfolge der künstlichen Intelligenz im 21. Jahrhundert sind der Arbeitsweise der neuronalen Netze zu verdanken. Für diese ist die Gewichtung der Parameter ein Schlüssel für die Ergebnisse.[7]

---

7 vgl. Kap. Q3 – Künstliche Neuronale Netze

Allen unseren Erkenntnissen und Aussagen liegen Denkmuster, Modelle zugrunde. Einige scheinen ewig und unantastbar zu sein, andere sind zwar zuverlässig, aber auf bestimmte Bereiche beschränkt. Dann gibt es die Denkmuster, die sich in Aussagen niederschlagen, denen nur unter Vorbehalt geglaubt werden kann. Hinzu kommen auch zweifelhafte oder gar unsinnige Denkmuster und Aussagen.

Das folgende Diagramm, ein möglicher Ausschnitt eines axiomatischen Baums, zeigt Aussagen mit sehr unterschiedlichem Wahrheitsgehalt. Der rote Faden dieser Beispiele ist die Glaubwürdigkeitsordnung – die Ordnung, mit der wir persönlich allen Aussagen begegnen, die uns in einer oder anderen Art mitgeteilt wurden.

EIN STRANG AUS DEM AXIOMATISCHEN BAUM

??? Weit abgehobene, unglaubwürdige Ebene

.... *Die Mondlandung hat nie stattgefunden.*

.... *Nessie hat wieder mal eine Kuh gefressen.*

?? Zweifelhafte Ebene

.... *Die Malediven gewinnen bei der nächsten Winterolympiade die meisten Medaillen.*

? Unsicher

..............*Am Heiligabend wird es in Köln schneien.*

~Wahrscheinlich

.... *Verantwortlich für das Aussterben der Dinos ist ein Asteroid, der auf die Erde gestürzt ist.*

! Sehr wahrscheinlich

.... *Der Mond entfernt sich allmählich von der Erde. Eine Kollision mit ihr wird es nicht geben.*

!! Gesetz

... $E = mc^2$

!!! Tiefste, fundamentale Ebene: Axiom/Postulat

Die Welt ist ein Kontinuum. Erkenntnis ist diskontinuierlich.
Durch einen Punkt kann in einem euklidischen Raum nur eine Parallele zu einer Geraden geführt werden.

Aussagen aus höheren Ebenen sind richtige oder falsche Denk-Ergebnisse aus tiefer liegenden Ebenen. Zwar können abgehobene Aussagen aus unserem Baummodell nicht „Postulate" oder „Axiome" genannt werden, doch der Begriff „axiomatische Ebenen" ist dennoch kein Wortmissbrauch, sondern die einheitliche Darstellung einer Progression von den fundamentalen Axiomen und glaubwürdigen Prämissen, Aussagen, Hypothesen, über zweifelhafte Vermutungen und vage Verdachtsmomente bis hin zu völligem Quatsch.

Wir werden dieses Werkzeug, „axiomatische Ebenen", brauchen, um unterschiedliche Weltanschauungen und Denkweisen einordnen zu können, und um den erhofften Wahrheitsgehalt unserer Weltanschauung zu überprüfen.

C. INVARIANZ ~ SYMMETRIE, GRENZEN

C.1 GEWÄSSER UND FARBEN

Kaum etwas ist so entspannend wie das Betrachten eines Bachs, der in einer naturbelassenen Umgebung verspielt seinen Weg ins Tal sucht. Es ist kein Rinnsal, kein Fluss, kein Strom und kein Meer, es ist ein *Bach*. Und mehrere, auch ganz viele Schritte talabwärts ist es immer noch ein *Bach*.

Dieses Gewässer bleibt ein *Bach* so weit, wie der Geltungsbereich seiner Bezeichnung reicht, sein *Invarianz-Bereich*. Oder anders: So weit, wie der Beobachter ihm den Begriff „Bach" zuordnet, vielleicht noch 5-6 km weiter flussabwärts. Und dann, einige Kilometer weiter, wenn das Gewässer wasserreicher und ruhiger wird, nennt es der Beobachter „Fluss". Der neue Begriff bezeichnet einen neuen Invarianz-Bereich.

Invariant sind die Eigenschaften oder Parameter eines Objekts, die trotz Änderungen anderer Eigenschaften oder Parameter desselben Objekts für den Beobachter gleich bleiben. Im obigen Beispiel ist für einen bestimmten Abschnitt des Gewässers die Bezeichnung „Bach" invariant, mit allen Eigenschaften, die ihr der Beobachter zuordnet. Das *reale Objekt Bach* ist extrem variabel (Wasserstrudel, Steine, Wurzeln etc.), doch das ändert nicht die *Bezeichnung „Bach"*.

Die als „invariant" bezeichneten realen Bereiche des fließenden Gewässers sind nicht scharf abgegrenzt, ihre Ausdehnungen sind subjektiv, vom Beobachter als solche wahrgenommen. Zwischen den Invarianz-Bereichen liegen *Grauzonen, Grenzzonen* oder *Übergangszonen* (in der Physik gerne *„Phasenübergänge"* genannt, wie etwa die Veränderung des Aggregatzustands des Wassers fest/flüssig bei 0^0 C).

Die Grenzzone zwischen Invarianz-Bereichen (in der abgetrennten Zeile weiter unten mit kleinen Fragezeichen gekennzeichnet) kann *Bach* oder *Fluss* benannt werden, abhängig von der Auffassung des Beobachters. Die Bezeichnungen können sich auch überlappen. Etwa in der mittigen, mehr oder weniger eindeutigen Zone eines Invarianz-Bereichs kann der

Kern des Invarianz-Bereichs ausgemacht werden (weiter unten „BACH" oder „FLUSS" mit Majuskeln), wo sich der Beobachter sicher ist, dass die Bezeichnungen sowohl für ihn als vermutlich für die meisten anderen Beobachter als zutreffend akzeptiert sind.

Wer gewillt ist, eine ganz lange Wanderung talabwärts zu machen, der wird folgenden Verlauf vermerken können:

…bach…BACH...bach… ??? …fluss…FLUSS…fluss… ??? …strom… STROM…

Für den Wanderer wäre es unpraktisch, den Grenzzonen (hier die kleinen Fragezeichen) neue Begriffe zuzuordnen. Das würden wegen der extremen Variabilität der Gewässerformen Verständnis und Kommunikation unnötig erschweren.

Invarianz-Bereiche werden in allen anderen Erscheinungen der Realität wahrgenommen und definiert. Auch zwischenmenschliche Vereinbarungen bestimmen Invarianz-Bereiche.

Alles, was wahrgenommen, erdacht und von unserem Gehirn in ein Abbild, Begriff, Bezeichnung oder Symbol verpackt wird, kann als Invarianz-Gebiet definiert werden.

Begriffe oder Symbole bezeichnen Invarianz-Zonen mit all ihren mehr oder weniger subjektiven Grenzen und Kernbereichen. Sie vereinfachen und systematisieren die Erkenntnis der wahrgenommenen Realität – dadurch wird sie kommunizierbar. Auch Übergangszonen können abgetrennt und in eigene Begriffe verpackt werden, die natürlich ihre eigenen Übergangszonen zu den Nachbarbegriffen haben. Als Beispiel diene das grob dargestellte Farbspektrum: ROT – GELB – BLAU. Mit Zwischentönen erweitert: ROT – orange – GELB – grün – BLAU. Oder, noch feiner: pink – purpur – feuerrot – orange – eigelb – citron – grün – türkis – marineblau – königsblau – violett – indigo.

Auch die subtilsten Farbabstimmungen im obigen Beispiel haben ihre Grenzzonen oder Übergangszonen. Wie weit man mit diesen Verfeinerungen geht, hängt von den Wahrnehmungsfähigkeiten, Kommunikationsabsichten oder Beruf ab. Maler, Designer und Textilfärber brauchen mehr Nuancen, also mehr kommunizierbare Invarianz-Bereiche. Autolackierer assoziieren Farben mit Zahlen, weil sie sehr exakt sein müssen: Optisch kleinste Unterschiede bei Karosseriereparaturen sehen unprofessionell aus.

Im Falle von Gewässern und Farben haben wir das Gefühl, die genauen Ausdehnungen der Begriffe, ihrer Kernbereiche und Übergangszonen willkürlich bestimmen zu können. Das stimmt nicht ganz. Letztendlich handelt es sich um ein Verhältnis zwischen der Realitätsparzelle und den Wahrnehmungseigenarten des Beobachters.

Die Substanz H_2O zeigt sich uns im Alltag als Eis oder Wasser. Bei Farben oder Gewässern sind die Invarianz-Gebiete eindeutig subjektiv, von unserer Sichtweise abhängig. Im Falle des Wassers sind die Invarianz-Gebiete schroff abgegrenzt. Sind sie deshalb objektiv, unabhängig von unserer Wahrnehmung? Zunächst sei vermerkt, dass alle Invarianz-Gebiete der physikalischen Welt unscharfe Grenzen haben, weil sie subjektiv bestimmt werden. Sie sind Übergangszonen. Zwischen Eis und Wasser gilt das Gleiche, nur ist die Grenzzone (für uns) sehr schmal; das ist es, was sie von Farben oder Gewässern unterscheidet.

Invarianz-Zonen sind nicht absolut, das heißt, sie bezeichnen Realitätsparzellen, die sicherlich nicht vollkommen gleichmäßig, also invariant zu irgendwelchen Veränderungen sind. Das Beispiel des Gewässers Bach-Fluss-Strom zeigt das deutlich. „Eis" ist ein Invarianz-Gebiet; der Name für kaltes, festes Wasser. Doch ganz so invariant ist es nicht. Bei nur wenigen Grad unter null ist das Eis weicher als bei strengem Frost. Kleinere Abweichungen von einem grob gesehen invarianten Begriff können vom Betrachter auch ignoriert werden. Beim Kommunizieren sollten sie das auch, sonst würden sich die Menschen schlecht verstehen und unablässig über Begrifflichkeiten streiten.

Invarianzen sind demnach unweigerlich Vereinfachungen, Reduktionen. Wer denkt, tut das automatisch reduktionistisch. Wenn wissenschaftliche Theorien kritisch als „reduktionistisch" bezeichnet werden, ist damit gemeint, dass sie zu weit gegangen sind mit dem Weglassen von Varianten oder kleinen Unterschieden, dass sie Fakten ignoriert haben, die sie eigentlich hätten berücksichtigen müssen – zumindest aus der Sicht dessen, der die gegebene Theorie als „reduktionistisch" abgestempelt hat.

Aus ähnlicher Sicht strebt der „Holismus" eine ganzheitliche Betrachtung einer Realitätsparzelle an, mit dem Ziel, möglichst viele und nach Möglichkeit wesentliche Aspekte einzubeziehen. Holismus strebt die Überwindung des Reduktionismus an, doch schnell stößt er an die Grenzen unserer Analysefähigkeiten und kann in großspurigen, besserwisserischen und auch bedenklichen Urteilen landen. Holismus ist letztendlich auch eine Form von Reduktionismus, aber in die andere Richtung.

Anmerkung: „Realitätsparzellen" ist ein etwas intuitiverer Ausdruck für „Invarianz-Gebiete". Eine solche Parzelle könnte ein konkretes oder abstraktes Objekt sein, ein Baustein, ein Begriff, eine definierte Menge von konkreten oder abstrakten Objekten usw. Die Mengenlehre könnte so gesehen als „Lehre von mathematisch definierten Invarianz-Gebieten" heißen.

C.2 SKALENTRENNUNG, SKALENINVARIANZ

Skaleninvariant sind die Eigenschaften eines Objekts, die unverändert bleiben, obwohl sich die Betrachtungsgröße (Skalierung) ändert.

- Als Beispiel kann die Fläche eines Kreises dienen. Die Formel πr^2 bleibt identisch mit sich selbst, unabhängig von der Größe des Radius. Dieses abstrakte Objekt, ein geometrisches Modell mit Grenzlinienstärke null,[8] ist unendlich skaleninvariant. Übrigens, die Geometrie ist besonders

8 vgl. Kap. C4 – Vom Zählen zur Mathematik

Invarianz-freudig. Sie scheint näher an der Realität, weil sie gerne die visuelle Intuition anspricht, ihre Logik ist aber ebenso abstrakt wie der Rest der Mathematik.

- Gegenbeispiel: Ameisen können zwanzigmal schwerere Objekte als sie selbst hieven und davontragen. Der stärkste Athlet kann das mit höchstens seinem zweifachen Gewicht anstellen. Für ihn ist das Verhältnis Eigengewicht/Muskelkraft nicht skaleninvariant. Ameisen dürfen aus mehreren Kilometern Höhe aus einem Flugzeug springen, irgendwann werden sie sanft auf den Boden fallen und weiter krabbeln, als ob nichts geschehen wäre. Ein Mensch sollte das ohne Fallschirm nicht tun.
- Allumfassendes Gegenbeispiel: Newtons Gesetze schienen invariant zur Größenordnung der realen Objekte, sie galten für die kleinsten wie für die größten von uns beobachtbaren Realitätsparzellen. Doch die Zeiten, in denen sie uneingeschränkt die Physik beherrschten, sind vorbei. Anfang des 20. Jahrhunderts setzte das große Schisma ein: Für das Makrouniversum gilt die Relativitätstheorie, das Mikrouniversum wird durch die Quantenmechanik beschrieben. Bislang sind alle Versuche gescheitert, eine skaleninvariante Theorie der neueren Erkenntnisse von Mikro bis Makro herzustellen. Einstein selbst hatte intensiv versucht, die beiden Theorien über Gleichungen zu vereinen, die er auch publiziert hat. Geerntet hat er nur betretenes Schweigen.

Bei realen Objekten gibt es absolut gesehen keine Invarianz-Bereiche. Invarianz ist eine subjektive Wahrnehmung oder Entscheidung des Beobachters.

Wie gesagt, bedingt vom Verhältnis zwischen Beobachter und Realität. In der Physik wird anstelle von „Invarianz" vornehmlich der Begriff „Symmetrie" verwendet. Vielleicht auch weil es verschiedene geometrisch nachvollziehbare Symmetrien gibt, darunter auch die ziemlich hinterhältige Rechs-Links-Symmetrie (zum Schmunzeln: In meinem Spiegelbild werden Links und Rechts vertauscht. Wieso werden Oben und Unten nicht vertauscht?).

In der Quantenphysik ist es nicht mehr eindeutig, ob ihre Objekte reale Entitäten sind oder notgedrungen ersonnene Gebilde, die von mathematischen Modellen in unseren Gehirnen angeregt wurden, inspiriert von Alltagserfahrungen („Teilchen", „Wellen", „Spin" o. ä.). Als intuitiv fassbare Entitäten wurden sie nicht zufriedenstellend definiert.

C.3 EIN, ZWEI ODER HALBE HAUFEN, KÜHE ODER FRIKADELLEN

Auf die Tischplatte habe ich eine Handvoll Sand gekippt. Das ist jetzt ein Sandhaufen – nur einer. An der Spitze des Sandhaufens drücke ich mit der Kante eines Lineals eine untiefe Kerbe ein; es zeichnet sich ein Haufen mit zwei kleinen Spitzen ab – aber immer noch *ein Haufen*. Ich vertiefe die Kerbe immer ein Stückchen weiter. Irgendwann sind es *zwei Haufen*. Der Punkt der Begriffsänderung hängt von der Auffassung des Beobachters ab. Dieser Punkt liegt in der Übergangszone zwischen dem Bereich, wo der Beobachter *„ein Haufen"* sagen würde und dem nächsten Bereich, wo er entscheidet, es handle sich um *zwei* Haufen. Wenn die Beobachter sich einigen, akzeptieren sie auch die Begriffe *„Eins"* und *„Zwei"*, die übrigens nicht nur für Sandhaufen anwendbar sind, sondern auch für Komposthaufen und für ganz viele andere Dinge noch – es ist der Anfang des Zählens, der Arithmetik und der digitalen Welt.

> *„Eins" und „Zwei" sind Muster, die unser Denken erstellt, Vereinbarungen, um Merkmale einordnen und kommunizieren zu können. Es sind Modelle (vgl. Kap. D).*

Um bei der Symbolik der Folge von Invarianz-Zonen Bach-Fluss-Strom zu bleiben, notieren wir entsprechend: „ein Haufen – ??? – zwei Haufen" (oder: Invarianz „1" – **Übergang** – Invarianz „2"). Der Beobachter kann auch entscheiden, wie breit die Grenzzone sein dürfte, in der er nicht sicher ist, welcher Begriff passt; wo er ggf. bereit wäre, die Begriffsentscheidung anderer Beobachter zu akzeptieren.

Fassen wir zusammen. Im ersten Beispiel von Invarianz (Gewässer) werden zwei Aspekte der Realität parallel dargestellt:

- Aus der Flut der Signale aus den Sinnesorganen erarbeitet mein Gehirn Bilder vom Gewässer und seiner Umgebung. Diese Bilder ändern sich kontinuierlich, wenn ich weiter talabwärts wandere. Das müssen sie wohl, denn die Ufer ändern sich fortwährend. Dennoch bleibe ich unbeirrt bei der Bezeichnung „Bach". Es besteht objektiv kein Zwang, den Gewässerabschnitt „Bach" vom Gewässerabschnitt „Fluss" scharf abzugrenzen. Und eigentlich auch keine vernünftige Möglichkeit, denn zwischen ihnen liegt eine begrifflich mehr oder weniger breite Grenzzone, wo ich nicht sicher bin, ob ich das Gewässer Bach oder Fluss nennen sollte. Die Grenze zwischen dem, was ich unter „Bach" oder „Fluss" verstehe, ist unscharf – sie kann eine Länge von mehreren Kilometern haben. Übrigens, die Notwendigkeit, eine Grenze zu definieren, entsteht nur infolge meines Bestrebens, den Verlauf des Gewässers zu teilen und den Teilen Namen zu geben.
- Der Inhalt des Begriffs, seines Symbols, oder des bezeichnenden Worts bleibt unverändert (die umgangssprachliche Form von „invariant"). Aus der Bezeichnung „Bach" wird irgendwann, aufgrund einer Entscheidung meines Gehirns, ein „Fluss". Die beiden Wörter sind als *Symbole* von Begriffen scharf voneinander abgegrenzt, die Trennzone zwischen ihnen hat die Grenzbreite null, wie die Symbole der Mathematik, die als Zeichen aufs Notwendigste reduziert sind.

*Die **kontinuierliche** Realität des Sandhaufens oder des fließenden Gewässers von der Quelle bis zur Mündung im Meer wird mittels einer **diskontinuierlichen** Namensgebung parzelliert.*

- Die durch die Zeichenfolgen „Eins“ und „Zwei“ gekennzeichneten *Sandmengen* des kontinuierlich beweglichen Sandhaufens sind unscharf abgegrenzt, von einer mehr oder weniger breiten Grenzzone voneinander getrennt. Die „zwei“ Sandhaufen können unterschiedliche Größen haben, das ändert die Zuordnung als Bestandteile des Modells „Zwei“ nicht.
- Anders die scharf diskontinuierlichen *Symbole* „Eins“ und „Zwei“. In einer solchen Modellierung der Realität ist eine der Wurzeln der Arithmetik zu finden, oder, wenn man so will, der künstlichen Intelligenz – die natürlichen Zahlen.
- Wobei auch daran erinnert werden sollte, dass das mathematische Denken in Urzeiten wahrscheinlich mit Wörtern angefangen hat, die allmählich durch Symbole ersetzt wurden. Im 16. Jahrhundert hat ein englischer Mathematiker das Gleichheitszeichen „=“ eingeführt, das in allen Sprachen der Welt den Satz „ist gleich“ ersetzt hat. Theoretisch könnte man alle mathematischen Formeln mit Wörtern darstellen, allerdings müssten dafür umfangreiche literarische Werke verfasst werden. „*… Insofern ist die Mathematik nur eine Fortsetzung der Logik mit anderen Mitteln …*“.[9]

„Ist eine trächtige Kuh *ein* Tier, oder sind es *zwei*?“ Auf die Antwort „*zwei Tiere*“ bietet sich die nächste Frage an: „Auch wenn die Kuh soeben erst besamt wurde? Ab welchem Moment der Befruchtung oder danach kann man von zwei Tieren reden? Noch böser: Ab welchem Zeitpunkt des Kontakts des Spermiums mit der Eizelle kann von Befruchtung geredet werden?“

Auf die Antwort „die trächtige Kuh ist *ein Tier*“ folgt: „Ab welchem Moment der Schwangerschaft sind es zwei Tiere?“ Wenn der Fötus im Ultraschallbild schon erkannt wurde, oder wenn das Kalb bei der Geburt die

9 H. Genz, „Gedankenexperimente“, Rowohlt Taschenbuch, 2005

Hufen fast schon draußen hat, sind es zwei Tiere oder immer noch nur eins?

Diese mentale Tierspalterei und Fragequälerei können unendlich weiter geführt werden. Zunächst brechen wir sie hier ab – erst sollten wir über *Morphing* sprechen.[10]

Was ist Leben? Eine der schwierigsten und umstrittensten Begriffe und ganz besonders seiner Grenzzonen. Einen Vorgeschmack für die Grenzzonen-Probleme der Lebewesen haben wir schon mit der trächtigen Kuh bekommen – ob sie denn ein Rindvieh ist oder zwei.

Es gibt haarsträubende Wesen, die uns solche Fragen aufzwingen: Die Schleimpilze. Diese Lebewesen sind vorerst einzellige Amöben, die in bestimmten Abschnitten ihres Lebens Eigenschaften von Tieren und Pilzen vereinen, aber zu keiner der beiden Gruppen gehören. Sie durchlaufen mehrere morphologisch verschiedene Stadien, mit völlig unterschiedlichen Erscheinungsbildern. Bei einigen Arten marschieren sie zunächst als einzelne Individuen zu einem Treffpunkt und bilden gemeinsam ein „Pseudoplasmodium", eine temporäre vielzellige Organisationsform, die sich schneckenähnlich fortbewegt – eine Metamorphose wie in einem Horrorfilm. An seinem Ziel angekommen, verwandelt sich das Pseudoplasmodium in ein pilzartiges Wesen, mit Stiel und Fruchtkörper, welches die Sporen in den Wind streut. Diese Sporen sind die zukünftigen Amöben, die irgendwo auf den Boden fallen, ihr Leben als individuelle Einzeller fristen, um sich dann wieder zu einem gewissen Zeitpunkt zielstrebig zu einem Treffpunkt in Bewegung setzen: Ein Pseudoplasmodium der neuen Generation wird geformt, und dann der Pilz, der kein Pilz ist – die Folge der Metamorphosen wiederholt sich. Ist das Pseudoplasmodium *ein* Lebewesen? Sind es *viele*? Wenn es eins ist, an welchem Punkt wird aus dem Gewimmel von vielen Amöben *ein* Lebewesen?

---

10 vgl. Kap. E – Morphing

Die Frage ist richtig gemein, denn wir können sie auch auf uns Menschen beziehen: Wie bezeichnen wir die Mitochondrien, die in unseren Zellen wie auch in den Zellen der meisten Lebewesen aktiv und unverzichtbar sind? Als Individuen können sie nicht betrachtet werden, sie sind außerhalb der Zelle nicht überlebensfähig. Das war aber nicht immer so: Man geht davon aus, dass die Mitochondrien selbstständige Mikroorganismen waren, die in eine Symbiose mit der Zelle eingingen und auf diesem Weg zu ihrem aktuellen Status gekommen sind. Jetzt sind sie so eng in die Zelle integriert, dass von getrennt wahrgenommenen Lebewesen nicht mehr die Rede sein kann.

Schleimpilze und Mitochondrien lassen uns Wege erahnen, die zur transhumanen Intelligenz führen.

Wie unsere subjektive Wahrnehmung funktioniert, wird auch deutlich, wenn wir den Realitätsabschnitt „Sandhaufen“ durch „Frikadelle“ ersetzen. Dabei entsteht eine andere Zahlenklasse: Bei kontinuierlichem Eindrücken einer Kerbe in die Frikadelle werden irgendwann nicht „zwei Frikadellen“, sondern „zwei halbe Frikadellen“ entstehen – das sind *rationale Zahlen*. Die so entstandenen Begriffe projizieren Invarianz-Bereiche auf die entsprechenden Abschnitte der Realität. Aus Gründen der Übersichtlichkeit und Redundanzminimierung werden mathematische Begriffe gerne in Symbolen festgehalten, die in verschiedenen Sprachen meist gleich sind. Über unscharfe Grenzzonen kann man feilschen, um mathematischen Grenzlinien Stärke null nicht.

Auf meinem Frühstücksbrettchen ist Butter. Wenn ich beginne, ähnlich wie beim Sandhaufen, sie mit dem Messer immer tiefer einzukerben, entstehen zwei Bütterchen? Oder zwei halbe Buttern? Unsinn. Substanzen haben kein Plural. Das ist ein Entitätenproblem, vor das uns unsere Vereinbarungen stellen. Die Butterpackung wiegt 250 Gramm. Gramm ist aber keine Butter. Auch Haufen ist nicht Sand.

Sehen wir uns jetzt kurz den unsinnigen Zusatz in folgender Aussage an: „Die Außentemperatur ist zwölf Grad, allesamt Celsius." Spätestens jetzt muss ich zugeben: *Ich zähle nicht Objekte, sondern Platzhaltermodelle,* die mein Gehirn fabriziert hat. „Zwei" ist so gesehen ebenso abstrakt wie „Haufen", nur gibt es mutmaßlich mehr Sachen, die ich „zwei" nennen kann, als Sachen, die ich „Haufen" nenne.

Der Mensch war erst viel später nach der Entdeckung von „Eins" und „Zwei" in der Lage, das Modell „Sieben" zu erdenken. Bei „Siebzehn" brauchte er wohl auch Gruppenbilder oder Schriftzeichen. Mit solchen Zahlen ist er in einer höheren Zählkompetenz angekommen. Der Schritt von „Drei" bis „Siebzehn" dauerte in unserer Urgeschichte vermutlich länger als von „Siebzehn" bis zu David Hilberts Arbeiten. Es gibt heute noch Naturvölker, die die „Drei" oder sogar die „Zwei" noch nicht überschritten haben. Das hat mit den potenziellen Fähigkeiten ihrer Gehirne nichts zu tun. Nur gibt es in ihrer Welt keine Notwendigkeit für größere Zahlen. Die redundanten Fähigkeiten ihres Gehirns sind nach wie vor gegeben, was sofort ans Licht kommt, wenn ihre Kinder zur Schule geschickt werden und mit allen anderen Kindern die gleichen Sachen lernen.

C.4 VOM ZÄHLEN ZUR MATHEMATIK. DER SINN DER UNENDLICHKEIT

Abstrakte Begriffe sind „abstrakt", weil sie aus den Wirren der Realitätsvorstellungen in Form von Mustern „abstrahiert" (herausgezogen) wurden, weil sie invariant sind zu gewissen Änderungen in den von ihnen symbolisierten Realitätsabschnitten.

Die Voraussetzung für eine Abstraktion ist die Existenz eines definierten Invarianz-Bereichs (Muster, Begriff oder Symbol), dem praktisch unbegrenzt viele Realitätsabschnitte zugeordnet werden können.

Es gibt viele Gewässerabschnitte, die „Bach“ genannt werden können. Es gibt sehr viel mehr Realitätsabschnitte, denen die Mengensymbole „Eins“, „Zwei“ oder „Siebenundachtzig“ zugeordnet werden können.

So gesehen sind alle Begriffe abstrakt, nur denkt man bei Verwendung eines alltäglichen Begriffs normalerweise nicht an die erkenntnistheoretische Funktion des Symbols, sondern an die von ihm vertretene Realität. Ich denke an eine Currywurst – und schon fließt mir im Mund das Pawlowsche Wasser zusammen. Ich denke an die Eins oder Zwei der Mathematik und verspüre ungefähr nichts, es sei denn, „Ein“ einziger Hamburger hat nicht gereicht und ich möchte einen „Zweiten“. In der Mathematik kommen von vornherein nur vereinbarte Invarianz-Bereiche mit Grenzbreite null zum Einsatz.

Es ist nicht möglich, die Grenzen der Inhalte von Wörtern, Begriffen und Symbolen abschließend zu definieren. Um Missverständnisse zu vermeiden: Auch Wörter wie „Wahrscheinlichkeit“, „Unschärferelation“, „verschwommen“ oder „chaotische Zustände“ haben als Symbole die Grenzbreite null. Im Gegensatz dazu haben ihre Inhalte, die Realitätsparzellen, denen sie zugeordnet sind, unscharfe Grenzen. Aufgabe der Erkenntnis ist, das vernünftige Maß an Übereinstimmung der Realitätsparzellen mit den zugeordneten Begriffen nicht aus dem Auge zu verlieren.

Die absoluten Grenzschärfen verleihen der Mathematik eine gewisse Aura der perfekten Modellierung der Realität. Dadurch lässt die Mathematik die Hoffnung aufkommen, dass ihre Herleitungen zu Ergebnissen führen, denen bestimmte Realitätsabschnitte entsprechen, entsprachen, entsprechen werden oder entsprechen müssten. Kein anderer Wissensbereich wird der Unfehlbarkeit so nahe gestellt wie die Mathematik. Dabei sollte nicht vergessen werden, dass die „absolute Grenzstärke null“ nicht ein Objekt, sondern eine Vereinbarung ist. Unter diesem Blickwinkel lässt sich auch die Unendlichkeit beleuchten. Für Physiker ist sie ein Dorn im Auge („Nirgends in der Natur gibt es Unendlichkeit“ – David Hilbert?), weil sie oft zu sinnlosen Ergebnissen von Berechnungen führt. Vorstöße im Sinne von mathematischen Systemen, die ohne Unendlichkeit auskommen, sind letztendlich mentale Placebos, weil die Möglichkeit unendlichen Multiplizierens abstrakter Symbole eine theoretisch postulierte Eigenschaft ist. Sie bildet nicht die Realität ab.

Unter anderem hat diese Aura der Unfehlbarkeit, wie schon erwähnt, bei vielen Wissenschaftlern zur Überzeugung einer objektiven, realen Existenz der Mathematik geführt. Ein extremes Beispiel für die Universalität von Symbolen ist der Binärcode, eins oder null. Das erinnert an die Aussage eines Gründers der Hackerszene, Wau Holland: „Alles ist 1, außer 0".[11] Parzellierungen der Realität in gleiche, kleinste Invarianz-Gebiete, denen meist nur Ganzzahlen zugeordnet werden, sind das, was man **„Digitalisierung"** nennt. Die Digitalisierung der Realität im weitesten Sinne, die Symbolisierung ihrer Parzellen ist der wichtigste gedankliche Prozess, der den Begriff der Unendlichkeit entstehen lässt.

Anmerkung: In den Sprachwissenschaften wird der reale oder gedankliche Realitätsabschnitt, dem ein Begriff zugeordnet ist, *„Bedeutung"* genannt. Die Bedeutung der *Bedeutung* kann gar nicht unterschätzt werden, doch zur Erklärung der Modellierungsvorgänge sollte der Begriff mit höchstmöglichem Respekt angegangen werden, weil sein Gültigkeitsbereich stark abhängig vom Beobachter ist, von unendlich vielen Assoziationen, die einfließen können.

Die Geometrie ist, anders als die Arithmetik, in seiner Repräsentation von physikalischen Objekten intuitiv zugänglicher. Zum Beispiel: Kreis ist der geometrische Ort der Punkte, die in einer Ebene im gleichen Abstand zu einem Punkt genannt Zentrum sind. Einfach und klar. Praktisch weiß jedes Kind auch ohne Definition, was ein Kreis ist. Trotzdem müssen wir eine enttäuschende Aussage beifügen: Es gibt kein Objekt im Universum, das die perfekte Form eines Kreises hat. Kann es auch nicht geben, weil

---

11 vgl. Kap. D – Modelle

es in der Realität kein Objekt mit Grenzzone null gibt. Der Beobachter bestimmt die Grenzen: Grenzzonen null, also Grenzlinien, sind seine Vereinbarungen. So wie er sich entschieden hatte, ob auf dem Tisch ein Haufen oder zwei Haufen Sandkörner oder zwei halbe Frikadellen zu sehen sind. Zwar gibt es in der Realität keine mathematisch genauen absoluten Kreise, es gibt aber Unmengen an physikalischen Objekten, deren Form näherungsweise zweckdienlich den Kreis-Definitionen entsprechen.

Diese Aussage gilt natürlich für jede andere geometrische Form. Paradebeispiel Punkt: Dimension null, Gewicht null, alles null. Die Position eines Punktes im Raum (oder in der Raumzeit) wird durch ein Koordinaten-System definiert. Und auch das ist physikalisch inexistent, nur vereinbart.

Der Glaube an die objektive Wahrheit von physikalischen Gesetzen und mathematischen Gleichungen war vor einem halben Jahrhundert noch dominant. Einstein, Heisenberg, Hawking und die meisten Physiker des 20. Jahrhunderts sind ihm gefolgt. Den Gedanken, dass Naturgesetze und mathematische Gleichungen nur subjektiv akzeptierte Näherungen sind, gab es schon immer, nur hatte er noch nicht die heutige Tragweite. Hier ein Zitat aus Richard Feynmans „Symmetrie in physikalischen Gesetzen", um 1960:

> *„In unserer Vorstellung besteht eine Tendenz, Symmetrie als eine Art von Vollkommenheit zu akzeptieren. Das ist so wie bei der alten Idee der Griechen, Kreise seien vollkommen … Unser Problem besteht also darin zu erklären, wo Symmetrie herkommt. Warum ist die Natur* ***beinahe*** (unsere Hervorhebung) *symmetrisch? Niemand hat eine Vorstellung, weshalb das so sein könnte."*

Dieses „beinahe" verdeutlicht den Unmut der Wissenschaftler, die an eine objektive Wirklichkeit glauben und sich mit den respektlosen Querschüssen der Realität arrangieren müssen. Die Quantenmechanik hat unter allen Wissenschaften die wohl größten Schwierigkeiten, wenn es darum geht, logisch-mathematische Modelle für die beobachtete Realität zu entwerfen. Manchmal sind gedankliche Verrenkungen notwendig, um fundamentale Prinzipien der Logik nicht als falsch dastehen zu lassen.[12]

Die gesamte Mathematik ist so gesehen ein riesiges Labor, in dem am laufenden Band Gleichungen ausgeheckt und Gedankenexperimente durchgeführt werden. Physiker und Ingenieure besuchen besonders oft dieses Labor. Aber auch andere Denker und Macher kommen da vorbei, insofern sie ihre Vorstellungen soweit durchgeknetet haben, dass sie durch kommunikationsfähige Symbole ersetzt werden können.

---

12 vgl. Kap. G3 – Das Entitätenproblem der Quantenphysik

D. MODELLE

Ein auf dem Jahrmarkt gekauftes Kinderspielzeug, ein hölzernes Schwert, ist ein Modell eines realen Ritterschwertes. Von der Form her ist es dem Schwert sehr ähnlich: Wenn der Junge damit herumfuchtelt, ist er Richard Löwenherz. Das ist es, was das Kind glücklich macht. Von der Funktion her stünde eine Zuckerrohrmachete dem Ritterschwert viel näher, doch das Kind hätte daran keine Freude. Ebenso wenig wie an dem eineinhalb kg schweren echten Schwert.

Auch Ingenieure greifen auf Modelle zurück – zum Beispiel physikalische Karosserie-Modelle, deren Verhalten im Windkanal getestet wird, oder Pilot-Anlagen von Industrieprojekten, und in allen Fällen auch mathematische Modelle. Der Beobachter entscheidet, ob und in welchem Sinne ein Objekt Modell eines anderen ist oder nicht. Im Beispiel Ritterschwert liefern die Sinnesorgane (Auge, Tastsinn) sowie die Verarbeitung im Gehirn die wichtigen Kriterien. Mathematische Modelle sind abstrakt, die Grenzzonen ihrer Invarianz-Bereiche haben die Breite null, unsere Sinnesorgane haben da weniger zu sagen. Entscheidend für einen Wissenschaftler oder Ingenieur ist, dass im gewünschten Rahmen die Gleichungen so „funktionieren" wie das Objekt der Erforschung. Also dass die Werte, die von den Gleichungen geliefert werden, möglichst nah sind an den Werten, die das Objekt in seinem Verhalten zeigt. In der Praxis entstehen die meisten Konstruktionen im Zusammenspiel von mathematischen, scharfen, und analogen Modellen mit unscharfen Grenzen. Nehmen wir als Beispiel ein einfaches Regalbrett 60 x 20 cm. Es kann nie exakt die vorgegebenen Abmessungen haben; der Toleranzbereich (± ein halber Millimeter oder so ähnlich) ist die Grenzzone. Wenn's nicht passt, wird das Brett entsprechend abgeändert. Die Vorgabe 60 x 20 cm bleibt zunächst als abstraktes Modell mit Grenzbreite null unverändert. Es kann, identisch mit sich selbst, Unmengen an realen Regalbrettern abbilden.

Kann ein Schraubenzieher Modell eines Eherings sein? Oder umgekehrt? Merkwürdige Frage. Und hier eine mögliche Antwort: Mein Freund und ich saßen an einem Tisch. Wir hatten eine Wette am Laufen: Wer erzielt die meisten Treffer beim Werfen in den Papierkorb in der Ecke, ohne aufzustehen und nur mit Gegenständen, die unter diesen Bedingungen greifbar sind. Messer, Gabel, Kuli, Gläser, Serviettenringe, Salzfass, ein Schraubenzieher, alles flog in den Papierkorb oder daneben. Irgendwann gab es nichts mehr zu werfen. „Doch!", sagte mein Freund, „Dein Ehering. Er ist funktionsmäßig im Rahmen unseres Spiels gleichermaßen Modell eines Wurfgeschosses wie der Schraubenzieher oder die Gläser oder was immer wir geworfen haben".

Das Beispiel ist ziemlich schräg. Doch es geht noch schräger: Kann „*Gefühlsarmut*" Modell für „*Katzenpfoten*" sein? Gibt es Funktionsgemeinsamkeiten? Im umgangssprachlichen Bereich eher nicht, doch in maximaler Betrachtung schon:

- Beide Begriffe gehören zur deutschen Sprache
- Ihre Niederschrift hat jeweils zwölf Buchstaben
- Beide wurden vom Verfasser dieses Buches gewählt, um in dieser Aufzählung zu erscheinen … und so weiter

Natürlich ist dieses Modellbeispiel an den Haaren herbeigezogen, doch nicht sein praktischer Wert steht zur Debatte, sondern das, wofür es prinzipiell als Beispiel steht. Das Feld der Modelle im Reich der Metaphern ist riesig. Erwähnt sei hier nur eine beliebte Spielwiese, die Musik- und Kunstkritik, wo alle möglichen Begriffe herumschwirren, sodass der eine oder andere Leser sagen kann „Da ist was dran! ", obwohl etwas ganz anderes gemeint ist, als er glaubt, verstanden zu haben.

Jedes Objekt oder jeder Begriff kann – abhängig vom Beobachter – Modell für jedes andere Objekt oder jeden anderen Begriff sein.

Ein sinnesmäßig und mental begrenzter Beobachter – wir Menschen sind es – kann nicht die Modell-Funktion eines jeden Objekts oder Begriffs für jedes andere Objekt oder Begriff wahrnehmen. Beispielsweise kann nicht jeder Beobachter die Modell-Funktion einer mathematischen Gleichung erkennen. Dafür braucht er die entsprechende Bildung. Seine mentale Struktur muss entsprechend „programmiert" sein. Oder: Dort, wo ich auf dem Waldboden nichts Besonderes sehe, entdeckt ein Wildhüter die Fährte eines Rehs. Damit auch ich sie sehen kann, muss der Wildhüter mich erst „programmieren", d. h. mir erklären, was ich zu sehen habe und was es bedeutet.

Modelle sind *Extrapolationen*, so wie Begriffe, Gesetze oder sonstige Darstellungen von Invarianz-Bereichen. Ihre vermuteten oder postulierten Eigenschaften werden auf die Realität hochgerechnet. Es wird davon ausgegangen, dass sie zu den anvisierten Parzellen der Realität mehr oder weniger genau passen. Die Gesetze der klassischen Mechanik wurden hauptsächlich aus der Observierung unserer Meso-Welt formuliert und auf das Mikro- und Makro-Universum extrapoliert. Nicht so die Relativitätstheorie und die Quantenmechanik: Diese haben begrenzte Gültigkeitsbereiche, sie sind nicht für die gesamte Realität skaleninvariant. Bei genauerem Betrachten mussten H.A. Lorentz (1853-1928), Albert Einstein und bis heute die gesamte Physikerwelt feststellen, dass die Extrapolationen der klassischen, bis dahin gültigen Modelle auf das Mikro- und das Makrouniversum nicht stimmen.

Modelle können naturgemäß mit den gemeinten Realitätsabschnitten nie absolut übereinstimmen (Gottfried Wilhelm Leibniz, 1646–1716: „Identisch ist ein Objekt nur mit sich selbst"). Modelle sind so gesehen zwangsläufig ungenau, aber unverzichtbar – sie sind der Inhalt der Denkprozesse. Von Extrapolationen führt der Weg zu Analogien, Vermutungen und in weiterer Konsequenz sogar Metaphern.

D.1 WAS IST WAHRHEIT?

Gerne glauben wir an die Existenz von absoluten Wahrheiten und, etwas vorsichtiger, an eine Wirklichkeit, der sich unsere Erkenntnis asymptotisch nähert. Das gibt uns das beruhigende Gefühl, grundsätzlich wissen zu können, wer wir sind und wie unsere Welt ist. Mit Rücksicht auf Andersdenkende sollte vielleicht dieser Glaube nicht unnötig gestört werden. Ist es nicht egal, ob man an eine objektiv absolute Wirklichkeit glaubt oder „nur" an eine Arbeitshypothese genannt Realität? Leider nein. Egal kann es nur demjenigen sein, den die Widersprüche nicht stören. Wie schon in Kap. B. „Glaube und Wissen" dargestellt, verbietet auch die Modell-Theorie eine absolute Wahrheit. Das Nichtwahrnehmen von Widersprüchen ist das Ende der Intelligenz.

Jede „absolute Wahrheit" wäre nur ein Modell, niemals identisch mit der Wirklichkeit als absolut postulierte Realität.

Wir müssen akzeptieren, dass alle Arten von Modellen – auch die exaktesten, mit Grenzstärke null, die logischen, mathematischen – die von uns postulierte Realität nur näherungsweise und in jedem Fall nur partiell abbilden.

Es bietet sich an, die Ausdehnungen des Begriffs Wahrheit abzugrenzen: Mathematische Folgerungen sind logische, berechenbare, vorhersehbare Wenn-Dann-Bestimmungen. Es sind Wahrheiten, die innerhalb eines zeitlosen Systems gültig sind. Logische Herleitungen sind Umformulierungen von Aussagen. Beispiel: $x + 3 = 7$ ... $x = 7 - 3$ ... $x - 7 = -3$ ... $x = 4$ ... $7 = x + 3$ ... etc. Die Frage, welche Operatoren, Gleichungen oder Termen in solchen Fällen „wahrer" sind, macht keinen Sinn. Von links nach rechts gelesen sind alle Ist-Gleich-Zeichen genau so wahr wie von rechts nach links. Der Richtungswechsel tangiert den Wahrheitsgehalt nicht. Sie sind eigentlich Tautologien. Die Mathematik schaufelt im Rahmen der axiomatischen Systeme immer weiter und tiefer in diesem Sinne Wahrheiten frei. *„Das Beweisen von Theoremen und das Lösen von Gleichungen ist mittlerweile so etabliert, dass es kaum noch als zur künstlichen Intelligenz gehörig betrachtet wird.“*[13]

In den Wissenschaften wird der Begriff der Wahrheit sparsam gebraucht, vielleicht auch weil das Wort „Wahrheit“ umgangssprachlich eher eine zwischenmenschliche Bewertung ist (hat mein Gesprächspartner gelogen?). Wer aus Überzeugung sagt, die Erde sei eine Scheibe, will nicht täuschen, sondern seinen Glauben mitteilen; er lügt nicht. Wenn er das glaubt und trotzdem behauptet, die Erde sei eine Kugel, dann erst will er täuschen – er lügt, obwohl er eine objektive Wahrheit gesagt hat. Bis zu einem bestimmten Punkt ist sein Glaube an die flache Erde sogar logisch nachvollziehbar. Ab diesem Punkt würde die Verarbeitung neuer Erkenntnisse die Scheibentheorie falsifizieren, doch typischerweise werden solche Erkenntnisse vom Glaubenden übersehen oder ausgeblendet – so entstehen Verschwörungstheorien. Primitiven Menschen kann das nicht vorgeworfen werden, es fehlen ihnen einfach die Erkenntnisse.

Wie schwammig ein jeder Begriff sein kann, zeigt der Unschärfe-Anteil fast jeder umgangssprachlichen Mitteilung, in welcher zwangsläufig gewollt oder ungewollt Verformungen passieren, wie etwa das Rosinenpicken und allgemein das Ausblenden von Störendem. „Kreative“ Wahrheiten sind das täglich Brot der Politik und manchmal des Journalismus – gelegentlich bei uns allen zu finden – wobei nicht unbedingt der Täuschungswunsch gemeint ist, sondern der Wunsch, zu überzeugen. Wer etwas mehr von der „ganzen“ Wahrheit erfahren will, wird zwischen den Zeilen lesen – und auch dann wird er nur „seine“ Wahrheit finden. Zwischen Lüge und Wahrheit gibt es keine scharfe Grenze.

Wahrheitsbesessene sollten die Persönlichkeitsrechte und die Rücksichtnahme auf Andere nicht vergessen. Schmerzenden Indiskretionen

13 Nick Bostrom, „Superintelligenz“ (Suhrkamp, 3. Auflage, 2018)

und grausamen Wahrheiten, wie etwa „Die Behandlung, die du bekommst, ist nur ein Palliativ, du stirbst sowieso" sollten nicht mitgeteilt werden.

Verständlich, dass das Wort „Wahrheit" in der Wissenschaft eher selten erscheint. Die Aussagenlogik braucht es unbedingt, aber in einer digitalen, scharf begrenzten Ja Nein-Antinomie: wahr oder falsch. Die unscharfen Übereinstimmungen von Realitätsparzellen und ihren zugehörigen Modellen (schon von Aristoteles angemerkt) haben die Mathematik gezwungen, graduelle Zugehörigkeiten zwischen wahr und falsch, Ja und Nein, Eins und Null in logische Systeme einzubinden. Es handelt sich um Wahrheitswerte wie etwa „unbestimmt" oder „möglich", die in der Praxis nicht ignoriert werden können und nach Formalisierung verlangen. So entstanden dreiwertige und mehrwertige Logiken, sowie die in der Industrie erfolgreiche Fuzzylogik.[14]

D.1.1 NACHRICHTEN UND FAKE NEWS

Gelogen wurde immer, mehr oder weniger. Durch das neuen Medium Internet ist die Informationsflut, der wir ausgesetzt sind, regelrecht ausgeufert. Alle unsere offenen oder versteckten Interessen werden angezapft und es wird immer schwieriger, den Wahrheitsgehalt der Informationen zu überprüfen. Hinzu kommt, dass nicht einfach Lügen und Wahrheiten auf uns prasseln, sondern allerlei Bilder und News aus dem Übergangsbereich des Morphing-Bands[15] zwischen wahr und falsch. Ist ein retuschiertes Bild auf dem Cover einer Illustrierten ein Fake? Ab welchem Veränderungsgrad kann man es Karikatur oder Fake nennen? Ist der Werbespruch „Nie wieder waschen (oder reparieren etc.)!" eine unverschämte Lüge des Herstellers, eine Aufmunterung, eine Metapher, ein netter Zuspruch?

14 vgl. Kap. Q.3 Gezähmte Überdigitalisierung – Künstliche Neuronale Netze

15 vgl. Kap. E – Morphing

Diese Unschärfe gilt für alles, was wir übers Internet und auch über die Medien wahrnehmen. Und es gilt auch für die Virtual Reality, die nett und freundlich mit Zeichentrickfilmen begonnen hat. Das Gebiet ist neu, extrem intensiv und deshalb ein Eldorado für Spekulationen. Der Einfluss auf die Psyche der Menschen ist enorm. Wir müssen uns fragen, wohin das führt und was zu tun wäre.

Gleichermaßen darf nicht vergessen werden, dass die Erkenntnisse letztendlich nicht in zwei Schubladen gesteckt werden können, die wahren und die falschen. Die Einstufung des Wahrheitsgehalts folgt einer kontinuierlichen Verfeinerung der Modelle. Alles, was uns die Erkenntnis liefert, müssen wir als Wahrscheinlichkeit annehmen. Eine als absolut, definitiv und uneingeschränkt gültig deklarierte Wahrheitsbehauptung ist nicht nur grundsätzlich, sondern auch praktisch falsch. Sie ist bestenfalls ein Denkfehler. Dazu gehören die Überzeugungen von Fanatikern, Gottesbilder, der Glaube an Geister oder an von Religionen definierte Urkräfte – alle als ultimative Erkenntnisse postuliert.

Nur die Mathematik scheint dieser Darstellung zu widersprechen. Ihre Modelle mit Grenzstärke null erlauben Ja-Nein-Ableitungen ohne Zwischenstufen. Weil sie nur Vereinbarungen sind, Modelle eben, von uns erschaffen.

E. MORPHING – KONTINUITÄT/ DISKONTINUITÄT

Zeichentrickfilme bestehen aus Reihen von Bildern, die sich nur wenig von ihren jeweiligen Nachbarbildern unterscheiden, sodass uns ihre schnelle Folge als kontinuierliche Bewegung erscheint. Vor Jahrzehnten mussten alle diese Bilder von Hand gezeichnet werden, heute macht der Computer den größten Teil dieser Arbeit. Er kann aber auch das Bild einer bestimmten Person in das Bild einer anderen Person kontinuierlich (für den menschlichen Betrachter) verwandeln. Diese Technik wird „*Morphing*" genannt. Jedes Einzelbild einer solchen Veränderungsstrecke kann als „Morphing-Digit" bezeichnet werden. Morphing-Programme können visuell jedes Objekt in jedes andere Objekt kinematisch verwandeln, auch den Schraubenzieher in einen Ehering, wie im skurrilen vorigen Beispiel. Das *Morphing-Band*, der Veränderungen-Verlauf von Objekt A bis Objekt B, ist so etwas wie eine Differenzialstrecke, die das weiter oben angeführte Postulat unterstützt, dass jedes Objekt oder Begriff Modell eines jeden anderen Objekts oder Begriffs sein kann – wenn man das Kriterium entsprechend definiert. Nicht nur visuelle Objekte, sondern alle Art von materiellen oder geistigen Objekten können Subjekte von *Morphing-Strecken* in einem verallgemeinerten Sinn sein.

Mit solch einem Instrument können wir auch die berühmte Frage angehen: „Was war zuerst, die Henne oder das Ei? Natürlich ist nicht irgendein Ei gemeint, denn Eier gab es schon viel früher als Vögel, sondern das Hühnerei. Die überzeugendste Antwort kann nur evolutions-biologisch gegeben werden. Stellen wir uns jetzt eine riesige Morphing-Strecke in der Zeit vor: ein Ahnenstrang von Hunderten Millionen Hühner-Generationen, beginnend mit dem heutigen Huhn, dann seine Vorgänger – seine Mama, die Oma, die Ur-Oma – alle aus ihrem jeweiligen elterlichen Ei geschlüpft. Gehen wir immer weiter zurück in die Vergangenheit der Spezies, bis wir beginnen, unsicher zu sein, ob der Name „Huhn" zum Lebewesen passt, auf dessen Höhe wir gerade sind. Wenn wir meinen, es lieber nicht mehr „Huhn“ zu nennen, können wir auch das von ihm gelegte Ei nicht „Hühner-Ei“ nennen. Diesem urzeitlichen gefiederten Tier müssen wir konsequenterweise einen anderen Namen verpassen – nicht „Huhn“, sondern vielleicht „Paläohenne“. Wenn wir stur am Namen „Huhn“ festhalten, landen wir, immer dem Ahnenstrang der Hühner entlang rutschend, in der Urgeschichte des Lebens, bei irgendwelchen Kriechtieren, Würmern und sogar Einzellern, die wir wohl immer noch „Hühner“ nennen würden. Und auch die organischen Moleküle in der planetaren Ursuppe wären „Hühner“. Den gleichen Wahrnehmungswandel konnten wir beim Wandern talwärts entlang eines fließenden Gewässers erleben. Nach Wassermenge, Bodenstruktur etc. wird das Gewässer irgendwann nicht mehr „Bach“, sondern „Fluss“ und später „Strom“ genannt. Die Namensänderung muss erfolgen, sonst werden auch der Rhein, die Nordsee und der Weltozean „Bäche“ sein.

Die Realität ist zwar kontinuierlich, doch wir müssen sie zerschachteln, Gradiente erstellen, sonst sind wir orientierungslos und können nicht kommunizieren.

Als Gradient wird der Verlauf der Änderung (Gefälle oder Anstieg) einer Größe auf einer bestimmten Strecke bezeichnet. Verallgemeinern wir ein wenig: Alle Änderungen einer Größe auf einer Strecke, die mit einem Begriff definiert sind, bilden den Gradient dieser Strecke. Die Strecke selbst ist eine Realitätsparzelle,[16] sie ist Teil einer größeren Morphing-Strecke, deren Gesamtheit durch mehrere Begriffe kenntlich gemacht ist. So wie „Bach“ eine begrenzte Strecke innerhalb des übergeordneten Begriffs „fließendes Gewässer“ ist.

---

16 vgl. Kap. C1 – Gewässer und Farben

E.1 KONTINUITÄT, DISKONTINUITÄT

In allen Bereichen der Realität zeigt sich eines der gewaltigsten Paradoxa der Erkenntnis: Wir segmentieren die Wirklichkeit, ob sie uns nun kontinuierlich erscheint oder nicht, mit sich zackig ändernden, diskontinuierlichen Begriffen. Das müssen wir, sonst gibt es kein Denken, und bei niedrigeren Lebewesen keine adäquaten Verhaltensmuster. Die Realitätswahrnehmung ist manchmal in aller Deutlichkeit strukturiert: Wir sehen z. B. eine Schafsherde, aber auch ihre Einzeltiere nehmen wir wahr. Oder die Realität erscheint klar diskontinuierlich, aber begrifflich verwischt (Bach oder Fluss?), auch sich gleichmäßig ändernd, ohne Diskontinuitätspunkte: (*klein…* über *so-la-la…* bis *groß*; oder: *aromatisch…* über *merkwürdig riechend…* bis *stinkig*; etc.).

Unsere Erkenntnis – also alles was wir kennen und wahrnehmen – ist eine nahezu unendlich verschachtelte, durchwachsene und verflochtene, diskontinuierliche Welt von Invarianz-Bereichen. Egal wie tief unsere Erkenntnis von Makro in Richtung Mikro eindringt, die dafür unabdingbare subjektive Diskontinuität wird immer die darunter liegende, vorerst postulierte Kontinuität jagen. Fast wäre man geneigt, der Erkenntnis Beifall zu spenden: Divide et impera!

In der neueren Physik nach Max Planck ist die Meinung mehrheitlich, dass im subatomaren Bereich unter den kleinsten definierbaren Dimensionen und Zeitspannen nur noch unteilbare Kontinuität existiert; die vermuteten kleinsten Existenz-Quanten hätten keine innere Struktur und markierten somit die Grenze zur absoluten Ununterscheidbarkeit. Irgendwie drängt sich eine solche Folgerung auf, wenn man berücksichtigt, dass der mathematische Apparat und die Versuchsanordnungen der Quantenmechanik heute noch die Teilchen individuell nicht beschreiben können. Über Messergebnisse werden die Teilchen einer Klasse zugeordnet, innerhalb derer sie ununterscheidbar formalisiert sind. *Es werden Klassenmerkmale bewertet und systematisiert, nicht die individuellen*

Quantenobjekte, an die man intuitiv nicht heran kommt. Deshalb sollte die Hypothese der untersten Grenzen nicht ohne Vorbehalte stehen bleiben. Viele Entdeckungen wurden gemacht, als Grenzen überwunden wurden, jenseits derer sich die Realität vorerst als unstrukturiertes Kontinuum darstellte. Dann wurden neue Grenzen konfiguriert und überwunden. Allerdings sind solche Hoffnungen für die Quantenmechanik vorerst Wunschdenken. Nach aktuellem Wissensstand kann den Beobachter nichts hindern, zu postulieren, dass für ihn eine absolute Grenze erreicht ist, und dass es für ihn tiefer nichts mehr zu suchen gibt. Wer's mag, dem sei's gegönnt, sich über diese vereinfachende Arbeitshypothese zu freuen.

Die Jahrtausende alte Suche nach den kleinsten Bausteinen der Realität begann bei Entitäten, von denen man hoffte, sie seien fundamental (z. B. Demokrits Atome). Anders ausgedrückt, unter ihnen läge nur noch die nicht weiter reduzierbare Kontinuität. Jahrtausende alt ist auch die Vorstellung einer unbegrenzt kontinuierlichen Realität (so z. B. Heraklits Überzeugung). Heute sind wir bei unvorstellbar kleinen Einheiten angekommen (Planck-Länge $\sim 10^{-35}$ m, Planck-Zeit $\sim 5 \times 10^{-44}$ s), die als unterste Grenze postuliert werden – oder sich als solche aus Berechnungen ergeben haben. Mathematische Modelle mögen die Auffassung untermauern, dass es nichts Kleineres gibt, wobei noch einmal: Modelle können nie absolut identisch mit den gemeinten Realitätsabschnitten sein. Dem zu widersprechen heißt eine Religion gründen. Soll heißen: Bewiesen ist eine unterste Grenze der Teilbarkeit nicht. Sie ist eine vorläufige, experimentell zunächst nicht falsifizierte Annahme. Ein klein wenig kann man bei diesem gedanklichen Bohren an Achilles und die Schildkröte denken, allerdings wird die Diskontinuität der Erkenntnis die Kontinuität der Wirklichkeit tatsächlich nie fangen. Eine vorerst provisorische unterste Grenze wird es immer geben müssen.

Die von mehr als einem halben Jahrhundert entstandene Stringtheorie stellt sich als Sondermodell der theoretischen Physik dar. Ihre fundamentalen Objekte sind vibrierende eindimensionale Fasern, die „Strings" und mehrdimensionalen „Branen". Um ihre Existenz nachzuweisen, wären die Geräte des CERN viel zu schwach. Nötig wäre ein Beschleuniger mit einem Durchmesser in der Größenordnung unserer Milchstraße. Im Einklang mit dieser Unerreichbarkeit steht die Tatsache, dass trotz des hochentwickelten mathematischen Apparats der Theorie bislang keine einzige physikalische Vorhersage bestätigt wurde. Die Vermutung nimmt Fahrt auf, dass die String Theorie nicht Teil der theoretischen Physik ist, sondern ein Gebiet der Mathematik.

Wie soll's weiter gehen? Gibt es dennoch Struktur unterhalb der Einheiten, die heute als kleinstmögliche Parzellen betrachtet werden? Wir wissen es nicht, also warten wir's ab. Und denken wir darüber nach, dass in den physikalisch tieferen Ebenen immer weniger die Erfassungsfähigkeit unserer Gehirne und immer mehr die Herleitungspotenz der mathematischen Modelle die Ergebnisse liefern. Und wir erinnern auch an Niels Bohrs und Richard Feynmans Groll über die Unfähigkeit, die Quantenphysik zu verstehen. Wobei, es sei noch einmal gesagt: Alle diese ineinander verschachtelten Invarianzen und ihre darunterliegenden vermuteten Kontinuitäten sind Produkte unseres Denkens.

Die Wirklichkeit ist kontinuierlich, die Erkenntnis ist diskontinuierlich. Erkenntnis ist das Ergebnis einer subjektiv definierten Dreier-Beziehung: Realität – Beobachter – Modell.

Ein kurzer Rückblick zum Ei-Henne-Problem: Alle Individuen der Art „Paläohenne" sind verstorben. Der Name des evolutionären Strangs als solcher aber bleibt. Nur die Bezeichnung „Paläohenne" wurde irgendwo auf dem Strang mit dem Etikett „Gallus gallus domesticus" (Haushuhn) überklebt. *Mit diesem neuen Etikett hat der Beobachter die begriffliche Identität eines Abschnitts des Hühner-Ahnenstrangs geändert.* Man könnte sagen, die Paläohenne hat an einem Punkt der Existenz ihre Definition verloren. Das liegt nicht an ihr, sondern am Beobachter, denn der begriffliche Etikettentausch kann im Prinzip überall erfolgen, wo die Systematik der Biologie es gerade empfiehlt.

E.2 SCHMETTERLINGSEFFEKT UND EMERGENZ

Kerkaporta – das war ein kleines Tor in der Außenmauer von Konstantinopel. Die Osmanen hatten sich 1453 schon ein Jahr bemüht, die Hauptstadt des Oströmischen Reichs zu erobern. Ohne Erfolg. Bis, der Überlieferung zufolge, ein unglückseliger Byzantiner vergessen haben soll, die kleine Pforte zu verriegeln. Zufällig soll ein Spähtrupp der Belagerer die Fahrlässigkeit entdeckt haben – das war der Anfang vom Ende des oströmischen Reichs.

Hat dieser technisch gesehen minimale Fehler eines Einzelnen den Lauf der Geschichte gravierend umgeleitet? Manche meinen ja – ohne den Katastrophenauslöser Kerkaporta wäre Konstantinopel nicht in die Hände der Türken gefallen, die muslimischen Osmanen hätten in Europa nie richtig Fuß gefasst und wären schon gar nicht bis vor die Tore Wiens vorgedrungen. Andere wiederum glauben, dass die offene Kerkaporta den Fall Konstantinopels lediglich ein wenig beschleunigt hat – die Türken waren schon fest im europäischen Boden verankert, und Konstantinopel nur noch ein rumpfloser Kopf, wie ein Historiker sagte. Ganz genau werden wir es wohl nie erfahren, doch die zweite Auslegung scheint plausibler.

Fest steht, dass eine winzige Fehlschaltung im Gehirn eines Einzelnen eine Lawine auslösen kann. Für uns ist hier wichtig, dass eine kleine Änderung in den Anfangsbedingungen eines Prozesses große Auswirkungen haben kann, die wir nur teilweise oder gar nicht voraussehen können. Diese Beschreibung fließt in die Definitionen von chaotischen Systemen ein. Ähnliches kann an einem Flipper in einer Spielhalle gesehen werden: Winzige Änderungen beim Kugelabstoß führen zu unterschiedlichen Kugelbahnen.

Solche Vorgänge gehören zum sogenannten *Schmetterlingseffekt*. Sein Name kommt von einer SF-Erzählung von Ray Bradbury, in der ein Zeitreisender in der Vergangenheit der Erde wandert und versehentlich einen Schmetterling zertritt. Zurück in die Gegenwart gekommen, stellt er fest, dass aus diesem Grund jetzt die sozial-politische Welt ganz anders aussieht als die, die er verlassen hatte.

Chaotische Systeme, für die der Begriff „Schmetterlingseffekt“ Sinn macht, sind deterministisch. Mit objektivem, absolutem Zufall hat das nichts zu tun, nur mit den Grenzen unserer Erkenntnismöglichkeiten, mit dem Umfang unseres Nichtwissens.

Die Temperatur materieller Körper ist den Bewegungen seiner einzelnen Substanzteilchen zu verdanken, die sich mit großer Geschwindigkeit in einem generellen Gezittere gegenseitig an- und abstoßen. Damit befasst sich die Thermodynamik. Die Achillesferse dieser Theorie ist, dass ihre Gesetze statistische Aussagen sind, nur für große Mengen von Atomen oder Molekülen anwendbar. Im Falle eines einzigen oder weniger Moleküle macht die Eigenschaft „Temperatur“ keinen Sinn.

Betrachten wir ein Wassermolekül H_2O und versuchen, alles zusammen zu bringen, was man über dieses Molekül weiß – wohlgemerkt, nur als einzelnes, physikalisch definiertes Molekül. Wir können es noch so aufmerksam anstarren, wir werden nicht folgern können, wie sich eine große Menge solcher Moleküle verhält: Wasser kennen wir insbesondere als Flüssigkeit. Bei null Grad Celsius gefriert es zu festem Eis, bei 100^0 kocht es und verdampft, bei 4^0 besetztes es das kleinste Volumen. All diese Eigenschaften des Wassers sind *emergent*. Sie stehen mit Sicherheit in einer kausalen Verbindung mit den Eigenschaften jedes einzelnen Moleküls – sonst könnten sich auch andere Substanzen so verhalten – doch wir können diese Verbindungen nicht nachweisen und entschlüsseln. Wir kennen sie nicht, oder noch nicht, oder nur teilweise. An den Eigenschaften der großen Menge an Molekülen, genannt „Wasser“ ändert das nichts. Wir wissen, dass es sie gibt.

Aus einer ausgesäten Erbse wächst eine Pflanze. Welche Farbe werden ihre Blüten haben, weiß oder rot? Für Gregor Mendel (1822-1884), der

Entdecker der Vererbungsregeln, waren die Blütenfarben emergent, weil er dem Samenkorn die Farbe der Blüten nicht ansehen konnte. Heute wissen wir mehr: Die Blütenfarben sind für den Biologen nicht mehr emergent, sondern konsequent; sie ergeben sich aus der Konfiguration der Gene.

Schulphilosophisch wird über *„schwache" Emergenz* gesprochen, wenn die festgestellte Eigenschaft nur deshalb emergent genannt wird, weil man ihre Ursachen nicht oder nicht genug kennt. *„Starke" Emergenz* wird Eigenschaften zugesprochen, deren Ursachen als fundamental unbestimmbar gelten. In einer solchen Auffassung sind vermutete Eigenschaften zwingend übernatürlich, weil sie von einer anerkannten absoluten Wahrheit ausgehen. „Starke Emergenz" ist eine Form von Aberglauben.

Eigenschaften, die wie aus dem Nichts entstehen und nicht erklärt werden konnten, haben schon immer den Erklärungshunger gereizt. Weit verbreitet war die Tendenz, ihnen einen übernatürlichen Ursprung zu attestieren – vorerst die älteste und einfachste Erklärung für alles, was sich dem Verstehen nicht erschließt. Allerdings verschieben sich mit steigendem Wissen die unbekannten Zusammenhänge allmählich ins Erklärbare, bis dahin jedoch werden glaubenstreue Gemüter unbeirrt unüberprüfbare Gründe für die Wahrheit der starken Emergenz finden.

„Das Ganze ist mehr als die Summe seiner Teile" – diese Weisheit wird oft als Begründung für den Begriff der Emergenz gebracht. Gemeint sind Eigenschaften eines Ganzen, die aber im Haufen der Teile nicht erkennbar sind. Nüchtern betrachtet, ergibt sich das „Mehr" im Ganzen durch nicht beachtete Eigenschaften der Teile und aus Wechselwirkungen zwischen den Teilen im Rahmen des Ganzen. Ein Haufen von Ersatzteilen ist noch kein Auto; die Teile müssen in einer bestimmten Art ineinandergreifen und von vornherein für das Funktionieren des Autos relevant sein. Erst dann kann man vom Ganzen sprechen. So gesehen ist das Ganze identisch mit der Summe seiner Teile. Witzigerweise schwirrt im Internet ein rührender mathematischer „Beweis" des fundamentalen Charakters dieser Weisheit. Zu sehen ist sogar, um wie viel genau das Ganze größer ist als die Summe seiner Teile:

Das Ganze $(a + b)^2$ ist größer als die Summe seiner Teile $(a^2 + b^2)$ … auskalkuliert:
$(a^2 + \boxed{\mathbf{2ab}} + b^2) > (a^2 + b^2)$

Die obige Ungleichheit ist ein absolut nicht ernst zu nehmendes aber auch hervorstechendes Beispiel unter vielen formal korrekten aber falsch eingesetzten mathematischen Modellen. Es stimmt nach wie vor, dass alles Modell von allem sein kann – aber nur insofern der Beobachter in der Lage ist, für sich und für andere den Wahrheitsgehalt der Übereinstimmungen zu attestieren. Genauer: wenn er die entsprechenden Kriterien einsetzt.

Schmetterlingseffekt und Emergenz sind Begriffe, die in der gleichen Morphing-Strecke angesiedelt sind:

- Im Falle der Emergenz wissen wir, was rausgekommen ist, aber wir wissen nicht, wieso.
- Beim Schmetterlingseffekt kennen wir den Anstoß, aber wir können nicht sagen, wohin er führt, oder warum.
- Wenn wir den Anstoß kennen und ein unerwartetes Ergebnis verlässlich kommt, nennen wir das Geschehen gerne „Zauberei".
- Chaotisch nennen wir ein System, von dessen Zeitschiene wir nicht viel mehr kennen als eine Momentaufnahme.

Emergenz und Schmetterlingseffekt gehören zu den Begriffspaaren oder Begriffen, die nur über das *Wissen und Nichtwissen* des Beobachters entstehen und über Symbole definiert werden können. Dazu gehören unter anderem Zufall/Wahrscheinlichkeit, Ordnung/Unordnung, Entropie, Komplexität.

F. IDENTITÄT, UNUNTERSCHEIDBARKEIT, ÄHNLICHKEIT

Vertiefen wir ein wenig die Frage der Gemeinsamkeiten zwischen dem Objekt und seinem Modell, wieder mit Blick auf den Beobachter. Ich nehme zwei Stahlkugeln aus einem Kugellager. Sie sind sich ähnlich, und zwar so sehr, dass ich sie auf den ersten Blick nicht unterscheiden kann. Ich werde sie „identisch" nennen, doch streng genommen sind sie nur „ununterscheidbar". Ein schärferer Beobachter könnte Unterschiede entdecken, winzige Schrammen o. ä. Er wird vermerken, dass die beiden Kugeln eigentlich unverwechselbar sind, jede mit ihrer Identität.

Wann sind zwei Objekte wirklich identisch? Also unter jeder Vergrößerung oder unter Verwendung jedes Beobachtungs-Tricks? Niemals. Schon die einfache Tatsache, dass die beiden mutmaßlich identischen Objekte eigene Positionen im Raum und/oder in der Zeit einnehmen müssen, ist ein Unterscheidungs-Merkmal. Anders formuliert: Absolut identisch ist ein Objekt nur mit sich selbst – sagte schon Leibniz. Die Aussage hat für die Erkenntnis einen fundamentalen axiomatischen Wert.

Wichtig für unsere Erkenntnis ist der mächtige Begriff der *relativen Identität*. Etwa die Identität der beiden vorhin erwähnten Stahlkugeln, die für den Beobachter so lange identisch sind, bis er zum Mikroskop greift.

Für einen Beobachter sind zwei reale Objekte relativ identisch, wenn sie für ihn zum Zeitpunkt der Beobachtung ununterscheidbar sind.

Sehen wir uns eine unantastbare Aussage der formalen Logik an: Wenn A = B und B = C dann A = C. Ihre Termen sind mathematische Modelle mit Grenzstärke null, unendlich wiederholbar. Inwiefern gilt das für eine zugeordnete Realitätsparzelle? Wenn A, B und C Symbole für Realitätsparzellen sind, welche Eigenschaften entsprechen dieser Formel?

Wenn wir schon dabei sind: Das berühmte „Tertium non datur" gilt für Modelle mit Grenzstärke null; bei entsprechender Realitätsparzellierung stimmt es auch. Überprüfen wir dieses Prinzip in Anwendung auf Messungen von drei Stahlkugeln, deren Gewicht ich von Hand schätze und vergleiche: Kugel A ist ununterscheidbar von Kugel B, die ihrerseits ununterscheidbar von Kugel C ist. Ist demnach Kugel A ununterscheidbar von Kugel C? Nicht unbedingt. Präzisieren wir: Wenn Kugel B *für mich* nicht spürbar schwerer ist als Kugel A, kann ich die beiden nicht unterscheiden. Wenn nun Kugel C um ebenso wenig schwerer ist als Kugel B, kann ich auch diese beiden nicht unterscheiden – allerdings kann ich sehr wohl C von A unterscheiden, wenn mir der summierte Gewichtsunterschied auffällt. Die Summe der beiden Unterscheidungsmerkmale hat in diesem Fall meinen Invarianz-Bereich als Beobachter verlassen. Anders ausgedrückt: Der Näherungsgrad der logischen Formel (des Modells) ist im Fall der drei Stahlkugeln für mich nicht gültig. Nicht die Formel ist falsch, sondern ihre Zuordnung.

Dieses einfache Beispiel zeigt ein fundamentales Verhältnis zwischen logisch-mathematischen Modellen und den ihnen angedachten Realitätsparzellen. Das heißt einmal mehr, dass die Entsprechung einer Formel zur Realität und umgekehrt nur mit einer gewissen Wahrscheinlichkeit gilt. Das ist ein Problem der Erkenntnis, das nie überwunden werden kann. Deshalb kann Laplaces 1814 vorgestellter Dämon, der die Zukunft aus der Vergangenheit lückenlos voraussagen soll, nicht funktionieren, wie auch alle besonders in den 1950ern sprießenden Weltformel-Träume.

Nebenbei bemerkt, solche unmerklichen Veränderungen von A über B nach C sind auch die Voraussetzungen für eine ideales Morphing-Band: Wenn benachbarte Morphing-Digits ununterscheidbar sind, ist das Band für den Betrachter kontinuierlich. So pingelig genau müssen Zeichentrickfilme nicht sein, der Zuschauer wird auch mit erheblich gröberen Abstufungen glücklich.

Echte und falsche Diamanten sind relativ identisch, so auch echte und falsche Marken-Uhren und viele andere Handelswaren – bis sie ein Kenner in der Hand hält (manchmal auch dann). Nicht nur ganze Objekte an sich, sondern auch deren Ursprung oder Herstellungsweise können echt oder gefälscht sein. Auf dem Kunstmarkt kann die Entlarvung einer Fälschung, wie immer wieder zu erfahren ist, zu einem starken Preisverfall führen. Die Entdeckung einer renommierten Identität eines bis dato unbeachteten Kunstobjekts wiederum kann in spektakulären Preissteigerungen enden. Firmen können Pleite gehen, wenn ihre Produkte massiv gefälscht werden. Oder sie machen satte Gewinne, weil Identitätsfälschungen nicht entdeckt wurden.

Ein kleiner Umweg in die Psyche des Beobachters: Ein Goldring mit einem schönen, funkelnden Brillanten ist teuer, deshalb ist er auch Statussymbol. Der Träger zeigt ihn gerne, sieht sich in seiner gehobenen Position bestätigt und fühlt sich wohl dabei. Ein Juwelier begutachtet den Ring: Böse Überraschung, der Brillant ist falsch. Die Enttäuschung ist groß. Was tun? Den Ring weiter tragen insofern sichergestellt wird, dass es niemand erfährt? Hätte dieser unselige Juwelier geschwiegen, wäre der Beobachter heute noch glücklich mit seinem Edelstein, der doch für den Laien ebenso prächtig funkelt wie ein echter – das vermutete und das reale Juwel waren bis zum Augenblick der Wahrheit relativ identisch. Der Juwelier war das Werkzeug, das dem Beobachter die Unterscheidung ermöglichte.

In der Quantenphysik haben wir keinen intuitiven Zugang zu den Vorgängen und Objekten, die in der subatomaren Welt ihr Unwesen treiben. Je tiefer wir eindringen, desto mehr müssen wir mathematische Modelle mit Messungen und Ergebnissen von Experimenten füttern, um uns einen Reim zum Geschehen machen zu können. Wie gnadenlos kontraintuitiv die Quantenwelt sein kann, hatten wir schon mit dem Doppelspalt-Experiment erfahren. Dazu gehören auch die experimentellen Erfahrungen mit den sogenannten „ununterscheidbaren Elementarteilchen“. Üblicherweise wird angenommen, dass es objektiv unmöglich sei, einzelnen Elementarteilchen ein Identitätsmerkmal zuzuschreiben. Die quantenphysikalische Ununterscheidbarkeit der Teilchen ist durch Messungen und Experimente erzwungen. Ihr einen absoluten Status durch die Bewertung „identisch" anzuerkennen und damit Leibniz' Identitätsprinzip infrage zu stellen, hat erwartungsgemäß einen heftigen Disput entfacht. Zu Recht: Leibniz hat aufgrund einer mathematischen Modellierung mit Grenzstärken null ein logisches Prinzip aufgestellt. Die physikalische Ununterscheidbarkeit ist eine postulierte Eigenschaft von Teilchen, deren Grenzen nicht definierbar sind (vgl. Kassette und Zitat weiter unten). Die Verwechslung von Ununterscheidbarkeit und Identität ist ein Kategorienfehler. Nicht die Quantenobjekte werden identifiziert, es sind die mathematischen Gleichungen, deren Wahrscheinlichkeitsergebnisse einer Menge von vermutet „identischen" Teilchen zugeordnet werden. Um das Ausmaß der mentalen Herausforderung hervorzuheben, hier ein Zitat aus Sabine Hossenfelders Buch „Das hässliche Universum", das jahrzehntelange Anstrengungen eindrucksvoll zusammenfasst:

„Es gibt eigentlich keine Wellen und keine Teilchen. Stattdessen lässt sich alles im Universum … durch eine Wellenfunktion beschreiben, die Eigenschaften sowohl von Teilchen als auch von Wellen besitzt. … Bedenken Sie nur, dass Physiker, die von Teilchen reden, eigentlich ein mathematisches Objekt namens Wellenfunktion meinen, das weder Teilchen noch Welle ist, aber Eigenschaften von beiden besitzt.

Die Wellenfunktion selbst entspricht keiner beobachtbaren Quantität, wir können aber aus ihrem absoluten Wert Wahrscheinlichkeiten für die Messung von physikalisch Beobachtbarem errechnen. … ***In welchem Zusammenhang die Mathematik mit der Wirklichkeit steht, ist ein Rätsel*** (unsere Hervorhebung)***, mit dem sich Philosophen schon lange bevor es Wissenschaftler gab, herumgeschlagen haben.***“

Es ist fragwürdig, ob aufgrund der unzureichenden Intuition des Beobachters postuliert werden kann, dass die Teilchen – die als Entitäten nicht zufriedenstellend definiert wurden – keine eigene innere Struktur haben. Dazu bräuchte man zumindest eine räumliche Definition des Quantenobjekts. Die Festlegungen im 20. Jahrhundert auf absolute Mindestwerte von Raum, Zeit und Energie sind Ergebnisse unzähliger Messungen, Modellierungen, Überprüfungen von Experimenten und Beobachtungen. Sie gehören zum Besten, worauf die Physik und ihr mathematisches Gerüst sich heute stützen können. Doch sie sind zwangsläufig reduktionistisch. Das Ende der Fahnenstange können sie nicht sein.

Die Tatsache, dass die Physik in mehr als hundert Jahren es nicht einmal annähernd geschafft hat, die inneren Strukturen der kleinsten Quantenobjekte zu skizzieren, macht die Neigung verständlich, an dieser Stelle als Nothypothese eine letzte Grenze der Größen zu postulieren. Irgendwie erinnert die Ununterscheidbarkeit der Elementarteilchen an La Fontaines Fabel vom Fuchs im Weinberg: Trauben, an die man nicht rankommt, sind sauer.

> *Ununterscheidbar können unendlich reproduzierbare Symbole und Definitionen von Objekten sein, nicht die Objekte selbst.*

Und wieder beißt sich die Katze in den Schwanz – denn „reale Objekte" sind auch nur Modelle. Das hört nie auf.

F.1 REVERSIBILITÄT/IRREVERSIBILITÄT

Dumm gelaufen: Die Vase ist mir aus der Hand gerutscht und als Scherbenhaufen am Boden gelandet. Geduldig klebe ich die Scherben wieder zusammen. Die Form der Vase ist wiederhergestellt, doch die Maserung der Klebelinien ist sichtbar. Die gekittete Vase ist ihrer alten Gestalt ähnlich, doch verstecken kann ich den Unfall nicht. Ein Profi kann das besser – er verkleistert die Scherben zu einer Vase, bei der ich auf den ersten Blick nicht erkennen kann, dass sie zusammengeklebt ist. Jetzt ist die reparierte Vase für den einen oder anderen Beobachter relativ identisch mit ihrem unversehrten Ursprung. Mit einem Ultraschallgerät jedoch kämen die Bruchstellen zum Vorschein. Weiter könnten wir uns Prozeduren vorstellen, die die Bruchstellen mit den besten Prüfgeräten nicht sichtbar machen können. Das wird wohl kaum möglich sein. Aber denkbar.

Was war in den Papyrusrollen der vom Feuer verwüsteten antiken Bibliothek von Alexandria zu lesen? Werden wir das nie erfahren? Höchstwahrscheinlich. Es stimmt aber auch, dass die Antwort irgendwann *prinzipiell* erfahrbar sein könnte. Denken wir an die enorme Steigerung der Wiederherstellungskraft der Medizin in den letzten Jahrzehnten. Oder, mit Blick auf die Archäologie: Wer hätte vor 100 Jahren gedacht, dass eine im Erdreich gefundene Mumie uns erzählen wird, woher sie stammt, ob sie krank oder gesund war, ob sie verwandt war oder nicht mit anderen Mumien usw. Bis zur Wiederherstellung der Bibliothek von Alexandria wäre ein unvorstellbar langer Weg, so weit, dass diese Aufgabe wohl nie überhaupt in Angriff genommen wird. Doch es geht hier nicht um die praktische Perspektive, sondern um die prinzipielle Möglichkeit. Verallgemeinern wir:

- *Absolute Wiederherstellung* ist grundsätzlich nicht möglich. Schon deshalb nicht, weil die beiden Hypostasen des Objekts – Original und Wiederherstellung – zu einem anderen Zeitpunkt existieren müssen. Das schließt von vornherein ihre absolute Identität aus.
- *Relative Wiederherstellung* ist immer denkbar. Sie ist eigentlich eine in einer finiten Zeit realisierbare Variante der relativen Identität. Ob nun die kaputte Vase aus dem Material der Scherben wiederhergestellt wird, oder ob eine zweite, relativ identische (ununterscheidbare) Vase fabriziert wird – möglich auch ohne dass die erste auf den Boden gefallen wäre – ist grundsätzlich für die Definition der relativen Identität irrelevant.

- Kniffliger ist die *Reversibilität eines Prozesses*, bei dem der Zeitpfeil beachtet werden muss. Hier geht es um ein Zurückdrehen des Films, sodass die Scherben wieder hinauf zu meiner Hand fliegen und sich dort zur ursprünglichen Vase zusammensetzen. Das Morphing-Band des Geschehens müsste digitalisiert, also in dünne Scheibchen zerlegt, und jedes Scheibchen akribisch wiederhergestellt und zusammengefügt werden. Schön wär's, wenn der Zeitpfeil umgedreht werden könnte. Leider geht das nicht – reale Zeit gehört zu unseren tiefsten Postulaten.

Die mathematischen Modelle beachten den Zeitpfeil nicht, mit Ausnahme des zweiten Hauptsatzes der Thermodynamik, der jedoch kein konsequent naturwissenschaftliches Gesetz ist. Die Physik der Realitätsparzellen ist ohne Zeitpfeil unbestimmbar. Für deren Modelle, einschließlich der mathematischen, ist die Zeit nur ein mit Werten bestückbares Symbol „t".

Abhängig davon, wie weit man mit der Genauigkeit der relativen Identität geht, ist jeder Prozess relativ reversibel und jeder Zustand in der Realität relativ wiederherstellbar.

Wenn man auf zu strenge Ansprüche verzichtet, kann die Reversibilität von Prozessen ganz schön praktisch sein. Eine Methode in der Polizeiarbeit ist die Rückverfolgung von Unfällen oder Straftaten: Die Aufnahme der Video-Kamera zurücklaufen lassen … stopp! Da ist er, der Bösewicht!

F.1.1 PERSONAL-IDENTITÄT

Ein Personalausweis bezeugt die Identität einiger der Eigenschaften einer Person mit den von der Obrigkeit gespeicherten Daten. Damit nimmt die Behörde an, dass es den Träger nur einmal in der Realität gibt. Die gespeicherten Daten gibt es als Modell auch nur einmal. Als Symbole können sie multipliziert oder weitergeleitet werden und bleiben trotzdem einmalig, weil sie Symbole sind, Reduktionen, gleichwohl mathematische Objekte mit Grenzzone null.

Eine Personal-Identität ist kein reales Objekt, sondern eine Erkenntnis-Konvention. Als Modell mit Grenzstärke null ist diese Konvention immer mit sich selbst identisch – nicht zu verwechseln etwa mit den Datenträgern Tinte, Papier oder USB-Stick etc.: Das sind physikalische Objekte. Beim Henne-Ei-Problem haben wir festgestellt, dass der Biologe irgendwo auf der Ahnenlinie des Huhns einen Abschnitt bezeichnet, an welchem er die begriffliche Identität der Spezies ändert. Für Ur-Ur-Hühner galt unser Vorschlag „Paläohenne", danach bis heute „Huhn". So gesehen ist die Spezies-Identität Teil der Personalidentität eines Huhns.

Üblicherweise muss nicht das gesamte Ursprungsdiagramm eines Individuums in der Personalidentifikation aufgenommen werden. Beim Menschen reicht Name und Vorname, Geburtsdatum, Wohnort, Geschlecht und im Reisepass noch einiges mehr. Die Spezifikation „Homo sapiens" ist nicht nötig. Im Familienkreis reicht die Aussage „unser Klaus ist wieder da!". Klaus muss den Personalausweis nicht vorlegen.

G. ENTITÄTEN UND ENTITÄTEN-FLUKTUATION

G.1 INTELLIGENZ – STUFEN DER ABBILDUNG DER REALITÄT

1. Unter dem Mikroskop kann man die ***Pantoffeltierchen*** beobachten, die sich in ihrem plattgedrückten Wassertropfen hin und her bewegen. Wenn man an einer Stelle des Wassertropfens ein Salzkristall anlegt, meiden die Tierchen die Stelle, sie schwimmen woanders hin. Das ist eine durch die natürliche Selektion begünstigte, einfache und nützliche Reaktion. Kann man diese Reaktion als Vorbote von Intelligenz betrachten? Kann man den Mechanismus, der so funktioniert, als eine Urform einer „Abbildung der Realität“ nennen?

Bei einer voreiligen Antwort „Nein“ sollten wir berücksichtigen, dass der Begriff „Intelligenz“ keine scharfen Grenzen hat, dass es sich um Abschnitte eines kontinuierlichen Morphing-Bandes von den Reaktionen der Amöben bis zum Abschnitt „menschliche Intelligenz“ oder auch „künstliche Intelligenz“ handelt.

Eine Frage beleuchtet die weiträumigen, unscharfen Grenzen des Begriffs: Darf man Begriffe wie „intelligente“ Verkehrsampeln oder Waschautomaten verwenden? Diese sind zwar metaphorisch gemeint, aber wo sind die Grenzen? Die Zuordnung, Ausdehnung und Benennung einzelner Gradienten und Abschnitte einer Morphing-Strecke werden vom Beobachter bestimmt. Die Tatsache, dass wir den niedrigeren Lebewesen wohl kaum die Fähigkeit zumuten, ein Abbild der Realität zu erzeugen, ändert die Tatsache nicht, dass alle Lebewesen auf die Realität reagieren, ihrer Funktionenstruktur entsprechend. Wie wir das benennen, ist ein Kommunikations- und Systematisierungsproblem. Für uns wichtig, für die Realität immer relativierbar.

2. Darf man bei einem ***Regenwurm*** ein „Abbild der Realität“ vermuten, wenn er im Erdreich an den richtigen Stellen bohrt und frisst? Er hat ja

immerhin einige tausend Nervenzellen. Der Mechanismus, der ihn leitet, ist zwar komplexer als der einer Ampel, auch als der eines Pantoffeltierchens, aber ist „Abbild der Realität" begrifflich zulässig? Es ist die gleiche Frage, ein wenig höher auf dem Morphing-Band der Evolution gestellt.

3. Spektakulär, wie eine ***Unke*** – ein viel gescheiteres Tier als der Regenwurm – an die Wand des Terrariums springt, um die dort krabbelnde Grille zu verspeisen. Die Unke hat die Grille identifiziert, weil sie krabbelt. Wenn ein regungsloses Insekt vor dem Maul der Unke liegt, reagiert diese nicht, sie würde verhungern. Nur das Krabbeln animiert den Lurch zum Fraß. Das mentale Beuteschema, über das die Unke verfügt, ist noch nicht so effizient wie die mentalen Modelle höher entwickelter Tiere.

Darf man das Beuteschema der Unke als Teil einer Vorstufe eines Realitätsabbildes betrachten? Der Begriff „Abbild" ist sehr hoch gegriffen, doch wieder deutet sich an, dass solche neuronalen Vorgänge niedrigere Abschnitte der Morphing-Strecke sind, die prinzipiell bis zum Homo sapiens führt.

4. Ob nun die ersten hirngesteuerten Reaktionsmodelle bei ***Vögeln, Säugetieren*** oder erst bei ***Primaten*** „Abbild der Realität" genannt werden können, ist, wie schon erwähnt, nur für die Systematik ein Problem. Gesamtevolutionär ist es unwesentlich und weitgehend subjektiv, von der Auffassung des Betrachters abhängig. Das Morphing-Band von den einfachsten Reaktionen eines Pantoffeltierchens bis zu Einsteins Gehirn ist nun mal kontinuierlich. Es ist in jedem Fall sinnvoll, die Entstehung und Evolution der Intelligenz als eine ganzheitliche Morphing-Strecke zu sehen.

Viele Hundebesitzer sind von der Intelligenz ihres Haustiers überzeugt. Ein Hund, der einen Stock quer im Maul hält und an einem engen Durchgang stecken bleibt, kommt nie auf die Idee, den Winkel des Stocks zu ändern, um durchzukommen. Vielleicht würde so etwas einem Biber nicht passieren. Oder: Wenn beim Tennisspiel der Ball zu Boden fällt und abspringt, berechnet der Spieler die voraussichtliche Flugbahn des Balls nach dem Bodenkontakt. Gerne verfolgt der Hund in seiner Spielfreude einen vom Herrchen geworfenen Ball. Wenn der Ball zu Boden fällt und abspringt, verfolgt ihn der Hund nur in der Bahn, auf der er sich gerade bewegt, er sieht nicht voraus, dass er nach dem Aufprall wieder steigt. Dass er ihn daraufhin effizienter fangen könnte, übersteigt seine Intelligenz. Hier wird der Begriff der Intelligenz relativiert, allerdings nicht so dreist metaphorisch wie bei Verkehrsampeln, Waschautomaten und Kühlschränken. Hier noch ein Vorschlag zur Unterteilung des Intelligenz-Morphing-Bands in Invarianz-Bereiche:

- *Level 1* Ur-Intelligenz fängt ganz unten an, man könnte den Begriff auf der Höhe der einfachen *nützlichen Reaktionen* der kleinsten Lebewesen ansetzen.
- *Level 2* Etwas höher sind die *Instinkte* anzusiedeln, etwa Hunger und Paarungsdrang. Noch ein wenig höher einfachere Gefühle, etwa Verteidigungsreflexe.
- *Level 3* Als nächste Stufe der Komplexität können bei höheren Lebewesen Angst und die *emotionale Intelligenz* genannt werden.
- *Level 4* Wie meist akzeptiert, sind *Begriffe* Menschendomäne. Manche Forscher erkennen eine rudimentäre Begrifflichkeit auch bei Menschenaffen.
- *Level 5* Die bislang höchste Stufe in der Entwicklung ist die der *digitalen Intelligenz*, die Fähigkeit, zu zählen und zu rechnen. Auch Tiere können kleine Mengen zählen. Rechnen können sie nicht. Das kann nur der Mensch. Er alleine oder viel effektiver mit seinen Werkzeugen, Taschenrechner und Computer.

Diese Intelligenzen-Skala hat sich im Laufe der Evolution entwickelt. Einmal erreicht, wurde ein Level beim Auftürmen höherer Schichten der biologischen Evolution nicht abgetan. Jedes Lebewesen verfügt über die Mechanismen seiner eigenen Entwicklungsebene und prinzipiell über alle Mechanismen der davor liegenden, bei seinen Ahnen entstandenen Schichten. Diese Erkenntnis hat eine definitorische Bedeutung, wenn es darum geht, transhumane Entwicklungen zu erahnen.

- Auch bei Pflanzen gibt es verfolgbare, meist nützliche Reaktionen (Level 1): Grüne Triebe wachsen in Richtung Licht, Wurzeln in die Tiefe. Oder: Die Fangblätter der Venusfalle klappen zu, wenn ein Insekt sie innen berührt, Mimosen reagieren auf Berührung; viel mehr können Pflanzen nicht.
- Amöben verfügen über ein deutlich breiteres Reaktionen-Inventar (Level 1–2). Ob man bei ihnen schon von anfänglichen Instinkten sprechen kann, hängt von der Sichtweise des Betrachters ab.
- Lebewesen, denen man geradeaus Instinkte zumuten kann, verfügen natürlich auch über eine Menge nützlicher Reaktionen (Level 1). Ebenso setzt die emotionale Intelligenz (Level 3) den Stamm der Reaktionen (Level 1) und Instinkte (Level 2) voraus.
- Der Mensch verfügt über all diese Mechanismen, die sich im Laufe seiner gesamten Evolution entwickelt und in seine Werkzeugkiste zum Gebrauch gelegt haben. Heute stehen sie ihm zur Verfügung, verstärkt, abgespeckt oder sonst wie angepasst. Wenn ein Luftstrahl seine Augen trifft, schließen sie sich reflexartig (Level 1). Die Augenlider gehorchen dem Überlebensinstinkt (Level 2) – deshalb gibt es den Menschen noch. Auch ist bekannt, dass der Fortpflanzungsinstinkt die Emotion „Liebe" (Level 3) herbeiführt, und dass diese Emotion auf der begrifflichen Ebene (Level 4) das Theaterstück „Romeo und Julia" hat entstehen lassen, das von Abermillionen Zuschauern (gezählt über Level 5) auf der Bühne oder am Bildschirm gesehen wurde.

Diese Verhaltensmodelle und Reaktionsmechanismen sind vorwiegend nützlich bis lebenserhaltend. Je früher sie in der Evolution aufgetaucht sind, desto ungenauer sind sie. Schmerz beispielsweise ist ein überlebenswichtiges, starkes, aber pauschales, undifferenziertes Reaktionsmuster. Zahnärzte und Chirurgen müssen den Schmerz künstlich unterdrücken, um dringend notwendige Eingriffe zu ermöglichen. Je höher die Ebene der Reaktionen in dieser Darstellung, desto höher ist ihre Adäquanz oder Genauigkeit und damit die Wahrscheinlichkeit des Nutzens, doch unfehlbar sind sie nie. Sie sind Modelle.

Der Computer verfügt heute fast ausschließlich über die digitale Intelligenz (Level 5), ohne die restlichen Schichten. Er ist kein Lebewesen. ***Noch ist er nur ein Werkzeug, ein Kopf ohne Rumpf.*** *Das gilt für klassische Computer, für neuronale Netze und wird auch für den Quantencomputer gelten.*

G.2 ENTITÄTEN UND BEGRIFFE

Zurück zur Unke im Terrarium. Ihr Krabbelbeuteschema kann nur sehr großzügig als „*Begriff*" des Unkenhirns bezeichnet werden. Es ist ein Produkt dieses Hirns, ein Reaktionsmodell, eine Entität, die wir einigermaßen identifizieren können, auch weil sie in einer oder anderen Form bei verschiedenen Lebewesen und an verschiedenen Stellen der Evolution erscheint.

Unsere menschlichen Abbilder der Realität bestehen unter anderem aus einer riesigen Menge von Begriffen, deren Definitionen wir irgendwie erfahren haben, gelernt, gelesen, mitgeteilt bekommen, erlebt etc. Viele von ihnen haben wir uns individuell zusammengestellt, weil wir sie passend zur betrachteten Realität fanden. Man könnte sagen, die erste Phase der Entstehung eines Begriffs ist die Entität. Auch deshalb sind Entitäten weniger geeignet als Metaphern für den literarischen Gebrauch.

Der *Begriff* „Familie“ kann vielfältig eingesetzt werden, etwa für Klassen von Objekten oder Tieren, für Gemeinschaften von Individuen, die sich mögen oder gegenseitig stützen. Beliebt ist auch seine metaphorische Verwendung. Die *Entität* „Familie“ bleibt gerne auf ihrem sozial-biologischen Sinn beschränkt, als Metapher wird sie nicht eingesetzt – solcher Gebrauch wird eher dem Begriff vorbehalten. Der Übergang von Entitäten zu Begriffen ist fließend, selbst die verschiedenen Definitionen des Begriffs „Entität“ sind widersprüchlich und umstritten, doch das Neuland, in dem sich Wissenschaften immer wieder befinden, greift gerne auf den Begriff zurück, der manchmal auch provisorisch und subjektiv sein darf oder muss.

Der vergleichsweise kleine Himmelskörper Pluto zählte zur Entität „Planet unseres Sonnensystems“. Die Entdeckung auch anderer kleinen Himmelskörper, die um unsere Sonne kreisen, führte zur Entscheidung, einen neuen Begriff zu definieren: „Zwergplaneten“. Dem fernen Pluto wurde der Planetenstatus aberkannt und er wurde dem neu registrierten Begriff zugeführt – nicht durch einvernehmliche Einsicht der Wissenschaftler, sondern durch das Mehrheitsvotum eines Gremiums. Am Markt ist der Kunde König. In der Wissenschaft ist es der Beobachter. Einmal mehr kommt durch die Begriffsänderung für den fernen Pluto die Subjektivität der Invarianz-Gebiete zum Vorschein.

Für Wissenschaftler war es immer Wunsch, Herausforderung und Notwendigkeit, eine Entität, die sich anbietet und zu der ein effizientes mathematisches Modell gefunden werden soll, aus dem Beobachteten begrifflich herauszuschälen. Beispielsweise war in der Physik lange Zeit die „Kraft“ eine übliche Bezeichnung, bis im 19. Jahrhundert die Entität „Energie“ sich zum anerkannten Begriff mauserte, eine Sichtweise, die neue Forschungsrichtungen ins Blickfeld rückten (Energieübertragung, Felder, Energieerhaltungssatz).

Ein Wermutstropfen bleibt: Noch kann sich niemand ein intuitiv einschlägiges Bild von der Entität „Energie“ und auch nicht von „Kraft“ machen. Es handelt sich wohl nur um eine Klasse für den Beobachter wohldefinierter und berechenbarer kausaler Auswirkungen. Ich erkenne leicht einen kräftigen Burschen und meine zu verstehen, was Kraft ist, wenn ich sehe, wie er ein Bierfass hievt. Zwar eröffnet sich mir dadurch kein wirkliches Bild von Energie, doch im Alltag reicht mir das. Ebenso wenig liefert mir der im schulischen Physikunterricht erlernte Begriff „potenzielle Energie“ ein griffiges Bild. Ich gucke mir den Pflasterstein da am Boden an. Was dieser Steinbrocken nicht so alles anstellen könnte, wenn ihm unser halber Planet nicht im Weg stünde! Alles kausal verständlich, aber die Energie als Entität bleibt intuitiv nicht greifbar, egal, wie lange ich den Stein anstarre. Richtig ärgerlich, wenn ich bedenke, dass nach Einstein ziemlich alles Energie ist, die sich uns in verschiedenen Formen offenbart.

Problematisch wird es, wenn Auswirkungen beobachtet werden, die nicht auf bekannte Energieformen zurückzuführen sind. Dann entsteht erzwungenermaßen zum Beispiel der Begriff „Dunkle Energie“. Einsteins Relativitätstheorie, die moderne Kosmologie und ihre Annahmen können diese geheimnisvolle Kraft nicht erklären. Auch der sakrosankte Energieerhaltungssatz zeigt sich womöglich relativierbar, wenn versucht wird, den Energieschwund bei wachsender Wellenlänge des Lichts in den Tiefen des expandierenden Universums zu erklären. Das widerspricht dem Noether-Theorem (1915), in zwei Sätzen ausgedrückt:

Zu jeder kontinuierlichen Symmetrie eines physikalischen Systems gehört eine Erhaltungsgröße. Jede Erhaltungsgröße ist Generator einer Symmetriegruppe.

Voraussetzung für eine absolute Symmetrie ist eine absolute Invarianz, die es in der Realität ebenso wie die Unendlichkeit nicht gibt – nur in den mathematischen Vereinbarungen. Es drängt sich die Erkenntnis auf, dass der Erhaltungssatz davon abhängt, welche Erfahrungswerte man reinpackt.[17]

Die Biologie definiert und klassifiziert die Lebewesen in Gattungen, Familien, Arten, Unterarten und (bei Haustieren) Rassen. Nicht selten

---

17 vgl. C2 – Skalentrennung, Skaleninvarianz

führen neue Erkenntnisse zur Einsicht, dass eine Tier- oder Pflanzenart anders eingeordnet werden muss als bisher. Flexibel und dynamisch sind die Entitäten der Biologie, wie auch vieler anderer Wissenschaftszweige.

Die Erkenntnis fängt mit Entitäten an. In dem Maße, in dem keine Widersprüche auftauchen, wird die Entität mit der Zeit zum Begriff.

G.3 DAS ENTITÄTENPROBLEM DER QUANTENPHYSIK

Das Entitätenproblem der Quantenmechanik ist besonders widerspenstig. Was ist ein Elektron: Eine Welle? Ein Korpuskel? Ein statistisch im Raum verschmiertes Etwas? Zum mehr als hundertjährigen Begriff „Elektron" gibt es zahllose Seiten in der Fachliteratur, doch die Entität „Elektron" konnte noch nicht zufriedenstellend beschrieben werden. Zitat Werner Heisenberg: „Elektronen sind keine kleinen Dinge". Nils Bohr behauptet, Elektronen und Wellen sind Abstraktionen, sie würden nur im Augenblick der Messung entstehen – allerdings niemals beide gleichzeitig. Louis de Broglie (1892-1987) begründet die Theorie der Steuerwellen auf denen die Elektronen surfen.

In den folgenden Jahren entstehen zahlreiche widersprüchliche und sich widersprechende Modelle des Geschehens in der Quantenwelt, auch über die Grenzen zwischen Wissenschaft und Science-Fiction. In der klassischen Physik sind die Objekte mehr oder weniger unumstritten konfigurierte Entitäten; man nennt sie gar nicht mehr Entitäten, sondern einfach Objekte, gegebenenfalls Begriffe – Raum, Zeit, Materie, Energie, Sterne, Planeten, Körper, Licht, Beschleunigung, Trägheit.

Die Quantenphysik musste neu entdeckte oder vermutete Objekte zunächst als Entitäten einfangen. Den subatomaren Entitäten werden mathematisch definierte Eigenschaften zugeordnet – der einzig mögliche Weg, sie zu identifizieren und mit ihnen zu operieren. Was sie aber genau darstellen, wie man sie intuitiv fassen kann, ist nach hundert Jahren Quantenphysik immer noch im Nebel. Es ist nur so, dass die den Quantenobjekten angemuteten Eigenschaften glaubwürdig so funktionieren, wie es die Gleichungen vorhersagen, zumindest in den Invarianz-Bereichen, die infrage kommen – wenn man sie richtig interpretiert. Genauer: Wenn man sie so interpretiert, dass es passt. Auch das ist neu in der Wissenschaft: Es gab auch in der klassischen Physik die Notwendigkeit stimmiger Interpretationen von Messungen, doch diese waren und sind meist eindeutig. In der Quantenphysik muss erst vorgestellt werden, welcher Interpretation man folgt; meist gibt es für die Deutung der Experimente mehrere Alternativen, z. B. „Kopenhagener Interpretation“ oder „De-Broglie-Bohm-Theorie“, wie auch Annahmen, dass das Geschehen etwas mit dem Bewusstsein des Beobachters oder mit der Information als quasi-eigenständig Entität zu tun haben könnte. Bei einem Spaziergang soll Einstein, mit Anspielung an die Kopenhagener Theorie einen Freund gefragt haben: „Glaubst du, dass der Mond nur existiert, weil ich ihn sehe?“ Verwunderlich, dass er sich zu solch einer Metapher verleiten ließ.

Schon bei den Betrachtungen des Doppelspaltexperiments wurde deutlich, dass es schwierig bis unmöglich ist, subatomare Objekte und Vorgänge als definierte Entitäten darzustellen. Sie entziehen sich unseren Fähigkeiten, sie begrifflich und begreiflich zu modellieren. Ein anderes Beispiel ist der Tunneleffekt, der in einer sehr intuitiven Form beschreibt, wie nicht intuitiv die Quantenmechanik ist: In der klassischen Physik kann ein Schrotkügelchen eine Panzerplatte nicht durchdringen. Nicht so in der Quantenmechanik; da der Anwesenheitsort eines Teilchens unbestimmt ist, kann es mit einer kleinen Wahrscheinlichkeit auf der anderen Seite einer Wand erscheinen – das Hindernis wurde durchtunnelt. Zum Glück kann ein Schrotkügelchen in unserem Alltagsbereich so etwas nicht, deshalb schützen uns schusssichere Westen im Notfall.

Die Kopenhagener Interpretation postuliert den absoluten Zufall auf der subatomaren Ebene. Das zwingt uns, aufzuhorchen: Alles, was wir denken und wissen, verdanken wir dem Herleitungswerkzeug Wenn-Dann. Soll das ab einer bestimmten Dimension abwärts nicht mehr gelten? Ist es nicht irgendwie befremdlich, dass das Wenn-Dann durch Wenn-Dann-

Herleitungen für nichtig erklärt wird? Das klingt wie „Ein Kreter sagt: Alle Kreter lügen!“ Gödels Damoklesschwert schwebt über unserer Ratio.

Die mentale Zuflucht in den Schoß des absoluten Zufalls ist möglicherweise ein Mittel, das vor aussichtslosem Grübeln schützt – wenn eine Ursache grundsätzlich nicht bestimmbar ist, lohnt es sich erst gar nicht, sie zu suchen. Die mittlerweile übermächtige Mathematik bedient sich des Zufalls in seiner Form als Wahrscheinlichkeit oder auch als Modallogik. Sie liefert Ergebnisse, die passen, wenn man sie richtig interpretiert, aber was sie wirklich bedeuten, hängt von unseren Interpretationen ab. Physikern, die manchmal am Sinn ihres Tuns zweifeln und verzweifeln hat der Physiker N. David Mermin (geb. 1935) sarkastisch einen guten Rat gegeben: „Halt den Mund und rechne!“

Allgemeine Erwägungen sind keine Beweise – auch Niels Bohr, gewissermaßen der Urheber des absoluten Zufalls in der modernen Physik, verteidigte seine Ansichten im Briefwechsel mit Einstein mit dem Hinweis, dass philosophische Argumente schwer zu entkräften sind.

Der Traum von einer Weltformel, die alles einheitlich erklären kann, scheint schon seit einigen Jahrzehnten ausgeträumt. Dennoch, nicht ausgeträumt ist die Hoffnung, die beiden Pole der modernen Physik – die Quantenmechanik und Relativitätstheorie – zu vereinen und sie als Quantengravitation zusammenzubringen. Vielleicht kommt sie. Oder auch nicht, weil wir uns vielleicht den Grenzen unserer Modellierungsfähigkeiten nähern. Wir stehen vor einem dicken Entitäten-Problem: Wie kann man die nicht intuitive aber streng deterministische Relativitätstheorie mit der noch weniger intuitiven, aus Wahrscheinlichkeiten und Unschärfen gewobenen aber in Voraussagen hochpräzisen Quantentheorie zu einer Theorie für alles (TOE = Theory of Everything) zusammenführen? Die Relativitätstheorie ist auch nur ein Modell. Wir werden zunehmend beachten müssen, dass ihre Übereinstimmung mit der Realität der Wahrscheinlichkeit unterliegt.

H. ORDNUNG, UNORDNUNG

Es gibt keine astreine Definition für dieses Begriffspaar. Wieso? Unsere Wahrnehmungen im Alltag zeigen doch offensichtlich, wo Ordnung herrscht und wo nicht.

Nehmen wir an, ein Umzugsunternehmen hat die Aufgabe, Bücher ins Wohnzimmer zu bringen und in die Regale zu stellen:

- Der Lieferant holt die Bücher aus den Kartons, wie sie gerade zur Hand kommen. Sein Ordnungsziel ist erreicht, wenn alle Bücher in den Regalen stehen und alle Kartons weggeschafft sind. Der Inhaber wird die Bücher bestimmt umsortieren, er braucht seine eigene Ordnung.
- Die Bücher werden von jemandem mit etwas Sinn für Ästhetik in die Regale gestellt, der die Bände zum Beispiel nach Farbe sortieren wird. Die Dankbarkeit des Auftraggebers wird sich auch in diesem Fall in Grenzen halten; er wird die Bücher nach seinen Kriterien neu ordnen.
- Ein Lieferant, der am Inhalt der Bücher nicht interessiert ist, aber an die Zufriedenheit des Kunden denkt, wird sie freundlicherweise alphabetisch sortieren. Zum Beispiel nach Titel oder nach Vornamen des Autors; es kommt darauf an, was er gerade für richtig hält. Auch jetzt wird der Eigentümer die Bücher wahrscheinlich neu einordnen müssen.
- Schließlich könnte jemand alle Bücher schön ordentlich auf einer Palette als Würfel aufgestapelt stellen. Der Hausherr würde sich ärgern. Für einen Stapler jedoch wäre diese Ordnung ideal, er könnte alle Bücher auf einmal wegräumen.

Jeder dieser Akteure des Umzugs hat seine eigenen Kriterien, aufgrund derer er Ordnung von Unordnung unterscheidet. Es ist nicht verwunderlich, dass es für den Begriff „Ordnung“ keine zufriedenstellende Definition gibt. „Geordnet“ sind Mengen, die nach einem bestimmten Kriterium sortiert wurden.

Ordnungskriterien können überraschend sein: Nehmen wir an, ein Einbrecher hat bei der Suche nach Verwertbarem einige Bücher aus den Regalen gezogen und sie wahllos auf den Boden geworfen. Kann man sich einen Beobachter vorstellen, für den das Bild der chaotisch herumliegenden Bücher in einem bestimmten Sinne „Ordnung" bedeutet? Ja, für die Kriminalpolizei. Der Tatort sollte nicht verändert werden, weil aus der Position der Objekte mit Kontaktspuren Rückschlüsse auf das Geschehen gezogen werden, auf die Kriterien, die der vorliegenden Konfiguration zugrunde lagen, wie jeder anderen Ordnung auch. Wenn ein Ermittler aus Unachtsamkeit den Tatort verändert, heißt das „Schlamperei". Schlimmer noch: Wenn der Eigentümer zu früh aufräumt, sind die Kriminalbeamten zu einem viel höheren Ermittlungsaufwand gezwungen. Übrigens, auch das Einstellen eines Buches in eine falsche Stelle einer in bestimmter Weise geordneten Bibliothek wäre Schlamperei – die Folge kann mühseliges Suchen zwecks Wiederherstellung der Ordnung sein. Konsequent sollte es heißen: „zwecks Herstellung einer anderen Ordnung als die aktuelle".

Ordnung ist eine Art Vorabwissen oder zweckdienliche Erkennbarkeit, die gegeben sind – oder eben nicht, dann spricht man von Unordnung. Zum Beispiel wenn einem davor graust, in einer unaufgeräumten Wohnung stressfrei seine Aufgaben erledigen zu müssen. Oder wie Aschenputtel ratlos vor dem Durcheinander guter und schlechter Erbsen zu stehen. Oder auch anders: Um die Wand rosa anzumalen, muss rote und weiße Farbe in den Mischeimer kommen – natürlich nicht sofort anwenden, sondern erst „ordentlich" vermischen. Oder: In einem neu gekauften Päckchen liegen die Spielkarten wohlgeordnet im Stapel, nach Farbe und Wert – eine für die Pokerrunde unbrauchbare Ordnung, der Spieler darf die Folge der Karten im Stapel nicht identifizieren können. Um ein Spiel überhaupt durchzuführen, müssen die Karten im Stapel durcheinandergemischt sein – Unvorhersehbarkeit ist in diesem Fall das angestrebte Ordnungskriterium.

Wenn der Eigner des voll bestückten Bücherregals die Anordnung aller Bücher fehlerfrei kennen würde, und wenn er sicher wäre, dass ein anderer Interessent sich genauso fehlerfrei die Anordnung merkt, wäre das *die* Ordnung, kein anderes aufgesetztes Ordnungskriterium wäre nötig.

Auch nur zwei Objekte können uns die Ordnungsfrage aufzwingen. Ein Schritt zurück zum Haufenproblem[18]: Wenn ein Haufen Reiskörner auf dem Tisch in zwei ungleiche Mengen geteilt wird, kann es kulinarisch bedeutsam sein, welche Menge zuerst verspeist werden soll, z. B. „die größere".

Die Begriffe „Ordnung" und „Unordnung" bezeichnen keine objektive Eigenschaft, sondern ein Verhältnis zu den Fähigkeiten des Beobachters, Muster zu erstellen und wiederzuerkennen. Ordnung ist subjektiv.

H.1 BOHNEN, WÄRME UND ENTROPIE

Werfen wir eine Handvoll Bohnen auf den Tisch, irgendwie, wie es gerade kommt, zehn Mal oder hundert Mal. Identisch werden die Verteilungsbilder der Bohnen nie sein. Könnte es aber passieren, dass sich alle Bohnen in einem kreisrunden kompakten Pulk in der Mitte des Tischs zusammenfinden? Nein, weil die fallenden Bohnen die schon auf dem Tisch liegenden meist auseinandertreiben, oder wegen Platzmangels sich auftürmen oder auf den Boden fallen würden. Übrigens macht die Frage nur Sinn, wenn wir die Toleranzbereiche für die unscharfen Modelle „Bohne" und „kreisrunder kompakter Pulk in der Mitte des Tischs" zweckdienlich definiert haben. Die Verteilungsbilder der Bohnen sind abhängig von der Definition des Toleranzbereichs und der Startbedingungen.

Wenden wir uns jetzt der Bewegung der Gasmoleküle in einem geschlossenen Behälter zu. Alle sind in Bewegung, sie vibrieren, doch nicht alle gleich schnell. Wenn alle schnelleren, „wärmeren" Moleküle schön or-

18 vgl. Kap. C.3 – Ein, zwei oder halbe Haufen

dentlich in einer Hälfte des Behälters konzentriert sind, beginnt wegen ihres natürlichen Zappelns der Drang zur Vermischung zu wirken, bis im gesamten Behälter eine Durchschnittstemperatur herrscht. Somit sind wir beim zweiten Gesetz der Thermodynamik gelandet.

Um zu unterstreichen, wie gnadenlos dieser Drang von „Ordnung" zu „Unordnung" ist, werden in der Literatur oft Beispiele zitiert, wie unwahrscheinlich es z. B. sei, dass sich per Zufall alle schnellen Moleküle in einer Hälfte des Behälters konzentrieren, und ggf. damit Maxwells Dämon (siehe weiter unten) überflüssig machen könnten, oder auch wie unwahrscheinlich es ist, dass alle Wassermoleküle aus einem Becher plötzlich an die Decke schießen, weil der Zufall ihre Bewegungen so geordnet hat. Roger Penrose (geb. 1931) berechnet als Beispiel die Zeit dafür, dass alle Moleküle eines Gases sich vollständig in einer Ecke des Behälters sammeln. Für ein bestimmtes Volumen ist seine Antwort: $10^{10\text{hoch}26}$ Jahre.

Die Mathematik (Poincaré-Wiederkehr) besagt Folgendes: Verbindet man zwei Behälter, die unterschiedliche Gase beinhalten, so vermischen sich diese zunächst. Nach dem Wiederkehrsatz gibt es jedoch eine beliebig kleine Änderung des Anfangszustands mit der Konsequenz, *dass sich die Gase zu einem späteren Zeitpunkt von selbst entmischen.* Demgemäß ist eine Abnahme der Entropie nicht prinzipiell unmöglich, aber innerhalb einer zu kurzen Zeitspanne sehr unwahrscheinlich. Hier noch eine Darstellung aus der Wikipedia: „*... wenn man 10^{23} Atome in einem Behälter betrachtet... die Möglichkeit, dass diese spontan in den Zustand niedrigerer Entropie wechseln, bei dem sich alle Atome links befinden, ist nicht auszuschließen, aber sehr unwahrscheinlich.*"

Stimmen diese Aussagen? Wie groß ist die Übereinstimmung des mathematischen Modells mit der gemeinten Realitätsparzelle?

Es stimmt, dass der Drang der Gasmoleküle von Ordnung zu Unordnung sofort aktiv wird. Dennoch spricht vieles dafür, dass die mathematischen Modelle der spektakulären Beispiele weiter oben unvollständig sind. Mit

Hinblick auf das Gedankenexperiment des kreisrunden Bohnenpulks sind manche extreme Zufallskonstellationen von Bohnen oder Molekülen vermutlich nicht nur unwahrscheinlich, sondern im Rahmen der definierten Ausgangsbedingungen unmöglich. Die Wahrscheinlichkeit, dass sich Penroses Gasmoleküle zusammengepfercht in einer Ecke des Raums befinden, kann nicht durch die Zusammenlegung der Bewegungswahrscheinlichkeiten aller einzelnen Partikel errechnet werden. Ein solches „Ganzes", also der Massenandrang von Molekülen, wäre tatsächlich mehr als die „Summe seiner Teile".[19]

Im Alltag kann der Unterschied zwischen „*unwahrscheinlich*" und „*unmöglich*" kontextbedingt vernachlässigt werden. Das gilt auf jeden Fall für die Thermodynamik, wie es schon Ludwig Boltzmann (1844–1906) gesagt hat. *Als Bausteine der Erkenntnis jedoch unterscheiden sich diese beiden Begriffe fundamental.* Poincarés Formel und Penroses Berechnung treffen nicht exakt das physikalische Geschehen. Keine Formel kann das. Auch die Analogien mit Bohnen und Billardkugeln (werden wir später betrachten) legen uns das nahe.

An kleineren Mengen von Molekülen ist das zweite Gesetz der Thermodynamik nicht anwendbar. Es wird geschätzt, dass erst ab einer Zahl von 10^{22} Molekülen oder Atomen dieses Gesetz als sinnvoll gilt. Das Modell „Wärme" braucht schon eine Menge dynamisch interagierender Moleküle, um überhaupt einen Inhalt zu bekommen. Wärmeübertragung ist Bewegungsübertragung. Die als unbegrenzt geltende Vermischungstendenz der Moleküle ist eben nicht unbegrenzt, auch wenn die Ergebnisse sich uns so darstellen. Das Modell der fallenden Bohnen zeigt, dass die Bewegungsfreiheit der Moleküle enorm, aber sehr wohl begrenzt ist.[20] Noch sollte ausdrücklich gesagt werden, dass der hier erwähnte „Drang

19 vgl. auch Kap. E.2 – Schmetterlingseffekt und Emergenz

20 vgl. Kap. H.2 – Stahlhärtung und Billard

zur Vermischung“ keineswegs eine zielgerichtete Aktivität ist, sondern nur näherungsweise eine allgemeine pauschale Beschreibung eines ungeheuer komplizierten Mechanismus, den man mental ohne solche Pauschalierungen grundsätzlich nicht packen könnte.

Um den Zusammenhang von Determinismus und Wahrscheinlichkeit deutlich zu machen: Nicht einmal die Bewegungen eines Drei-Körper-Systems konnten bislang deterministisch restlos modelliert werden; was könnten wir von der Modellierung eines Systems von mehr als 10^{22} Körpern erhoffen, zumal Moleküle nicht formklare Bohnen sind, sondern komplexe, unruhige Entitäten mit nicht eindeutig definierbaren räumlichen Grenzen?

Wenn der inhärente Determinismus des Verhaltens aller Gasmoleküle formalisiert werden könnte – ein aussichtsloses Unterfangen – wäre der zweite Hauptsatz ein echtes Naturgesetz. Er würde anders lauten und hätte wohl einen anderen Namen; mit Wärme würde das Gesetz wohl nur noch marginal, als Beschreibung einer Wahrnehmung zu tun haben.

- Wenn nur die Gasmoleküle im Behälter sind, ohne Trennwand und Dämon, dann ist die gleichmäßige Vermischung der Moleküle ihr *wahrscheinlichster Zustand* (ordentlich entropisch).
- Wenn die Summe der Objekte im Behälter – Trennwand, Gasmoleküle und der von Maxwell eingeschleuste Dämon[21] – als eine einheitliche Entität betrachtet wird, dann ist die maximale Sortierung der langsamen und schnellen Moleküle ihr *wahrscheinlichster Zustand* (antientropisch? negentropisch?).

Was ist denn nun Ordnung und Unordnung? *Alle Systeme im Universum bewegen sich entlang ihrer wahrscheinlichsten Zustände.* Konsequent formuliert: In jedem Augenblick haben alle Zustände real die Wahrscheinlichkeit = 1. Sie existieren, das heißt, kausal gesehen sind sie alternativlos.

---

21 vgl. Kap. H1.1 – Maxwells Dämon

Varianten des vermuteten Jetzt-Status können und werden immer wieder vorgestellt, Produkte von Modellierprozessen, Vorhersagen mit variablen Wahrscheinlichkeiten. Bei Nichtkennen des Jetzt-Status sind alle Werte zwischen 1 und 0 möglich. Wahrscheinlichkeit[22] ist für die Wissenschaft ein wichtiges Kind der Paarung zwischen Zufall und Kausalität. Zumindest hilft sie uns, bei einem gewissen Zustand der Gasvermischung zu verstehen woran wir sind, ohne die Bewegungen einzelner Moleküle berücksichtigen zu müssen.

„Wahrscheinlich" oder „unwahrscheinlich" definiert den Grad der Übereinstimmung oder Nicht-Übereinstimmung unserer Modelle mit der modellierten Realitätsparzelle.

Der zweite Hauptsatz der Thermodynamik wird als einziges Gesetz der mathematischen Naturwissenschaft betrachtet, das eine Richtung der Zeit definiert. Was hat dieses Gesetz, was die anderen mathematisch definierten Gesetze nicht haben? Einerseits fußt es auf einer intuitiv einprägsamen Realitätsparzelle (Wärme) die zum Verständnis der Physik dringend benötigt wird, andererseits kann es wegen der schieren Menge an diskreten Elementen nicht einfach auf konsequent kausale Modelle reduziert werden. Daraus, in Verbund mit der Entropie, haben die Wissenschaftler das Beste gemacht: die Informationstheorie, die im Wesentlichen nicht die Realität beschreibt, sondern das Verhältnis Wissen/Nicht-Wissen, bezogen auf einen Beobachter der Realität. All das kann uns intuitiv auch die Ursache dafür andeuten, wieso Wärme sich nicht vollständig in Arbeit umwandeln lässt, also wieder in Bewegung. Wenn die Gasmoleküle unkontrolliert aufeinander losgelassen werden, gibt es

22 vgl. Kap. I.1 – Kausalität und Zufall

kein Zurück mehr, es geht nur in eine Richtung – es sei denn, Maxwells Dämon schaltet sich ein.

H1.1 MAXWELLS DÄMON

J. C. Maxwell (1831–1879) hatte 1871 ein Gedankenexperiment veröffentlicht, wie man den Vermischungsdrang der Gasmoleküle umkehren könnte: Ein mit Gas gefüllter Behälter wird durch eine Trennwand zweigeteilt. Diese Wand hat ein kleines Loch, an welchem ein winziger Türsteher das Treiben der Moleküle beobachtet. Er lässt die schnelleren Moleküle nur in eine Richtung durch, die langsameren in die andere. Ein Temperaturunterschied zwischen den beiden Kammern wird dadurch aufgebaut und steigt – dieser könnte jetzt als Energiequelle anzapft werden. Wäre somit dieser Türsteher ein Dämon, der ein Perpetuum mobile zweiten Grades aufstellt? Maxwell selbst, der Vater dieses Dämons, hat nicht an seine tatsächliche Realisierbarkeit geglaubt. Eine formal einwandfreie Erklärung dieses erstaunlichen Gedankenexperiments wurde viel später, erst Mitte des 20. Jahrhunderts in Zusammenhang mit der Informationstheorie geliefert. Dazu eine kleine Anmerkung: Auch das System Sonne – Erde ist mathematisch reduziert ein Perpetuum mobile zweiter Art. Unser Planet läuft seiner elliptischen Bahn entsprechend mal schneller, mal langsamer, und schiebt somit potenzielle bzw. kinetische Energie in einem jährlichen Turnus hin und her. So gesehen können unzählige Perpetua mobilia zweiter Art (als reduktionistisch idealisierte Modelle) in der Natur vorgezeigt werden, insofern sie über eine sich wiederholende Schleife zum Ausgangspunkt zurückkehren. So auch Frank Wilczek's (geb. 1951) „Zeitkristalle", die ohne Anregung von außen in periodischen Zeitabständen immer wieder die gleiche Konfiguration annehmen.

Wieso ist dann Maxwells Dämon so verblüffend? Vielleicht weil mit ihm zwei grundsätzlich unterschiedliche Modelle in einen Topf geworfen werden: der Dämon selbst, ein individueller, deterministischer Ja-Nein-Mechanismus, und eine riesige Horde von Molekülen, deren Bewegungen als Ganzes nur über Wahrscheinlichkeiten erfasst werden können, als

Näherungen der Realität.[23] Die Theorie, die diese Mesalliance in den Griff bekommen hat, ist die schon erwähnte, Jahrzehnte nach dem Dämon geborene Informationstheorie. Sowohl diese, als auch die Thermodynamik verwenden den Begriff der Entropie. Ein Spiel mit Wissen und Unwissen.

Eine Messerklinge wird gehärtet, indem sie glühend heiß in ein Ölbad getaucht wird. Ziemlich sofort gleichen sich die Temperaturen von Klinge und Öl laut zischend an. Setzen wir nun Maxwells Dämon an die Grenze von Öl und Stahl, und bitten ihn, den ursprünglichen Temperaturunterschied wiederherzustellen. Eine sehr undankbare Aufgabe: Er müsste die kleineren Geschwindigkeiten der ganz vielen Öl-Moleküle bündeln und als viel höhere Geschwindigkeiten den Stahlpartikeln übertragen, bis die Klinge wieder glühend heiß ist. Kann er das? Heute nicht, aber mit geeigneter Apparatur grundsätzlich schon, so wie es vermutlich mit den erträumten Kernfusionsreaktoren geschehen wird, die in einer nicht näher bestimmbaren Zukunft unseren Energiehunger stillen sollen.

Zum besseren Verständnis vereinfachen wir den Vorgang, indem wir uns das Verhalten von idealen Billardkugeln ansehen: Wenn der weiße Spielball den roten Ball rammt, überträgt er auf diesen seinen Impuls. Vollständig, wenn er frontal aufschlägt (dann bleibt der weiße stehen, er ist ein „Stoppball"), oder nur zum Teil, wenn er den roten tangent berührt und er selbst sich in einem abweichenden Winkel verlangsamt weiter bewegt. Selbst wenn der einschlagende weiße Spielball größer und schwerer ist als der passive rote, wird die Geschwindigkeit des roten Balls nicht höher sein als die des weißen. In diesem Fall wird der weiße Spielball nicht zum Stoppball, sondern er rollt auch nach dem Frontalaufschlag in die gleiche Richtung weiter, mit entsprechend geringerer Geschwindigkeit. Die ursprüngliche Energie des größeren weißen Balls verteilt sich auf beide Bälle.

---

23 „Trotzdem sehen wir immer noch Versuche, die Irreversibilität zu „erklären", indem wir nach einer Entropiefunktion suchen, die eine Eigenschaft des Mikrozustands sein soll …" (J. W. Gibbs, „Heterogenous Equilibrium, 1875–1878)

Ein Sonderfall: Zwei Bälle, die auf Kollisionskurs sind, knallen in der Nähe ihres Treffpunkts gleichzeitig symmetrisch seitlich auf einen dritten. Dieser könnte dann in einer bestimmten Winkelkonstellation mit einer höheren Geschwindigkeit als die eines jeden einzelnen der ersten beiden weggequetscht werden. Etwa so wie ein Kirschkern, der wegspringt, wenn man mit Daumen und Zeigefinger eine reife Kirsche drückt.

Betrachten wir nun beim Spielbeginn den Anstoß des weißen Spielballs auf das kompakte Dreieck der bunten fünfzehn Bälle auf dem Pooltisch. Diese fünfzehn Bälle werden wie aufgeschreckte Hühner auseinanderstieben und auf der Spielfläche herumirren. Die Energie des weißen Balls wird sich größtenteils auf die fünfzehn Bälle verteilen, die individuell anteilmäßig langsamer sein werden als der weiße. Maxwells Dämon könnte die schnelleren und die langsameren Bälle trennen, doch er hätte keine Möglichkeit, aus dem Durcheinander von fünfzehn herumrollenden Bällen den weißen Spielball zu seiner ursprünglichen Geschwindigkeit zu beschleunigen. Vermutlich auch mit dem Quetschball-Trick nicht, denn er bräuchte die Bewegungsenergie aller anderen Bälle.

Die Analogie mit dem Billard-Modell deutet an, wieso der Dämon die Stahlklinge nicht wieder zum Glühen bringen könnte.

Zurück zum Gasgemisch. Um die Leistung des Dämons genauer zu messen, fangen wir mit einem Behälter an, in welchem von vornherein heißes und kaltes Gas von einer Wand getrennt sind. Wir beseitigen die Trennwand und lassen das zweite thermodynamische Gesetz wirken, und die Gase vermischen. Danach setzen wir die Trennwand wieder ein, mit Loch und Dämon. Wir kennen die ursprüngliche Temperaturdifferenz. Könnte der Dämon genau diese Differenz wiederherstellen?

- Die Vermischung der sich frei bewegenden Moleküle ist nur eine mögliche, reduktionistische Ursache der Temperaturangleichung. Andere Faktoren werden zwangsläufig ausgeblendet.
- Einerseits tut der Dämon nur seinen Job: Er trennt die schnellen von den langsamen Molekülen. Ein Problem ist, dass die Zittergeschwindig-

keiten nicht gleich bleiben, sie tendieren, sich anzugleichen und somit den Dämon zu überfordern, weil er nur eine geringere Temperaturdifferenz herstellen könnte als die ursprüngliche…

- … es sei denn, er verfügt über das Wissen und die notwendige Beschleunigungstechnologie. Ein so definiertes System würde sich von der Thermodynamik entfernen.

Schon vom Verhalten der Billardkugeln war zu vermuten, dass die Wiederherstellung der Geschwindigkeit der weißen Kugel ohne spezielle Geräte nicht möglich ist. Die Gasmoleküle werden sich ähnlich wie die Billardkugeln verhalten, ihre Geschwindigkeiten werden sich angleichen. Dabei dürfen wir nicht vergessen, dass Moleküle und Atome keine Billardkugeln sind. Sie sind die kleinsten Materieteilchen, wir können ihnen eher schlecht als recht eine Form und einen Ort zuordnen. Für die tiefer im Mikrobereich liegenden Entitäten haben wir keine intuitiven Modelle. Auch stört der Gedanke, dass Wärme schon etwas mehr sein sollte als ein Effekt von Geschwindigkeiten der materiellen Partikeln einer Substanz (insofern Heisenberg uns erlaubt, sie zu messen).

Also nein – der Dämon könnte den absoluten Temperaturunterschied nicht wiederherstellen. Deshalb die Notwendigkeit (oder Möglichkeit), den Zeitpfeil in das zweite Thermodynamische Gesetz einzubinden.

Interessanterweise ist der Grad der Adäquanz der von Penrose eingesetzten Berechnung von ihm selbst prinzipiell beschrieben, Zitat:

> „*Tatsächlich stellen Algorithmen an sich* ***niemals*** (unsere Hervorhebung) *Wahrheit fest! Es wäre ebenso leicht, einen Algorithmus dazu zu bringen, lauter falsche Aussagen zu erzeugen.*“[24]

24 Roger Penrose, „Des Kaisers neue Kleider“

Diese Aussage könnte als Motto für das Verhältnis von Mathematik und Realität stehen. Folgendes Zitat spiegelt eine bestimmte Sichtweise wider:

> *„Als ideales Gas bezeichnet man … eine bestimmte idealisierte Modellvorstellung eines realen Gases. …* ***Obwohl*** (unsere Unterstreichung) *dieses Modell eine starke Vereinfachung darstellt, lassen sich mit ihm viele thermodynamische Prozesse von Gasen verstehen und mathematisch beschreiben.“* (Wikipedia)

Folgende Wortwahl in diesem Zitat wäre näher an der Realität: „… ***Weil*** (nicht „*Obwohl*“!) *dieses Modell eine starke Vereinfachung darstellt … lassen sich … Prozesse verstehen und mathematisch beschreiben*“.

Nur um uns selbst ein wenig zu ärgern: Was, wenn ein Ur-Ur-Enkel Maxwells die schon erwähnte Apparatur erfindet, einen Super-Dämon, der nach dem Anstoß des Billardkugel-Dreiecks mitten in die Schar streunender Billardkugeln springt und sie allesamt zwingt, ihre Bewegungsenergie dem weißen Spielball zurückzugeben und damit seine ursprüngliche Geschwindigkeit wiederherstellt? Noch schöner: Er springt ins Ölbad neben die erkaltete Stahlklinge und bringt sie wieder zum Glühen.

Grundsätzlich unmöglich ist das nicht. Halbdurchlässige Membranen sind für Bestandteile von Gasgemischen durchlässig und können somit einen Entmischungsprozess bewirken. Bei hohen Temperaturen und niedrigem Druck eines Gemisches von Wasserstoff und Sauerstoff führt eine Trennwand aus glühendem Platin durch Diffusion zur Entmischung der Gase. In dieser Versuchsanordnung ist die Trennwand der Dämon.

Mit welcher Apparatur ein Billard-Dämon die Geschwindigkeitsverteilungen der Kugeln wiederherstellen könnte, ist nicht bekannt, und auch nicht wichtig, wenn es darum geht, die möglichen Bewegungen in der Realität zu verstehen. Nach wie vor ist die relative Reversibilität grundsätzlich immer möglich, Grenzen setzt nur das Unwissen des Menschen.[25]

H.2 ENTROPIE UND LEBEN

Der Unterschied zwischen Ordnung und Unordnung ist in vielen Fällen für den Beobachter so offensichtlich, dass eine Definition nicht für nötig gehalten wird. Das Begriffspaar wird sogar in wissenschaftliche Betrachtungen eingefügt, beispielsweise wenn es um Entropie geht – diese steigt in einem isolierten System von Ordnung (niedrige Entropie) zu Unordnung (hohe Entropie).

Es gibt aber auch entgegengesetzte Entwicklungen: Das Leben heißt Struktur und Ordnung, die erhalten bleiben. Dafür muss Lebendes Entropie verringern, „exportieren". Eine viel referierte Auffassung stammt von Erwin Schrödinger, der 1951 in seinem Buch „Was ist Leben" den Begriff der Negentropie einführt – eine Entropie mit negativem Vorzeichen, aufgrund der Feststellung, dass die Entropie der Lebewesen nicht in Richtung Unordnung wächst, sondern trotz Bewegung konstant bleibt. Lebewesen „importieren" Ordnung und „exportieren" Unordnung.

Der Begriff der Negentropie ist bestechend, wirft aber Fragen auf. „Leben" ist kein scharf abgegrenzter Begriff. Kein Lebewesen ist zu hundert Prozent lebendig. Es besteht unter anderem aus toten Epithelien, Haaren, Ausscheidungen etc. Was ist da tot, nicht tot, halb tot usw.? Ärzte haben immer wieder Probleme, wenn sie entscheiden müssen, ab welchem Augenblick ein Mensch tot ist. Die Liste und Ausdehnung der Übergangszonen sind lang. Mathematische Grenzen sind scharf, absolut, schwarzweiß. Die Grenze zwischen Entropie und Negentropie ist in der Realität alles andere als scharf. Die Negentropie ist ein mathematisch symbolisierter Begriff. Ist sie das Modell einer hinreichend definierten Entität?

25 vgl. Kap. F.1 – Reversibilität/Irreversibilität

Hinreichend definiert ist das Leben nicht. Die andauernden Diskussionen zum Phasenübergang bei der Entstehung des Lebens aus der Ursuppe in unserem Planeten, oder um den Zeitpunkt des Todes eines Lebewesens, oder ab welchem Zeitpunkt ein Schwangerschaftsabbruch dringend nötig, erlaubt oder Mord ist, zeigen, dass der Begriff der Entropie Einschränkungen unterliegt. Seine Grenzen sind unscharf und betont subjektiv.

Auch einfachere Entwicklungen fordern etwas mehr Nachdenklichkeit, wenn es um Ordnung, Unordnung und Entropie geht. Etwa die Entstehung der Eisblumen am Fenster in einem frostigen Winter. Mit dem einfachen Drang zu Vermischung und Unordnung ist die Existenz der schönen Kristalle nicht vereinbar. Wächst die Negentropie mit den Eisblumen an meinem Fenster, weil sie sich gegen Unordnung stemmt? Oder wächst die Entropie, weil die Eisblumen schließlich der wahrscheinlichste Zustand bei Frost sind?

Wie schon festgestellt, bewegen sich alle Systeme im Universum entlang ihrer für uns zwingenden oder wahrscheinlichsten Zustände. An dieser Stelle müsste noch präzisiert werden: Alle Systeme, egal ob wir sie als lebendig oder leblos betrachten.

Hier noch das Beispiel eines kosmologischen Schrecken-Szenarios, das im 20. Jahrhundert viele Gemüter erregte: Unser Universum bewegt sich in Richtung seines thermischen Todes, denn allmählich werden sich überall die Temperaturen angleichen. Bei fehlenden Temperaturunterschieden fehlt der Motor der Bewegung – das wird's gewesen sein. Der Begriff der Entropie wurde dabei offensichtlich überstrapaziert. Heute ist der thermische Tod aus der Mode gekommen, doch das Gespenst eines überzogenen Entropiebegriffs schimmert immer noch in manchen kosmologischen Theorien durch. Andererseits leben wir im Informationszeitalter; die Rolle der Entropie als informationstechnisches Werkzeug ist unverzichtbar.

Wie sehr der Begriff der Entropie von der Sichtweise des Beobachters abhängt, zeigt sich besonders deutlich im Gibbsschen Paradoxon. Man nehme, wie Maxwell, ein Gefäß mit Trennwand. In den Räumen links und rechts der Trennung befinden sich zwei unterschiedliche, homogene

Fluida. Wenn die Wand entfernt wird, strömen sie allmählich ineinander, die Mischungsentropie wächst, die Durchmischung der unterschiedlichen Teilchen ist irreversibel. So weit, so gut. Was aber, wenn sich in den beiden Räumen der gleiche Stoff befindet? Die Durchmischung ist ebenso real und irreversibel, aber als solche nicht feststellbar. Die Entropie bleibt unverändert. Das geschieht, weil der Beobachter keine Unterscheidungsmerkmale der Fluida kennt. Für ihn ändert sich die Entropie nicht – bis er sich entsprechend präparierte Brillen aufsetzt und, völlig utopisch, die Wanderungen der einzelnen Moleküle verfolgen und bewerten kann. Diese Abhängigkeit des Erkenntnismodells Entropie von menschlichem Wissen und Nichtwissen hat den Physiker E. T. Jaynes (1922-1998) veranlasst, vom „Anthropomorphismus" der Entropie zu sprechen. Ähnliches kann über Schrödingers Negentropie gesagt werden.

H.2.1 OFFENE UND GESCHLOSSENE SYSTEME

In einem geschlossenen, räumlich begrenzten System, das in keinerlei Wechselwirkung mit dem Rest des Universums steht, kann die Entropie nur wachsen oder gleich bleiben. Wie geschlossen ist ein geschlossenes System? Gibt es so etwas überhaupt?

Gehen wir das Problem über die Invarianz-Bereiche der Modelle an: Als begriffliches Modell ist ein geschlossenes System invariant zu Ereignissen im Rest des Universums. Es ist ein mathematischer Begriff – unter Anerkennung seiner Funktion ist das ein praxistaugliches, handliches, unverzichtbares Modell. Als Realitätsparzelle kann es gar nicht absolut isoliert existieren. So etwas gibt es nicht. Anders ausgedrückt: Alle Systeme, die wir explizit als geschlossen betrachten und die wir beschreiben, um Zusammenhänge und Gesetze darzustellen, sind streng genommen nur Gedankenexperimente, „was wäre wenn?". Wenn wir die Realität beschreiben und Gesetze finden, müssen wir reduktionistisch vorgehen, vereinfachen, vieles einfach weglassen, ignorieren, Realitätsparzellen von lästigen Unsauberkeiten befreien um Invarianz-Bereiche definieren zu können –

um irgendwann später festzustellen, dass unsere Modelle doch noch widersprüchlich sind. Ein endloses Karussell.

Als Adam und Eva im Paradies lebten, hatte Eva nichts Besseres zu tun, als einen Apfel vom Baum der Erkenntnis anzubeißen. Jetzt sehen wir, was wir davon haben.

I. DETERMINISMUS UND ZUFALL

I.1 KAUSALITÄT UND ZUFALL

Bis ins 20. Jahrhundert hatte die Kausalität einen gesicherten Stellenwert in Physik und Philosophie. Sogar der Aberglaube ist eine Form des Glaubens an Kausalität, egal wie man den Wahrheitsgehalt der Annahmen bewertet. So auch die Religionen. Was ein Glaubender Zufall nennt, ist in seinem Denken vom Schöpfer oder von Universalmächten gewollt oder bestimmt, also kausal, nur für uns Menschen zufällig. Bei der Allmacht liegt auch die Begründung von allem. Solcher Glauben ist für sehr viele Menschen das vielleicht wirksamste Mittel zur Bewahrung des seelischen Gleichgewichts, trotz aller Widersprüche, die unsere Lebenswege begleiten. So merkwürdig es klingen mag: Auch die Wissenschaft hat sich aus Erkenntnissen, ursprünglichen Überzeugungen und Glaubensbekenntnissen entwickelt, die wir heute als Aberglaube bezeichnen. Wissenschaft und Religionen sind aus dem gleichen Stamm erwachsen.

Die Quantenmechanik liefert nur Wahrscheinlichkeiten von Ergebnissen beim Einsatz von unscharf definierten Entitäten. Und sie bietet in manchen Grundsätzen ein Postulat an: Der Zufall ist ein absoluter Baustein der Wirklichkeit. Ist das der erträumte Ankerplatz der Erkenntnis? Dass Kausalität eine fundamentale Dimension der Zusammenhänge ist, war schon immer in der Geschichte der Wissenschaft und Philosophie klar. Ohne Wenn-Dann, und ohne seine zeitabhängige Form, die Kausalität, gibt es kein Denken, keine Erkenntnis. Was nicht erklärt werden kann, wird dem Zufall zugeschrieben. Man kann eben nicht allem Unwissen auf den Grund gehen. Es stellt sich die Frage: Kann etwas nicht erklärt werden, *weil wir nicht genug wissen* (relativer Zufall), *oder ist dieses Etwas grundsätzlich unerklärbar* (absoluter Zufall)? In allen klassischen Beispielen – Münzwurf, Würfelspiele, die Bewegungen des Doppelpendels, Wettervoraussagen u. a. m. ist der Zufall relativ. Der Gebrauch des Worts „Zufall" vermeidet unnötige Zeitverschwendung mit der Suche nach nicht freigelegten oder praktisch unentdeckbaren Kausalketten. Grundlegend ist: Alle unsere Erkenntnisse, ausnahmslos, sind durch das „Wenn-Dann" entstanden. Sogar die Überzeugung, dass etwas absolut unerklärbar und damit reiner Zufall ist, entsteht durch Wenn-Dann-Überlegungen. Der Einsatz des Begriffs „Zufall" ist unvermeidbar.

Im relativistischen Universum gibt es für das „Wenn-Dann" eine Einschränkung: Ein Ereignis kann nur dann ursächlich für ein späteres sein, wenn die Zeitschiene der Lichtgeschwindigkeit es erlaubt. Der ursächliche Impuls braucht eben seine Zeit, um dort anzukommen, wo er eine Veränderung bewirkt. In der Quantenmechanik wird es problematisch:

- Ein Phänomen, das die Kausalität betrifft, weil es die Lichtgeschwindigkeit überschreitet, ist die schon erwähnte Verschränkung zweier auch weit voneinander entfernten Teilchen. Über diesen Weg sind jedoch keine Informationsübertragung und keine von der SF erträumten Teleportation möglich. Was ist das für eine Entität, diese Quantenverschränkungsgeschwindigkeit? Kausal? Nicht-kausal? Sind die verschränkten Teilchen nur Messpunkte, so etwas wie Verwirbelungsorte eines für unsere Vorstellungskraft unfassbaren Quantenobjekts?
- Die Quantenmechanik ist die genaueste physikalische Theorie überhaupt, doch die Grundlagen ihrer Gleichungen sind Wahrscheinlichkeitsberechnungen, keine festen Zuordnungsgrößen. Heisenbergs Unschärferelation hat diese Erkenntnis in der Zeit der Geburtswehen der Quantenmechanik mathematisch erfasst. Letztendlich hat die Unmöglichkeit exakter Zuordnungen Niels Bohr und möglicherweise die Mehrheit der Physiker bis heute dazu veranlasst, dem Zufall einen fundamentalen axiomatischen Wert einzuräumen, ganz gegen Einsteins in einer berühmten Äußerung bekundeten Überzeugung „Der Alte würfelt nicht".

  Einstein glaubte, dass die unverständlichen Messergebnisse nur erscheinen, weil diese auch von verborgenen, noch nicht entdeckten Variablen bestimmt sind. Auch der Physiker J. S. Bell (1928–1990) glaubte an die Existenz verborgener Variablen und wollte das auch mathematisch beweisen. Zu diesem Zweck hat er (1964) seine berühmte Ungleichung erarbeitet, deren Ergebnis für ihn selbst überraschend war: Die überlichtschnelle „spukhafte Fernwirkung“ ist real. Erst 1982 gelang es Alain Aspect (geb.1947) und seinem Team zweifelsfrei das Erklärungsmodell Fernwirkung nachzuweisen. Verborgene Variablen sind nicht im Spiel.

Den Widerspruch zweier unterschiedlicher Geschwindigkeitswelten können wir mit heutigem Wissen nicht ausräumen. Offensichtlich liegt diese Ratlosigkeit an unserer Unfähigkeit, die Entitäten der Quantenphysik zu definieren. Wir begreifen sie nicht hinreichend.

- Die Annahme, dass die kleinsten Raum-, Zeit- und Energiepartikel unseres körnigen Universums nicht weiter geteilt werden können, ist in der Wissenschaft weit verbreitet.[26] Eine solche Annahme hat eine unmittelbare Auswirkung auf das Verhältnis von Zufall und Kausalität (Determinismus), wie im folgenden Gedankenexperiment dargestellt.

I.2 IMPULSVERBREITUNG UND UNTEILBARKEIT

Ich klopfe mit dem Besenstiel an die Decke, damit mein Nachbar nicht mehr so wuchtig Klavier spielt. Er hört es – oder nicht, und spielt leiser – oder nicht. Das Klopfen generiert einen Impuls, eine Welle, die sich durch die Decke und in die Luft darüber und darunter und durch das gesamte Gemäuer des Hauses und auch ins Erdreich und in den Baum vor meinem Fenster und in alle anliegenden Gebäude verbreitet. Hoffentlich auch bis zum Trommelfell des Nachbarn – mir würde das zunächst reichen.

Das Problem ist: Bis wohin ist der Impuls spürbar? Bis wohin reicht die Front dieser Schockwelle, die sich in alle Raumrichtungen ausbreitet und deren Energie kontinuierlich ausdünnt. Es ist eine Beobachter- oder Sensorfrage. Moderne Seismografen sind sehr empfindlich. In welcher Entfer-

---

26 vgl. Kap. E.1 – Kontinuität, Diskontinuität. Kap. I.2 – Impulsverbreitung und Unteilbarkeit

nung von meinem Haus ist der Impuls zu schwach, um noch registriert zu werden? Angenommen, der Sensor spürt den Impuls bis zu einem Radius von maximal einem Kilometer um mein Haus. Beginnend von dort registriert er nichts mehr. Das heißt nicht, dass der Impuls dort aufhört zu existieren. Er ist nur zu schwach für den Seismografen.

Angenommen wiederum, wir verfügen über einen dermaßen empfindlichen Ultra-Sensor, dass es keinen Punkt auf unserem Planeten gibt, an welchem er die extrem verdünnte Energiefront der Welle nicht spüren könnte. Und das ist noch nicht alles, denn die Ausbreitungsfront der Welle befördert einen winzigen Teil der Energie durch die Atmosphäre. Wenn wir schon hier angekommen sind, können wir auch weiterspinnen: Etwas muss wohl in welcher Form auch immer in den luftleeren Raum abgestrahlt worden sein, vielleicht unterwegs zu Alpha Centauri oder zu Andromeda oder zum allumfassenden Geburtsort des sagenhaften Urknalls. Der axiomatische Wert dieser Problemstellung ist wichtig: Mit einem surreal empfindlichen Gerät sollten wir jetzt überall im Weltall ein ultrawinziges Restfragment der Energie registrieren können, die von meinem Besenstiel ins Universum geschickt wurde – *wenn die Teilbarkeit unbegrenzt ist*, wenn die Energiequantelung nur eine Arbeitshypothese ist, die ein Zwischenstadium beschreibt.

Verfolgen wir nun die Hypothese der begrenzten Teilbarkeit.[27] Nehmen wir an, das Universum ist diskontinuierlich, an einem bestimmten Level im Mikrobereich absolut quantisiert. Es müsste demnach einen kleinsten Raum geben, der nicht weiter unterteilt werden kann, und der gerade jetzt von unserem Energie-Quäntchen besetzt wurde. Was passiert in den benachbarten Raum-Zellen? Nichts? Weil das Energie-Körnchen nicht weiter verkleinert oder geteilt werden kann? Das würde bedeuten, *es passiert etwas, was nicht Ursache von etwas anderem ist*. Das würde der Kausali-

27 vgl. Kap. E.1 – Kontinuität, Diskontinuität

tät widersprechen und damit dem Dualismus einen komfortablen Erklärungsweg liefern: Kausalität nur bis dahin, weiter nicht. Dies ist eigentlich der Grundsatz aller Religionen: Kausalität ja, aber nur bis zum Punkt, wo nur Zufall und/oder göttlicher Wille entscheiden. Es bringt uns nicht weiter, wenn wir uns mit dieser einfachen Erklärung für alles, was wir nicht packen, zufriedengeben. Deshalb sollte hier ein Postulat gelten:

Alles was existiert, hat eine Ursache, denn aus dem Nichts kommt nichts.
Alles, was existiert, ist Ursache von etwas, denn ***nur*** *aus dem Nichts kommt nichts.*

Das Binom Wenn-Dann + Zeit, der Ur-Motor unseres gesamten Wissens, geht von diesem Postulat aus. Die Hypothese, dass es kein Vakuum gibt, weil aus dem Nichts Teilchen-Paare entstehen, die wieder im Nichts verschwinden, verschiebt die Teilbarkeitsgrenze in die zunächst tiefste Stufe. Heute glauben wir, dass die Quarks die Grenzen der untersten Teilbarkeit eines körnigen Universums markieren. Mit ein bisschen Glück werden wir irgendwann erfahren, wo die nächsttiefere Ebene liegt – wenn die transhumane Singularität nicht schon längst unsere Quantenfantasien im Museum der menschlichen Intelligenz ausgestellt hat.

Die Postulate der Kausalität stellen die Grundbegriffe der Quantenmechanik nicht infrage. Nur sind wir noch weit davon entfernt, die unscharfen Grenzzonen der physikalisch als Elementarteilchen und Energiequanten vermuteten Entitäten aufspüren und beschreiben zu können. Wir müssen uns mit deren mathematischen Ausdrücken zufriedengeben.

Zurück zum Gedankenexperiment der Impulsverbreitung. Raum-, Zeit- oder Energiequanten sollten vielleicht als vereinfachende Annahmen aus bestimmten Experimentalkonstellationen bewertet werden. Oder als Hilfskonstrukte, ohne die manche mathematischen Berechnungen und

Herleitungen nicht oder nicht richtig eingesetzt werden können. Sie sind bis auf Weiteres notwendige Entitäten im Netzwerk unserer Erkenntnisse.

Die vielleicht radikalste Form von Festlegung auf eine unterste Grenze der Teilbarkeit ist die Aussage, dass nicht nur messbare Größen, sondern auch die Kausalität an sich einer solchen Begrenzung unterliegt: Ab einem Mindestmaß von gequantelter Existenzform soll der Unterschied von Ursache und Wirkung aufgehoben sein: Die beiden Entitäten existieren demnach in dieser Tiefe nicht mehr. Diese Auffassung ist keine unwiderlegbare Herleitung, sondern ein Gedanke, der zum Postulat erhoben wurde. Eine Form des vorerst nicht hinterfragbaren Glaubens. Erklärbar, aber nicht beweisbar. Es scheint nicht möglich, diesen Glauben mit heutigen Mitteln formgerecht zu falsifizieren, weil die zeitrealen kausalen Ketten auch nur unsere Modelle sind, denen wir fundamentale Eigenschaften zuordnen. So auch der Faktor Zeit, der im axiomatischen Baum auf gleicher Ebene steht wie das Postulat der Realität.

- In der Annahme einer untersten quantisierten Grenze für Raum, Energie und Zeit ergibt sich zwingend auch eine unterste Grenze der Kausalität. Somit wird den Quanten und Teilchen kein Innenleben zuerkannt. Sofort baut die Logik des Wenn-Dann eine drohende Frage auf: Ist diese unterste Grenze mathematisch scharf oder ein physikalischer Symmetriebruch mit Übergangszonen? Beide Hypothesen sind widersprüchlich. Wir müssen zugeben, dass wir zurzeit über keine besseren Modelle verfügen.
- Für unsere Erkenntnis gibt es im subatomaren Bereich keine scharf definierten Entitäten, sondern nur Wahrscheinlichkeitsgleichungen, denen nach Möglichkeit etwas Intuitives zugeordnet wird (Teilchen, Quanten, Wellen), damit wir uns überhaupt ein Bild machen und kommunizieren können.
- Infolgedessen ist es nicht möglich, auf dieser Ebene unwiderlegbare zeit-kausale Verbindungen zu folgern, zumal Gleichungen grundsätzlich nur logisch funktionieren, „wenn-dann", mit formalen, nicht realen Zeitwerten.

- Es könnte sein, dass wir mit unseren Mitteln und Fähigkeiten nicht wesentlich tiefer gehen können.[28] Sabine Hossenfelder (geb. 1976) schreibt:

> *„Seit nunmehr über dreißig Jahren sind keine Fortschritte mehr in der Grundlagenphysik zu verzeichnen. … Vielleicht befinden wir uns in der Grundlagenphysik in einer Sackgasse, weil wir die Grenzen dessen erreicht haben, was Menschen begreifen können.* ***Vielleicht ist es an der Zeit, den Stab weiterzureichen.*** *“*[29] (Unsere Hervorhebung).

28vgl. auch Kap. E1 – Kontinuität/Diskontinuität

29„Das hässliche Universum“, Fischer Verlag 2018

J. INTUITION DES RAUMS UND DER WIRKLICHKEIT

J.1 RAUMDIMENSIONEN

1. Mein Lieblingspunkt A liegt auf einer Geraden und ist dort auf beiden Seiten von zwei Punkten B und C eingeschlossen. Ich möchte meinen Punkt A aus diesem eingezäunten Abschnitt B-C befreien, und zwar soll sich der Punkt A in Richtung B (oder C) auf die andere Seite der Geraden bewegen, ohne einen der Wächter zu berühren und ohne die Gerade zu verlassen. Das geht nicht, bei den Befreiungsversuchen stoße ich entweder auf B oder auf C. Es geht nur, wenn ich die *eindimensionale* Gerade verlasse und den Punkt A auf einer *zweidimensionalen* Ebene um einen der anderen Punkte bugsiere. Etwa so, wie ich auf dem Bürgersteig einem Passanten ausweiche, indem ich kurz den Fahrweg betrete.

2. Ich setze jetzt meinen Punkt A in eine zweidimensionale Ebene, eine Fläche. Jemand hat einen Kreis um den Punkt gezeichnet und ihn damit seiner Freiheit beraubt. Ich möchte ihn aus dem Kreis herausleiten, ohne den Kreis zu berühren und ohne die zweidimensionale Ebene zu verlassen. Auch das geht nicht. Also lasse ich meinen Punkt in der dritten Dimension über den Kreis springen. Dazu muss er die *zweidimensionale* Ebene verlassen und sich im *dreidimensionalen* Raum bewegen. Einfach hüpfen und er ist raus.

3. Diesmal ist mein Punkt A in einer dreidimensionalen Kugel eingesperrt. Ich möchte ihn da rausholen, ohne die Sphärenoberfläche zu berühren und ohne den dreidimensionalen Raum zu verlassen. Das geht gar nicht. Also befreie ich meinen Punkt, indem ich den *dreidimensionalen* Raum verlasse und meinen Schützling über die *vierte Dimension* in die Freiheit entlasse.

4. Mein Punkt A ist jetzt in einem *vierdimensionalen* Würfel gelandet. Er will raus. Kein Problem; einfach über die *fünfte Dimension …*

Dieses Gedankenspiel kann prinzipiell unendlich weiter geführt werden. Das Konzept einer vierten Raumdimension wurde 1921 von Theodor Kaluza (1885–1954) eingeführt. String-Theoretiker haben das Dimensionen-Spiel bis in die fünfundzwanzigste Dimension berechnet, allerdings in winzigen Einheiten, dicht aufgerollt, weshalb sie mutmaßlich nicht beobachtet werden können. Heute wird auch der Begriff „unendlichdimensionaler Raum" verwendet. Die Frage einer Realitätsentsprechung konnte glaubhaft nicht beantwortet werden.

J.2 INTUITION UND AUTOSUGGESTION

Ich kann im ein- und dem zweidimensionalen Raum Figuren intuitiv nachvollziehen und auf Papier zeichnen. Obwohl, um ganz ehrlich zu sein, eine eindimensionale Linie kann ich mir nicht vorstellen; eher so etwas wie ein ganz dünnes Haar, mit vernachlässigbarer Stärke. Bei fehlender Stärke der Linie würden meine äußeren und inneren mentalen Augen gar nichts sehen können. Desgleichen kann ich mir eine zweidimensionale Fläche auch nicht richtig vorstellen; eher so etwas wie eine transparente Folie, die auch ein bisschen Stärke haben muss, um mir vorgaukeln zu können, dass sie als Fläche erkennbar sei – wie gesagt, wenn ich ehrlich bin und mir nicht in die Tasche lüge. Allzu leicht verwechsele ich die Raumbegriffe Linie oder Fläche mit den realen Objekten Faden oder Folie. Verständlich: Die anvisieren Invarianz-Bereiche des auf einer Fläche gezeichneten Modells entsprechen zuverlässig der gemeinten Realität. Klar, dass ich sofort glaube, ich hätte mir den ein- oder zweidimensionalen Raum vorgestellt.

Die Formen in der dritten Raumdimension können streng genommen nicht auf einer Fläche dargestellt werden, in der Praxis jedoch reicht meist das Zeichnen einer Projektion auf Papier oder auf einer Tafel. Die Fähigkeit der dreidimensionalen Raumvorstellung einer zweidimensionalen Projektion ist unterschiedlich ausgeprägt, doch die meisten Menschen werden sie verstehen. Anspruchsvollere Raumgestalten werden gerne in echt, also im dreidimensionalen Raum modelliert – etwa Architekturentwürfe oder Karosserieprototypen.

In verschiedenen Bereichen werden Tricks eingesetzt, um auch eine vierte Raumdimension darstellen zu können (gemeint ist nicht die Zeit in Einsteins Raumzeit). So zum Beispiel, wenn auf einem Diagramm die Entwicklung von drei, vier oder mehr Variablen veranschaulicht werden soll, etwa die Solidität eines Unternehmens (Umsatz, Rücklagen, Auftragslage, Kreditwürdigkeit) oder Ähnliches, werden gerne punktierte, fette oder farbige Linien eingesetzt, sodass man den Verlauf von mehr als zwei Variablen darstellen kann. Das sind allerdings Ersatzmittel. Echte vierdimensionale Raumdarstellungen sind für den Menschen nicht möglich. Im Falle mehreren Variablen (etwa in der Stringtheorie), muss auf eine visuelle Darstellung verzichtet werden. Man glaubt den Gleichungen und der Konsistenz der Axiome.

Gibt es aber solche Räume in der Realität? Für die ein-, zwei- und dreidimensionale Räume, die wir intuitiv erfassen können, gibt es mathematische Modelle mit Invarianz-Bereichen, die sich mit unseren Erwartungen decken. Und umgekehrt: Für mathematische Modelle, die ein- zwei- oder dreidimensionale Objekte abbilden können, gibt es auch wirklich diese Objekte – oder sie können gebaut werden; Handwerker und Ingenieure tun das am laufenden Band.

Wie sieht es aus mit einem mathematischen Modell, dass mit entsprechender Axiomatik ein vierdimensionales Objekt abbildet. Gibt es in der Realität solch ein Objekt? Oder beschreibt das mathematische Modell nur, was ein solches Objekt denn so könnte, wenn es als Veranschaulichungsmittel für mein Diagramm mit vier Variablen eingesetzt würde? Die Frage kann beliebig gedreht und gewendet werden, die Funktionstüchtigkeit mehrdimensionaler mathematischer Modelle ist kein Beweis für die reale Existenz solcher Räume und Objekte. Modelle sind nun mal nur vom Beobachter erschaffene physikalische oder geistige Objekte.

Eine Sonderstellung nimmt die Frage ein, wenn es um Einsteins Raumzeit und seine Krümmung als Ursache der Gravitation geht. Die Raumzeit wurde vermessen, was als Beweis für seine Realität gelten dürfte, doch hat unsere Intuition auch einen Zugang zu ihr? Einstein und auch andere Physiker haben sich so einiges an intuitiven Modellen einfallen lassen, etwa Kugeln, die in trichterförmigen Flächen rollen. Das sind Analogien, die uns die harten Konsequenzen der mathematischen Gleichungen verträglicher darstellen, aber die nach wie vor eine entsprechende Intuition nicht in die Gänge bringen können. Hatte Einstein eine besondere Fähigkeit, eine räumliche vierte Dimension intuitiv erfassen zu können? Bestimmt nicht. In einer dreidimensionalen Zelle eingesperrt wäre er genauso unfähig, über die vierte Raumdimension zu entkommen, wie jeder andere Mensch auch.

Und dennoch ist die Existenz der Raumkrümmung bewiesen. Hat also Hegel (1770–1831) Recht, wenn er schreibt „Alles was wirklich ist, ist vernünftig, alles was vernünftig ist, ist wirklich“? Es kommt darauf an, was man unter „vernünftig“ und „wirklich“ versteht.

Ärgerlich, doch wir müssen uns daran gewöhnen, dass die Intelligenz des Menschen unbegrenzt aber nicht unendlich ist. Das Wenn-Dann hilft uns, immer tiefere kausale Zusammenhänge zu ergründen, auch solche, die aus nicht intuitiven Ebenen der Realität kommen. Für diese erstellen wir mathematische Modelle. Diese sind streng genommen keine Realitäts-Beweise, sondern Funktionshypothesen – so viel erlaubt unser Wenn-Dann. Mehr nicht. Mit Unbehagen lesen wir Aussagen von Autoren, die uns erzählen, die vierte Raumdimension intuitiv erfassen zu können – sie behaupten, dass es „schwierig“ sei und dass man dafür „viel Übung“ braucht. Geltungssucht wollen wir nicht unterstellen. Vermutlich verwechseln sie das Verstehen der üblichen zwei- oder dreidimensionalen Modelle mit einer sich selbst vorgegaukelten Intuition eines multidimensionalen Raums. Es ist nicht ganz leicht, ehrlich zu sich selbst zu sein.

J.3 INTUITION DER WIRKLICHKEIT

Solche unmöglichen Ansprüche an unsere Vorstellungskraft, wie die mehrdimensionalen Räume, gab es bis ins 20. Jahrhundert eigentlich nicht. Die im 19. Jahrhundert entstehenden nichteuklidischen Geometrien beschreiben Flächen von Objekten, die unserer Intuition innerhalb eines dreidimensionalen Raums zugänglich sind – Kugeln und Rotationshyperboloide. Wie kam es zu Geometrien mit surrealen Räumen?

In den ersten Jahrzehnten des 20. Jahrhunderts entstand vorwiegend in Deutschland ein Physik-Tsunami, der die weitgehend stimmige Welt der klassischen Physik aufbrechen und bis heute den Wissenschaftlern keine Ruhe mehr lassen und die Intuition und den gesunden Menschenverstand streckenweise entmündigen wird: Die Quantenmechanik und die Relativitätstheorie, aber auch Entwicklungen in der Mathematik, wie etwa Kaluzas vierte Raumdimension. Oder Hilberts Axiomatik: Diese erwähnt nicht einmal mehr die Frage einer fundamentalen Verankerung in der Realität, sie ist in einem rationalen Weltbild ohnehin nicht lösbar. Erkenntnistheoretisch zeichnet sich etwas ab, das sich als der größte Umbruch in der Evolution des menschlichen Geistes zeigen wird:

Die Erfassung von Zusammenhängen wird allmählich von der humanen Intuition auf die vom Menschen erschaffenen Werkzeuge verlagert, auf die ***mathematischen Modelle.***

Die Physik ist, besonders seit Newtons überwältigendem Einschlag in die Wissenschaft, zunehmend mathematiklastig geworden. Der intensive Einsatz der Mathematik ist für die Grundlagenphysik die einzige weiterführende Möglichkeit der Erkenntnis, die sonst vor dem Entitätenproblem[30] Halt machen müsste. Dort, wo wir beginnen, nicht mehr zu verstehen, ma-

30 vgl. Kap. G3 – Das Entitätenproblem der Quantenphysik

chen die künstlichen Denkmechanismen weiter – Gleichungen, Algorithmen und alle Werkzeuge dieser Klasse, künstliche Intelligenzen inklusive.

Bei den einfachen Formen der Mathematik kann man im Prinzip den „Denkvorgang“ der Gleichungen auch mit Kopfrechnen ersetzen oder zumindest nachverfolgen, es dauert aber länger („für ein Schaf bekommst du drei Gänse, für fünfzehn Schafe bekommst du … ääh … fünfundvierzig!“) – oder so ähnlich; formalisiertes Rechnen schützt vor Fehlern. Doch schon in der Antike konnte man umfangreichere mathematische Vorgänge nicht einfach durch Fingerzählen ersetzen, man musste an die korrekte aufgestellte Axiomatik der Mathematik glauben und ihre Ergebnisse akzeptieren. Man wusste auch, welche Formel, Gleichung oder Ergebnis für welchen Abschnitt der Realität steht.

Heutzutage führt diese Entwicklung zu Modellformen, die rätselhaft und undurchsichtig anmuten. Ein Mathematiker beschrieb (hier sinngemäß wiedergegeben), wie er den Besuch eines Mathematikkongresses erlebt hat: „Man geht in einen Vortragsraum, wo etwas vorgestellt wird, was niemand versteht, dann wandert man zum nächsten, und zum nächsten, immer mit dem gleichen Gefühl, im Nebel zu stochern“. Diese Schilderung mag übertrieben und unfair sein, doch sie entspricht einer Entwicklung, sie ist plausibel.

Bei den anfänglichen Formen der Mathematik – etwa in den ersten Schuljahren – glaubt man zu erkennen, dass sich die Formel aus dem realen Problem logisch, intuitiv und stimmig ergibt. Das wird sich aber mit steigender Komplexität ändern. In der Physik ergeben sich die Formeln und Gleichungen aus den Erfahrungen und experimentellen Ergebnissen nicht einfach so. Intuitive Modelle stoßen an ihre Grenzen. Der Physiker muss doppelgleisig fahren: zunächst die Invarianz-Gebiete und Abhängigkeiten der Entitäten irgendwie verstehen, definieren und symbolisieren, dann an mathematischen Formeln und Gleichungen basteln, deren Lösungen mit den Erfahrungen übereinstimmen. In der modernen Physik ist es noch viel schwieriger, zu den verwirrenden experimentellen Ergebnissen die richtige Mathematik zu formulieren.

„… Physik ist nicht Mathematik. Selbst die beste logische Ableitung hängt von den Annahmen ab, die unseren Ausgangspunkt bilden.“[31]

Übrigens, was ist die „richtige Mathematik“? Heisenberg hat für die Quantenphysik die Matrizenmechanik entdeckt. Schrödinger hat die Wellenfunktion eingesetzt. Wie sich danach herausgestellt hat, sind die beiden Wege äquivalent. Niemand kann ausschließen, dass es einen dritten, noch besseren Weg gibt. Außerdem gibt es viele Wege, die in Sackgassen enden. Der Wissenschaftler versucht zu erahnen, welche mathematische Darstellung von denen, die von ihm probiert werden, am besten passt. Er bleibt dann bei der Formel, die den Messergebnissen am nächsten liegt.

Die Quantenmechanik ist in diesem Sinne sehr weit gekommen: Niemand kennt ihre Entitäten wirklich. Adoptiert werden Gleichungen und Formeln nur, wenn sie nach dem Wenn-Dann-Muster kohärente Ergebnisse mit akzeptabler Genauigkeit liefern. Die Tatsache, dass die Ergebnisse immer nur Wahrscheinlichkeiten sind, hat dazu geführt, dass viele Wissenschaftler den Zufall als fundamental postuliert haben – wie zum Beispiel die von den Physikern mehrheitlich akzeptierten „Kopenhagener Interpretation“. Einsteins „Der Alte würfelt nicht“ hat nicht den Stellenwert, den sich der vielleicht größte Physiker aller Zeiten gewünscht hat.

Egal wo wir suchen, für die Frage der Fragen ist keine Antwort in Sicht: Was ist Wirklichkeit? Wo können wir den Sinn des Lebens absolut und unzweifelhaft verankern? Es widerstrebt uns zu akzeptieren, dass wir alles, was wir von unseren Sinnen ausgehend wahrnehmen, fühlen und denken, nur mittelbar Bilder einer Realität sind, Bilder, die vom Gehirn erschaffen wurden. Es ist nicht möglich, diesen Fakt auszublenden.

Die moderne Physik rückt mit diesen Verhältnissen und Fragen bis in Tiefen, die Verzweiflung aufkommen lassen. Wir wissen nicht, was eigentlich

31 Sabine Hossenfelder, „Das hässliche Universum“ (Fischer, 2. Auflage, 2018)

subatomare Teilchen oder Wellen sind, wir können die Raumkrümmung und die Geschwindigkeitsparadoxa nicht intuitiv fassen. „Mittelbar“ ist in diesem Bereich nur ein Euphemismus für die Unfähigkeit unseres Gehirns, greifbare Bilder der Wirklichkeit zu erstellen. Wir brauchen die Krücken Mathematik, Gleichungen und Messdaten, um überhaupt Zusammenhänge zu erkennen. Wir ersinnen Modelle, die uns helfen, nicht ganz blind weiter zu gehen. Und wir müssen zugeben, dass die Machtbefugnisse dieses Wissensbereichs immer weitgreifender sind, während unser Denken nicht den Anschein erweckt, als würde es wirklich mithalten können. Noch setzen wir unserer Hoffnungen in die Intuition, von der wir glauben, dass sie noch nicht von Gleichungen und Computern modelliert werden kann.

Man kann sich dem Gedanken nicht verweigern, dass hinter dem Horizont vielleicht die Grenzen unserer Möglichkeiten näher rücken. Dort, wo unser Evolutionsstrang sich der heutigen Definition „Mensch“ entzieht.

ZWEITER TEIL

GESELLSCHAFT UND WISSEN – WIE WIR LEBEN

K. GRUPPENSTRUKTUREN UND GESELLSCHAFT

K.1 MACHTORDNUNG

Ein Vorfall, der sich bei der Belagerung Konstantinopels 1453 abgespielt haben soll: Zwei riesige Bombarden, von den Osmanen eigens für diese Belagerung vor Ort gegossen, schossen schwere Steinkugeln auf die Mauern der Stadt, jede Bombarde auf ihre eigene Zielstelle. Mit mäßigem Erfolg – bis ein Offizier die Idee hatte, beide Bombarden auf dieselbe Stelle in der Mauer schießen zu lassen, was viel effektiver wäre.

Was aber tun, wenn die Bombarden-Kapitäne sich nicht einig sind, auf welche Stelle der Mauer geschossen werden soll, und keiner will nachgeben, weil jeder meint, die einzig richtige Stelle ins Auge gefasst zu haben? Wenn eine Einigung nicht in Sicht ist, muss wohl ein Machtwort her. Oft ist es weniger wichtig, wer von den Kontrahenten richtig liegt; vorrangig ist, am gleichen Strang zu ziehen.

Kriege und andere Notsituationen treiben den Druck der Machtordnungs-Notwendigkeit auf die Spitze. Bei Hungersnöten in eingekesselten Heereseinheiten oder belagerten Städten mussten die Führer der Belagerten nur selten an Hunger leiden. Das ist eindeutig ungerecht, aber notwendig, denn: Ein Führer mit einem von Hunger benebelten Gehirn ist nicht mehr fähig, die richtigen Entscheidungen für seine Leute zu treffen. Die Beteiligten werden dazu nicht befragt. Das Risiko, durch demokratische Abstimmung die Niederlage oder Schlimmeres herbei zu beschwören, wäre zu hoch. Deshalb sollte in solchen Fällen nicht unvermittelt der Anspruch auf Demokratie erhoben werden.

In Friedenszeiten sind solche Anforderungen entschärft und anders gewichtet, doch eine Machtordnungs-Notwendigkeit bleibt bestehen, bei Mensch und Tier. Und zwar immer, wenn Interessen der Individuen kollidieren. In einfachen Konfliktfällen ist das faire Teilen die Lösung, insofern es überhaupt möglich ist (im Fall der Bombarden-Kapitäne ist es nicht).

Wenn nicht, gibt es graduelle Möglichkeiten einer Einigung, ausgehend zum Beispiel vom verständnisvollen „Wenn dir das am Herzen liegt, stelle ich mich nicht quer“ über „Lass mich machen, ich kenne mich da besser aus!“ bis zu „Nur über meine Leiche!“ und zu unverhohlenem Egoismus und Tyrannei.

Bei Menschen und bei höheren sozialen Tierarten gibt es eine von der Evolution begünstigte Art Verlangen nach Machtordnung. Die meisten Individuen streben bessere Positionen an, doch viele von ihnen atmen auf, wenn in kritischen Situationen nicht sie selbst, sondern andere die Verantwortung übernehmen. Einige sind in allen Situationen machthungrig, ihre Ausstrahlung polarisiert die Akzeptanz der Gruppe – das sind die Alphatiere. In einer Gruppe von Ausflüglern zum Beispiel, kristallisiert sich oft auch ohne explizite Prozeduren eine Führungspersönlichkeit, deren Anweisungen man geneigt ist, zu befolgen. Bei größeren Gruppierungen, bei Völkern oder Staaten wird oft nach dem „starken Mann“ gerufen. Dieser ist derjenige, der uns so manches Mal die Qual der Wahl abnimmt, und im Extremfall satt werden darf, auch wenn die anderen hungern.

Ob hierbei im Genom eine Neigung zur Akzeptanz einer Macht spricht, oder bei Menschen die Vernunft, die weiß, dass ohne Machtordnung nichts Ordentliches zustande kommt? Das Genom oder die Vernunft kann uns auch vor schädlichen Machtkämpfen schützen, wie bei Paarungskonflikten im Tierreich, die sich oft auf Drohgebärden beschränken, damit gravierende Verletzungen vermieden werden.

K.2 RANGORDNUNG UND GRUPPENDISTANZ

Der norwegische Zoologe Thorleif Schjelderup-Ebbe (1894-1976) hatte in seiner Kindheit bei den Hühnern in seinem Hof ein Verhalten beobachtet, das sich als besonders wichtig für die gesellschaftliche Vernetzung bei Tieren und Menschen erweisen sollte, die *Hackordnung*: Ein dominantes Huhn darf jedes andere Huhn mit dem Schnabel picken, um für sich den besten Futterplatz zu sichern. Das rangniedrigste Huhn kann seinerseits von jedem anderen Huhn verscheucht werden. Dass die Menschen der Machtordnung gehorchen, war bekannt. Neu war die Erkenntnis ihrer Universalität im gesamten Tierreich. Der Norweger hatte ein griffiges, universal evolutionäres Gesetz zum Ausdruck gebracht. Machtstreben ist grundsätzlich nicht böse, es *muss* sein, sonst ist die Gemeinschaft gefährdet.

Größere Populationen strukturieren sich notwendigerweise in Gruppen und Untergruppen, innerhalb derer die Positionen in der Rangordnung sinnvoll eingeordnet werden können, wobei auch die Gruppen selbst als Entitäten eine gewisse Ranghöhenposition anstreben und einnehmen. Die Menschheit ist eine äußerst komplexe Verschachtelung von Über- und Untergruppen, Großfamilien, Sippen, Clans, Bewohner einer Ortschaft oder eines Landes, soziale Schichten, Mitglieder eines Vereins usw.

In einer schulischen Klassengemeinschaft gibt es die dominanteren, oft beliebteren, sowie die weniger beliebten Schüler, und auch die Eigenbrötler und die Außenseiter. Zu den beliebteren gehören zum Beispiel die Klassensprecher. Die weniger Beliebten werden zuweilen nicht nur vermieden, sondern auch gehänselt, ausgelacht, gemobbt, verbal und physisch belästigt und sogar angegriffen. Das sind Rangeleien, wie sie bei Tierbabys immer wieder beobachtet werden – im Prinzip werden nützliche Fähigkeiten für die Erwachsenen-Gesellschaft trainiert, Rangstrukturen vorbereitet und den Stärkeren bessere Überlebenschancen gegeben. Hundezüchter wissen, dass sie Rangordnungskämpfe in der Meute nicht ohne Not unterbinden sollten. Nicht ausgelebte Machtinstinkte können später zu grausamen bis tödlichen Vorfällen führen.

Dass solche Erwägungen keinesfalls eins-zu-eins auf Menschennachwuchs übertragen werden darf, versteht sich von selbst. Gleichermaßen ist es verantwortungslos, sie zu ignorieren. Was die unterlegenen Jungtiere dabei fühlen, können wir ahnen: Der Pegel der Stresshormone ist bei rangniedrigen Mitgliedern deutlich erhöht. Triebfeder des Rangordnung-

Verhaltens ist das, was wir bei Menschen Profilierungsdrang nennen können, eine Auswirkung der natürlichen Tendenz, in der Hackordnung zu mehr Lebenssicherheit zu steigen. Eitelkeit, Geltungssucht, Stolz, Eifersucht, Feindseligkeit u. a. m. bilden beim Menschen die emotionalen Ausprägungen dieses Drangs. Beim erwachsenen Menschen ist dieser Profilierungstrieb dank der zivilen Reife teilweise gedämpft. Bei Kindern und Pubertierenden noch nicht. Wobei bei Individuen aller Altersgruppen ein dialektisches Zusammenspiel zwischen Machtstreben und Empathie beobachtet werden kann, ein ganz schwieriges Kapitel der Verhaltenspsychologie.

Ein herabschätzendes und aggressives Verhalten der anderen Gruppenmitglieder greift das Selbstwertgefühl der Jugendlichen an, die Gemobbten fühlen sich minderwertig und ungeliebt. Irgendwann sehen sie kein Licht mehr am Ende des Tunnels. Das kann zu unermesslichem Leid führen, bis hin, selten, zum Selbstmord oder in schrecklich tragischen Fällen zum Amoklauf mit Selbstmord. „Fürchte dich vor dem, der nichts zu verlieren hat“ – ein Spruch, der sich manchmal entsetzlich bewahrheitet.

„Mobbing“ ist ein urbiologisches, auf Menschenniveau fortgeführtes Verhalten, das wir bei Hühnern „Hackordnung“ und bei anderen Tieren „Rangkämpfe“ nennen. Geboren ist es aus Konkurrenz, Individuation und Selektion. Beschämend für uns Menschen ist, dass auch Erwachsene an ihrem Arbeitsplatz mitunter mobben und gemobbt werden. Auf der Höhe der zivilen Reife, wo wir als Menschen angekommen sind, müssten wir uns viel mehr bemühen, Mobbing so weit wie möglich nicht aufkommen zu lassen, nicht bei Kindern, nicht in der Schule und nicht bei Erwachsenen. Wie gesagt, es handelt sich nicht um eine Verhaltensstörung, sondern um eine Triebfeder der Evolution. Ausmerzen können wir sie nicht, aber kontrollieren.

Die Rangordnung eines Schülers gilt normalerweise für seine Klassengemeinschaft. Außerhalb dieser Gruppe verblasst die Bedeutung seiner Rangordnung in der eigenen Klasse. Zwischen verschiedenen Klassengemeinschaften existiert eine *Gruppendistanz*, die den Rangordnungsdruck innerhalb der Gruppe mindert – gleichzeitig die Gruppenabgrenzung betont, bis hin zu Diskriminierungen.[32]

Die Gruppenzugehörigkeiten eines Individuums sind vielschichtig überlagert, Sie definieren Familie, Verein, Arbeitsteam, Wohnort etc. Wir können Fußballfans sehen, die jubeln und sich in die Arme fallen, weil sie in diesem einen Augenblick einer Gruppe gehören, die die höchste in der Hackordnung aller Gruppen ist – wir sind Weltmeister! Die beiden Fans, die sich eben umarmt haben, können in einer anderen, kleineren Gruppe unterschiedliche Plätze in der Rangordnung besetzen, sie können sich außerhalb des Meisterschaftsspiels vielleicht gar nicht ausstehen oder sogar bekämpfen.

Wie groß die Gruppen sind und wie sie sich konfigurieren, hängt von unterschiedlichen Kriterien ab, auch von dem, was begehrt ist. Als kleinste Gruppe könnte Geschwisterpaare oder die Freundschaft zwischen zwei Klassenkameraden in der Schule gelten, wobei manchmal einer von den beiden der Leader und der andere der „Follower" ist (insofern man bei einer Zweierbeziehung von Gruppe sprechen kann). Besonders stark ausgeprägt sind die Gesetze der Machtordnung bei der ebenfalls kleinsten Gruppe, beim meist heterosexuellen Geschlechterpaar. Liebeskummer ist schlimm. In den meisten Fällen ist er echt, es ist der Schmerz, nicht mehr zusammen dem/der Geliebte/n zu sein. Auch der drohende Rangverlust wirkt hinein, das Gefühl der Minderwertigkeit, die Angst vor sozialen Verwerfungen, die direkt oder indirekt Existenzängste schüren. Eifersucht kann überwältigend sein, sie kann bis hin zu Verstümmelung und Mord führen. Paradox: Die Verteidigung der Liebe dürfte doch nicht in der Zerstörung des/der Geliebten münden. Romantische Liebe kommt demnach nur bedingt infrage. Maßgeblich ist in solchen Fällen die Angst vor Gesichtsverlust, vor sozialem Abstieg, vor Autoritäts- und Machtverlust. In manchen Kulturen sind der Stellenwert der familiären Ehre und die Angst

32 vgl. Kap. K.7.1 – Diskriminierung – das Alter-Ego des Rassismus

vor gesellschaftlicher Erniedrigung so hoch, dass zum Beispiel Ehebrecherinnen gesteinigt werden, mit Billigung der Familie und der näheren Gemeinschaft. Es mag auf den ersten Blick weithergeholt klingen, aber die menschliche Eifersucht ist eine höher entwickelte Form des emotionalen Morphing-Bands, das auch hinunter in die Tierwelt verfolgt werden kann. Hunde reagieren irritiert, wenn ihr Herrchen/Frauchen mit einem anderen knuddelt. Interessant ist, dass das Objekt ihrer Eifersucht meist nicht der Rivale, der andere Hund ist, sondern der/die „Untreue".

Eine realistische Definition von Liebe müsste jede Menge Vorurteile, Einbildungen, parasitäre Kausalketten, Wunschdenken, Triebhaftigkeit und Ahnungslosigkeit berücksichtigen. Besonders in westlichen Kulturen wirkt trotz fortschreitendem Alter der Paare die immerwährende Hoffnung auf die Wiederkehr der jugendlichen Schmetterlinge im Bauch. Kaum eine menschliche Emotion wurde und wird so einseitig, verklärt, undifferenziert, missbräuchlich und wunschdenkend zeitlos dargestellt wie die geschlechtliche Liebe.

Gruppendynamik beginnt bei drei Mitgliedern, und da zieht der/die Dritte oft den Kürzeren. In diesem Trio kann man die Ursprünge des Mobbings spüren. Dreiecksbeziehungen Mann/Frau/Mann oder Frau/Mann/Frau gibt es ziemlich oft, doch selten unter einem Dach, wo dauerhaftes Leid aufkommen kann, weil akute Rangordnungsprobleme innerhalb der Gruppe entstehen. Der/die Schwächere in einer zu eng gehaltenen Dreiergruppe hat keine Möglichkeit, eine eigene Untergruppe zu bilden. Schwelende Konflikte können ausbrechen.

Übliche Dreiecksbeziehungen sind asymmetrisch. Einerseits die stabilere Zweiergruppe, und außerhalb dieses Paares, in einer anderen Wohnung, der/die Dritte im Bunde, was durch die räumliche Trennung das Konfliktpotenzial deutlich verringert. Der „flotte Dreier" ist übrigens kein Gruppenmodell, sondern nur eine kurzfristige Gelegenheit, sich sexuell auszutoben. Eine echt gleichberechtigte Polyamorie ist kaum möglich, es sei denn, die Teilnehmer folgen einer Ideologie und reden es sich ein, wie so manches Mal in der Hippie-Bewegung oder in sektenartigen Gruppierungen vorgekommen. In manchen Kulturen scheint sie dank einer anderen Wahrnehmung der sozialen Konfiguration möglich zu sein. Polygamie in traditionellen islamischen Gemeinschaften und bei Naturvölkern, Polyandrie in Asien, begründet hauptsächlich auf Vermögensfragen, all das existiert sehr lange. Wie das mit Liebe und Treue in christlichen, und allgemein in modernen und auch asymmetrischen patriarchalischen Gesellschaften, aber auch mit dem millionenfachen Angebot von Prostitution weltweit einheitlich erklärt werden kann, bleibt hier nur angerissen. Das Feld ist sehr weit. Zeitweilig wurde es von der „Me too“ Bewegung dominiert, die viel Wahres, viel Trittbrettgehabe und viel Zerstörerisches und falsch Verstandenes enthält. Catherine Deneuves offener Brief an die Zeitschrift „Le Monde“ kann helfen, den übersteuerten Hype dieser Bewegung in eine zielgerechte, realistische Bahn zu leiten, so wie es alle Opfer von offenem oder verstecktem Machtmissbrauch verdienen.

K.3 PRIVATSPHÄRE UND GRUPPENDISTANZ

Eine soziale Gemeinschaft lebt immer im Spannungsfeld zwischen einerseits Mitteilung von Persönlichem, um Kooperation und Hilfe zu ermöglichen, und andererseits Nicht-Mitteilung, um den Konkurrenten jeder Art keine Angriffsflächen zu bieten. Auch dazu dient die Wahrung der Privatsphäre, die oft in Zusammenhang mit den Befugnissen des Staates erwähnt wird. Beliebtes Feindbild von Freiheitsbewussten ist der „Überwachungsstaat“. Im Namen einer gerechtfertigten Wahrung der Privatsphäre wird manchmal übers Ziel geschossen und positive Mitteilungsmöglichkeiten werden behindert – ein bedenkliches Beispiel ist die zur Eindämmung der Covid-19-Pandemie angebotenen Apps für das Smartphone. Im asiatisch-pazifischen Raum zeigen sie deutliche Erfolge, in einigen westlichen Ländern wirkten sie kaum, weil die Übertragung zweckdienlicher Daten von Eingriffen der Datenschützer verwässert wurde.

Die Mitglieder einer Gruppe werden nicht nur nach Fähigkeiten, Zielstrebigkeit und Macht beurteilt, sondern auch nach Verhalten und Äußerlichkeiten. Interessant ist, wie sich das Benehmen eines Individuums dem Gruppenzwang anpasst: In meinem Zuhause kann ich in Unterhosen oder auch nackt herumlaufen. Wenn Kinder dabei sind, wären als Mindeststandard Boxershorts und ein T-Shirt empfehlenswert. Bei Anwesenheit näherer Verwandten sollte schon etwas weniger Intimes dabei sein, etwa Hemd und Hose. Noch eine Stufe höher liegen die Ansprüche, wenn Gäste erwartet werden. Auf höchster Stufe muss ich beim Wiener Opernball bekleidet sein, oder wenn mich die Queen zum Five O'Clock einlädt.

Irgendwie gegenläufig dazu: Je größer die geografische und kulturelle Entfernung bis zu meinem Zuhause ist, desto freizügiger glaube ich, mich verhalten zu dürfen. Am Urlaubsort shoppe ich auch mal in Badehosen, angesäuselt torkele ich um drei Uhr morgens glücklich trällernd in mein Hotel, und auch die Bereitschaft, mir jemanden für einen One-Night-Stand zu schnappen, riskiert hemmungslos zu werden. All das käme zu Hause eher nicht infrage. Wenn, dann seltener, besser kaschiert und abgesichert. Bedauerlicherweise sind auch Lockerungen von grundsätzlichen Verhaltensnormen mit der Entfernung vom Zuhause möglich. Zu Hause würde niemand vor der eigenen Tür pinkeln, einige Straßenzüge weiter vielleicht schon. Wenn ich in einem anderen Land bin, liegen die Hemmschwellen noch tiefer.

Richtig peinlich bis verwerflich – und teuer bis lebensbedrohlich – kann in fremden Ländern die Missachtung von anderslautenden Moral- und Gesetzesgrenzen sein. So etwas kann in einigen Staaten die Auspeitschung für Alkoholkonsum oder die Todesstrafe für Verunglimpfung des Propheten bedeuten.

K.4 SCHWARMINTELLIGENZ – DIE HOMOGENE, EINFACHE FORM DER GRUPPE

Individuen weniger entwickelten Spezies (etwa Heuschrecken oder Fische) rotten sich zwar zusammen, doch eine Gruppe, innerhalb derer eine Hackordnung herrscht, ist nicht zu erkennen. Das ist die primitivste Form der Gruppe, eine Masse von „gleichberechtigten" Individuen. Die Gruppenordnung wird von anderen Mechanismen gesichert, etwa von der *Schwarmintelligenz*. Beispiel Sardinen:

Sardinenschwärme ballen sich bei Gefahr zu kompakt rotierenden Unterwasserwolken zusammen. Keine ranghöhere Sardine erteilt Befehle, nichts deutet auf eine Hackordnung innerhalb des Schwarms. Welche Signale bringen die Fische dazu, scharf koordiniert zu agieren? Biologen haben in große Aquarien steuerbare Fisch-Attrappen eingebracht, die sie in der Nähe eines Schwarms schwimmen ließen. Kaum ein Mitglied des Schwarms reagierte, wenn eine solche Attrappe plötzlich die Richtung wechselte. Aber: je größer die Anzahl der richtungswechselnden Attrappen war, desto mehr Fische des Schwarms folgen ihnen. Jetzt kann man verstehen, wie die Unterwasserwolken und auch die merkwürdigen Fluggebilde mancher Vogelschwärme entstehen.

Auch bei höher entwickelten Arten wirkt unter Umständen die Schwarmintelligenz, sogar bei Menschen. Wenn ich in einem Warteraum zusammen mit anderen Wartenden sitze, und diese plötzlich alle gleichzeitig aufstehen, dann stehe ich auch auf, selbst wenn ich keine Ahnung habe, wieso und wozu. Ich denke nur flüchtig, das wird wohl seine Richtigkeit haben; jetzt trotzig sitzen bleiben, wäre kindisch. Genau dieses Verhalten ist übrigens auf Video in einem Psychologie-Experiment dokumentiert worden.

Oder: Horchen wir den Kampfgesängen der Fußball-Fans in einem Stadion zu. Jeder könnte für sich singen – gehört würde dann nur ein diffuses Stimmengewirr. Doch die Fans wollen ja beeindrucken, die eigene Mannschaft aufmuntern. Deshalb koordinieren sich die Stimmen zu einem einzigen synchronen Ruf. Oft stehen freiwillige Regisseure dahinter, manchmal aber passiert das wie von selbst – Mechanismen der Schwarmintelligenz bringen die Fans dazu. Irgendjemand hat angefangen und ihm wird gefolgt, es muss kein ranghöherer Fan gewesen sein. Wie bei den Sardinen und Staren.

Solche Formen von Schwarmintelligenz sind die einfachsten: Individuen einer Gruppe reagieren auf Signale aus der eigenen Gruppe oder auch von außen mit ähnlichem Verhalten wie die anderen Gruppenmitglieder. Meist ist das nützlich, kann aber auch gefährlich sein. Bei der Erdbeben- und Brandkatastrophe 1906 in San Francisco hatten flüchtende Menschenmassen die Ausgangstüren eines Saals zugedrängt. Die vorderen Reihen wurden gequetscht und konnten nicht zurückweichen, die folgenden erhöhten panisch den Druck. Das schreckliche Geschehen hat zu baulichen Verordnungen geführt, die Gebäudezugänge mit Türen zu versehen, die sich nach außen öffnen lassen.

Eine höhere Klasse von Schwarmintelligenz ist bei sozialen Insekten zu beobachten. Ameisen und Bienen können als Individuen keinesfalls nachvollziehen, wieso und wozu sie tun, was sie tun. Erst die Verflechtung ihres Tuns führt zu den für die Gemeinschaft günstigen Verhaltensweisen, die wir immer wieder bestaunen, wohl wissend, dass auch die Gemeinschaft als Ganzes nicht weiß, was und wozu sie tut was sie tut.

Schleimpilze weisen die vielleicht sonderbarste Form von Schwarmintelligenz auf, weil diese nur in einer bestimmten Phase ihrer Existenz definiert werden kann.[33] Die höchste Form von Schwarmintelligenz ist – wie könnte es auch anders sein – beim Menschen zu erkennen. Ein Einzelner kann niemals das leisten, was die Menschheit als Ganzes leistet. Das ist Gruppenintelligenz, die höchste Form von Schwarmintelligenz.

33 vgl. Kap. C.3 – Ein, zwei oder halbe Haufen, Kühe oder Frikadellen

K.5 GRUPPENFORMEN UND RASSEN BEI TIER UND MENSCH

Tiergruppen heißen Schwarm, Rudel, Meute, Herde, Kolonie, Pulk, Rotte o. ä. Manchmal werden sie in Anlehnung an Menschengruppen benannt: Ameisenstaat, Biberfamilie, Affenclan, Mäusepopulation. Die allgemeine Klassifizierung von Lebewesen ist eine gewaltige Aufgabe in einem gewaltigen Gebiet, vom aktuellen Wissensstand immer überprüft, sodass ein abschließendes Bild von biologischen Gruppen und Untergruppen ist in voraussehbarer Zukunft nicht zu erwarten ist. Neue Erkenntnisse führen zu neuen Kriterien. Zu den engsten Einheiten des evolutionären Baums gehört die Art (Spezies). Darunter ist noch der Begriff „Unterart" gebräuchlich, dessen Abgrenzungen zur „Art" recht schwammig sein können. Als Ergebnis von Züchtung werden tiefere Abzweigungen von Unterart oft „Rassen" genannt.

Menschengruppen sind viel komplexer, hierarchisch strukturiert, überlappend verschachtelt. Individuen sind Vielfach-Mitglieder verschiedener gleichrangiger, unter- oder übergeordneter, kurz- oder langfristig bestehender Gruppen, deren generative Kriterien wiederum sehr unterschiedlich sein können. Es ist so gut wie unmöglich, Konflikte im Namen eines einheitlichen Gerechtigkeitskonzepts zu lösen, das für alle zufriedenstellenden ist. Ein solches Konzept kann es gar nicht geben.[34] Nur Näherungsformeln sind möglich, deren Effizienz mit steigendem zivilem Reifegrad grundsätzlich wächst.

Hier eine kurze, provisorische Auflistung einiger sozialer Gruppenformen beim Menschen. Uneinigkeiten in Bezug auf Definitionen und Inhalte sollten uns hier nicht aufhalten: Staat, Volk, Gang, Kartell, Ethnie, Clan, Stamm, Sippe, Familie, Ehepaar, Wohngemeinschaft, Nachbarschaft, Verein, Kollegium, geschlossene Gesellschaft, Trio, Belegschaft, Clique,

34 vgl. Kap. M.5 – Gerechtigkeit und Ethik

Seilschaft, Orchester, Regiment, Band, Bande und so weiter. Wo und wie sollte man hier die *biologischen Menschengruppen*, die *„Menschenrassen“* definieren und einordnen?

Zur genaueren Umschreibung des Begriffs „Rasse“ machen wir einen Exkurs zurück in die Tierwelt. Das Kriterium „Rasse“ wird für gewöhnlich nur für Unter-Unterarten von Zuchttieren verwendet, meist Warmblüter wie etwa Hunde, Rinder, Pferde, Schweine, Schafe, Hühner. Tierrassen sind im üblichen Sinne Ergebnisse einer vom Menschen gewollten, gerichteten Selektion. Bei freilebenden Tieren gibt es keine zielgerichtete Züchtung. Genetische Abzweigungen sind ausschließlich über die natürliche Selektion entstanden – der Begriff der Rasse wird nicht gebraucht. Bei Nutzpflanzen wird mit ähnlicher Bedeutung der Begriff „Sorten“ angewendet.

Die Geschichte des Haushunds (Canis lupus familiaris) steht beispielhaft zur Frage der Entstehung von Rassen sowie der Unterschiede zwischen Rassen. Sein Urahn, der Wolf, ein starkes, bis zu 80 kg schweres Raubtier, war wahrscheinlich auch ein Fressfeind des Menschen und würde es jetzt noch sein, wenn er nicht eine gesunde Scheu vor der Wehrhaftigkeit des Zweibeiners erlernt hätte. Rotkäppchen ist wohl keine reine Fantasiegeschichte.

Es gibt viele Vermutungen, darunter auch naiv romantische, wie es dazu kommen konnte, dass der Wolf zum besten Freund des Menschen mutieren konnte – etwa während Wölfe Nahrungsreste in der Nähe von Siedlungen und Lagerfeuern suchten. Plausibel ist vielmehr, dass der Urmensch die von ihm erbeuteten Wolfswelpen nicht sofort gegrillt, sondern für später lebendig aufbewahrt hat – eine Form der Nahrungskonservierung, ähnlich wie die Rasse der Prachtfische Koi in Japan entstanden ist. Ab und zu schaffte es der eine oder andere Welpe bis zum erwachsenen Tier, das sich als Mitglied seines neuen Rudels verstand. Wahrscheinlich verdichteten sich im Laufe der Zeit solche Vorkommnisse. Irgendwann kam es zur Geburt von Wolfswelpen in der Obhut des Menschen, was mit der Zeit zur Erkenntnis des Nutzens dieser Tiere geführt hat, zum Beispiel ihr Knurren und Kläffen, wenn sie Gefahren für ihr neues Rudel wittern. Als Fleisch- und Felllieferant oder als Überwachungswerkzeug hat die Hundekarriere des Wolfs begonnen. Heute noch werden in Teilen Asiens Hunde zum Verzehr angeboten. Eine nicht bewusst gerichtete Selektion wird von Anfang an gewirkt haben: Freundlichere und aufmerksamere Welpen hatten wohl bessere Chancen, für eine Weile ungegrillt zu bleiben. Züchtung kann man das noch nicht nennen, doch die Richtung der genetischen Veränderungen zu dem, was wir heute Haushund nennen, beginnt durchzuschimmern.

So ähnlich dürften alle Haustier-Arten entstanden sein, aus dem Status der lebenden Konserven heraus. Und, mutatis mutandis, auch die Gräser- und Gemüsesorten im Ackerbau. Freundliche Möhren und Gurken wurden von den Steinzeitköchen wohl bevorzugt in den vorher aufgekratzten Boden gepflanzt und gesät.

K.6 NATÜRLICHE SELEKTION UND GERICHTETE SELEKTION BEI TIER UND MENSCH

Auf einer Strecke von mutmaßlich fünfzehntausend Jahren oder mehr wurde aus dem Wolf der Hund. Wenn man von der Geschlechtsreife im Alter von einem Jahr ausgeht, umfasst die Zeitstrecke, in der die Evolution wirken konnte, Tausende, vielleicht Zehntausende Wolf-Hund Generationen. So kann geschätzt werden, wie viel Zeit verstreichen muss, damit die Unterart überhaupt entstehen kann. Der genotypische Abstand zwischen Wolf und Haushund ist sehr klein, ~0,2 %. Kaum zu glauben, wenn man die außerordentliche Vielfalt der phänotypischen Erscheinungsformen der Hunderassen betrachtet, vom Chihuahua über den Pudel bis zur dänischen Dogge.

Die somatischen Erscheinungsformen gehören zu den einfachsten genetisch bedingten Rassenmerkmalen. Weit komplexer sind die kognitiven Fähigkeiten und Verhaltensmuster. Sehen wir uns einige von diesen an:

- Wölfe sind schwerer zu dressieren, sie hören ungern auf das Kommando des Menschen. Hunde sind im Gegensatz dazu dankbare Dressurobjekte. Wölfe apportieren auch nicht auf Anhieb Tennisbälle oder Holzstäbe, wie die Hunde es liebend gerne tun. Das scheint sich aber bei in Obhut des Menschen geborenen Wölfen schnell zu ändern, irgendwie begreifen sie, dass ein anderes Rudelmitglied, der Mensch, das Apportieren mag. Sie entdecken, dass sie selbst Spielspaß daran haben.
- Mischlinge Wolf-Hund zeigen teilweise unerwünschte Verhaltensweisen des Wolfes: länger dauernde Abrichtungszeiten, eine gewisse Scheu dem Menschen gegenüber, sowie so etwas wie Panik, wenn sie zu Hause eingesperrt bleiben und kein Mitglied des „Rudels“ dabei ist: Sie zerkratzen und zerbeißen alles, was sich zerstören lässt – Polsterungen, Holzteile, Zeitschriften – vermutlich als Befreiungsversuch. Auch manche Hunde machen so was zum Ärger ihrer Besitzer, doch bei Wölfen scheint dieser Trieb besonders ausgeprägt.
- Züchter und Hundeliebhaber sprechen von intelligenteren, freundlicheren oder aggressiveren Rassen. Unvoreingenommene, fundierte Erklärungen, die zeigen könnten, dass solche subjektiven Bewertungen auch objektiv genetisch erklärbar wären, sind uns nicht bekannt. Statistiken, die rechnerisch vorzeigen, dass z. B. die Aggressivität bei einigen Hunderassen besonders hoch ist, berücksichtigen unseres Wissens nicht die Verhaltensweisen des Herrchens, das diese Tiere aufgezogen hat. Im Balkan war es üblich, den Welpen die Rute abzuhacken, damit sie bissig und aggressiv werden. Die Verstümmelung an sich hat natürlich nicht den geringsten Einfluss auf das Verhalten des Wachhunds, doch sie sagt sehr viel über die erzieherischen Bestrebungen des Halters aus.
- Auffällig viele Border Collies besetzen die ersten Plätze bei Hundewettbewerben wie zum Beispiel „Top Dog Germany“. Border Collies wurden schon seit Jahrhunderten gezielt gezüchtet, den Signalen der Hirten Folge zu leisten. Es darf vermutet werden, dass nicht ihre allgemeine Intelligenz höher ist als die der anderen Hunderassen, sondern ihre Fokussierung auf Signale des Menschen.

- Manche für den Menschen mutmaßlich besonders gefährliche Hunderassen, wie etwa Pitbull-Terrier, Mastiff, Rottweiler und andere sind vielerorts verboten. Das Interessante daran ist, dass die vierbeinigen Gefährder nicht weltweit einheitlich verboten wurden, sondern nur einige Rassen in jeweils anderen Ländern, infolge von blutigen Vorfällen, die dort bekannt wurden, und in „Rasselisten" vermerkt sind. Das spricht deutlich für das Ausmaß der Unkenntnis, wenn es darum geht, einer Rasse wissenschaftlich fundiert spezifische Verhaltensfähigkeiten zuzuordnen. Die Verbote wurden anscheinend erlassen, um bewusst oder unbewusst den Ängsten vorsichtiger Bürger in den betroffenen Arealen entgegenzukommen, und auch um verantwortungslosen Hundehaltern Grenzen aufzuzeigen.

Der Stand der Dinge ist, dass nach zehntausenden Generationen Trennung kein zuverlässiges Kriterium gefunden wurde, das entscheiden hilft, ob Wölfe oder Hunde schlauer sind. Ebenso wenig, ob einige Rassen aggressiver sind als andere. So viele Jahrtausende gerichteter Züchtung haben zu phänotypisch deutlichen Unterschieden geführt – *nicht jedoch in den angeborenen Fähigkeiten des zentralen Nervensystems*. Das ist auch ein Beweis für die hartnäckige Stabilität der Genome, die über viel längere Evolutionszeiträume stabil bleiben als die hier angesprochenen. Ein Vergleich zwischen Tier und Mensch wird oft als unangemessen betrachtet, weil wir als höhere Wesen über niedrigere Lebewesen erhaben sind. Das war und bleibt ein schweres Handicap beim Verstehen des Menschen und der Menschheit. Wir sind und bleiben zunächst ein Produkt der biologischen Evolution. Die geistigen Fähigkeiten eines Menschen können nicht anhand der Gesichtszüge oder Haar- und Hautfarbe bestimmt werden. Übrigens, die phänotypischen Unterschiede zwischen Menschenrassen sind unwesentlicher und viel schwächer ausgeprägt als bei Tierrassen, geistige Unterschiede sind bei objektiver und vorurteilsloser Betrachtung nicht feststellbar.

Ein eher theoretischer Einwand könnte vorgebracht werden: Wenn es absolute Identität nicht gibt, dann können auch unterschiedliche Menschenrassen geistig nicht identisch sein. Das stimmt. Die Frage ist, inwiefern die Unterschiede identifizierbar und erkennbar sind, und welche Auswirkungen sie auf die Fähigkeiten und Verhalten der Menschen haben. Ein Beispiel von Wahrnehmung von Unterschieden: Beim Sicherheitstraining für Fahranfänger wird unter anderem die optimale Beherrschung der Bremsen vorgestellt. Auf die Frage eines Teilnehmers, ob dadurch die Luftreifen nicht verschleißen, antwortet der Fahrlehrer: Keine Sorge, der Abrieb der Reifen ist *nicht messbar*.

Analog: In Bezug auf das Rassenproblem, kann eine Frage wie die des Fahranfängers beantwortet werden: *Es ist praktisch unmöglich, hypothetische Durchschnittswerte der geistigen Leistungsfähigkeit zwischen Menschenrassen zu bestimmten und zu vergleichen.* Sie fluktuieren permanent und sind immer abhängig von den eingesetzten Kriterien. Selbst wenn das irgendwann rein theoretisch möglich wäre, würden die gemessenen Unterschiede keiner Bewertung als Grundlage dienen könnten. Nur zum Scherz: Welche Frühstückseier schmecken besser, die braun- oder die weißschaligen? Egal, wie überzeugt man ein Fan von braun oder weiß ist, einen erkennbaren geschmacklichen Unterschied gibt es nicht. Es gibt mit Sicherheit Menschen, die genau zu wissen glauben, welche besser schmecken.

Nicht die Rasse generiert Rassismus, sondern andere Faktoren, die in den Begriff der Rasse projiziert wurden, von Menschen, die sich als Mitglieder einer höheren Rasse wähnen. Und auch von benachteiligten Menschen, die die Ursachen ihrer Benachteiligung ausschließlich im Rassismus der anderen sehen.

K.7 MENSCHENRASSEN UND RASSISMUS

François-Marie Arouet (Voltaire), 1755: „*Die Rasse der Neger ist eine von der unsrigen völlig verschiedene Menschenart, wie die der Spaniels sich von der der Windhunde unterscheidet … Man kann sagen, dass ihre Intelligenz nicht einfach anders geartet ist als die unsrige, sie ist ihr weit unterlegen.*“

Der Rassismus wurde in den letzten Jahrzehnten oft und laut nicht nur als menschlich inakzeptabel, sondern auch als schlichtweg falsch hingestellt. Dennoch bleibt er in den Köpfen vieler Menschen verwurzelt. Warum?

Ein menschenverachtender Rassist in heutigem Sinne war Voltaire wohl nicht, aber alles, was er über Schwarzafrikaner damals wusste, konnte für ihn und für die geschulten Europäer nur als Beweis für die intellektuelle Überlegenheit der weißen Rasse sprechen. Aus allem, was die Europäer in den letzten drei-vier Jahrhunderten wahrnehmen konnten, hatte sich die Überzeugung durchgesetzt, dass dunkelhäutige Afrikaner geistig weniger fähig wären. Noch in den 1960er-Jahren war in einer Australien-Reportage zu lesen, dass die Intelligenz eines erwachsenen Ureinwohners der eines zwölfjährigen Europäers entspricht. Erfahrungswerte stellten eine gewisse Korrespondenz zwischen Hautfarbe und geschätzter Intelligenz fest. Die Indizien einer niedrigen zivilen Reife und den davon bedingten Verhaltensweisen waren oft nicht zu übersehen.

Wie schwierig es auch in unserer Zeit ist, Argumente gegen Rassismus einzubringen, die tiefer gehen als die üblichen plakativen, ethischen und emotionalen Statements, zeigt die Aussage eines ansonsten anständigen und zivilisieren Europäers in einer Gesprächsrunde in den 1970er-Jahren:

> *„Ja, es stimmt, die Weißen haben massenhaft Schwarze aus Afrika nach Amerika gekarrt und versklavt. Das ist und bleibt eine Schande. Dennoch: Warum sind nicht die Schwarzen auf ihren Schiffen nach Europa gekommen, um die Weißen zu versklaven und auf Plantagen einzusetzen?“*

Diese überraschende Frage sollte durchleuchtet werden, um die objektiven Ursachen des Rassismus besser zu verstehen. Sie zeigt, wie dürftig solche Themen angegangen wurden. Weitestgehend werden in unserer aufgeklärten Gesellschaft einfache moralische Überzeugungen als Argumente eingesetzt. Mehr noch, ihre Überfrachtung und ihr Missbrauch als soziale Waffen spalten die Gesellschaften und lassen den Rassismus weiter lodern.

Objektiv feststellbare Rassenunterschiede sind das eine, etwas ganz anderes ist der Rassismus, die Platzierung der Menschen auf genetisch, abstammungsbedingt höhere und tiefere Stufen, mit allen dadurch entstehenden Konsequenzen.

Dabei liegt der Kern des Problems woanders: *Die mit Abstand wichtigste Ursache des Rassismus ist die* ***Ausprägung der zivilen Reife****, die Tatsache, dass sich verschiedene Menschengruppen auf Zivilisationsstufen unterschiedlicher Höhe befinden.*[35]

- Kaum jemand wird behaupten, dass bei einer einheitlichen Bevölkerungsgruppe die Untergruppe der Akademiker einer höheren Rasse angehört als die Untergruppe der Nichtausgebildeten. Was sie unterscheidet, ist in diesem Fall hauptsächlich das Bildungsniveau, ein Kriterium, das biologisch und auch phänotypisch nicht feststellbar ist. Vor zwei-dreihundert Jahren dachte man anders. In der romantischen Literatur tauchen immer wieder Beschreibungen der „feinen Gesichtszüge" und des „majestätischen Gangs" eines positiven Helden auf, die unverwechselbar auf seine edle Herkunft deuteten, obwohl er vom Schicksal gezwungen in ärmlichen Verhältnissen aufgewachsen ist.
- Wenn aber die Gruppe der Bildungsfernen und sozial Benachteiligten sich auffällig durch zum Beispiel dunkle Hautfarbe von anderen abgrenzt, dann liegt für den Unwissenden die Erklärung auf der Hand: Die Gruppe der Dunkelhäutigen ist eine niedrigere Rasse.
- Vor einigen Jahrzehnten dachten die meisten Forscher in den USA noch (und nicht nur dort), dass bei den Afroamerikanern eine angeborene kognitive Schwäche bewiesen sei, weil ihre durchschnittlichen IQ-Tests niedriger ausfallen als bei weißen Probanden. Mindestens zwei Feststellungen bedeuten, wie inkonsistent dieser Schluss ist: Es konnte gezeigt werden – besonders auffällig beim Vergleich von eineiigen Zwillingen, die in stark unterschiedlichem kulturellen Umfeld aufgewach-

35 vgl. Kap. L.3 – Zivile Reife

sen sind – dass die sozial bedingt schwächere schulische Ausbildung und das bescheidenere Bildungsumfeld der Afroamerikaner ihren IQ erheblich beeinflussen – dafür könnte die Epigenetik[36] die Erklärungen liefern. James Flynn (geb. 1934) hat festgestellt, dass weltweit jüngere Generationen besser bei den IQ Tests abschneiden als die vorhergehenden im gleichen Alter. Der Grund dafür kann genetisch nicht sein, er ist kulturell. Konkrete Realitätsbilder werden bei jüngeren Menschen zunehmend durch Abstraktes ersetzt – das begünstigt die kognitive Effektivität bei neueren Problemstellungen.

- Darauf angesprochen, dass in den USA Afroamerikaner auch als hochkarätige Anwälte, Ärzte und andere Fachspezialisten erfolgreich aktiv waren, hatte die Rassen-Ideologie der Nazis eine Antwort: „Die sind dressiert".

Sehen wir uns etwas näher Sinn und Unsinn der Begriffe „Rasse" und „Rassismus" an.

- *Erste Anmerkung*: Anders als beim Hund oder bei allen anderen Haustieren, war Homo sapiens nicht einer gerichteten Selektion ausgesetzt. Der Mensch war nie ein Zuchtobjekt, das irgendwelche höhere oder sonst wie spezielle Eigenschaften zutage bringen sollte. Alle Menschen waren der natürlichen Selektion ausgesetzt, sie mussten Nahrung, Unterschlupf und das Überleben der Kinder sichern, unter Palmen, Eichen, Tannen oder Schneewehen.
- *Zweite Anmerkung*: Man könnte einwenden, dass ab einem bestimmten Entwicklungsgrad menschlicher Gesellschaften die Herausforderungen der Umwelt komplexer waren, (Technik, Wissenschaft etc.), und auf diesem Weg eine unbeabsichtigt gerichtete Selektion einleiteten, mutmaßlich weil die klügeren und besser geschulten Individuen und Gruppen höher in der Rangordnung stehen und bessere Fortpflanzungschancen

36 vgl. Kap. O.5 – Epigenetik – Pfade von den Genen zu den Verhaltensmustern

haben. Nach dieser Logik sollten die Industrienationen genetisch bedingt schlauere Menschen hervorbringen als die Nationen der Dritten Welt. Stimmt das?

Nein, das kann nicht stimmen, denn: Im Gleichschritt mit dem Erreichen eines solchen Entwicklungsstadiums schwand in den Industrienationen beim Homo sapiens die Macht der natürlichen Selektion bis zur heute feststellbaren praktisch vollständigen Wirkungslosigkeit. Die schlaueren, besser geschulten und informierten modernen Menschen haben keine evolutionären Vorteile in der Fortpflanzung. Sie könnten sie materiell haben, doch sie nehmen sie nicht wahr. Das Gegenteil trifft zu. Einfach ausgedrückt: Je begabter, motivierter und/oder besser geschult ein junges Mitglied der Gesellschaft ist, desto mehr möchte es sich erst einmal die Karriere sichern. Plärrende Blagen stören ja nur, außerdem nagen sie auch noch fleißig am Wohlstand der Eltern und hindern sie am Ausleben des überreichen Freizeit- und Unterhaltungsangebots. Kinderwünsche werden in Gesellschaften mit hoher ziviler Reife hintangestellt.

Der Start und das Ausscheren einiger Völker im letzten Jahrtausend in Richtung einer schnelleren und dann industriellen Entwicklung ist ein Prozess, der unmerklich anfängt, allmählich an Fahrt gewinnt und ab einem bestimmten Zeitpunkt feuerwerksartig aufdreht. Dieses Auseinanderdriften der Entwicklungsstränge von Kulturen dauerte vielleicht zehn, zwanzig oder fünfzig Generationen – die Zahl hängt von der Auffassung des Betrachters ab. Die Zeitspanne ist viel zu kurz, um eine „höhere“ Menschenrasse entstehen zu lassen.

- *Dritte Anmerkung*: Änderungen in der Umwelt zwingen die Spezies zu reagieren, sich zu ändern, zu Unterarten oder neuen Arten zu entwickeln – oder zu verschwinden. Beim Menschen ist dieser Zwang deutlich geringer, weil sein hochpotentes Gehirn Lösungen findet, ohne gleich das Genom zu Anpassungen zu zwingen. Ist er zu langsam, um die Beute zu fangen? Dann bastelt er einen Wurfspeer. Ist es zu kalt? Dann häutet er die Beute und bedeckt sich mit dem Fell; und er erfindet

das Feuer. Lebt er an einem Ort mit starken Unterschieden zwischen Sommer und Winter? Dann legt er sich Vorräte an, usw.
Diese Eigenschaft des menschlichen Gehirns ist seine enorme Redundanz.[37] Das Gehirn eines jeden Lebewesens ist redundant, allerdings nicht annähernd so umfassend wie das des Menschen.

Rassenzugehörigkeit hat keine scharfen Grenzen, der Menschenteppich ist biologisch gesehen ein Kontinuum. Nicht sinnlos sind anthropometrische und phänotypische Kriterien in der Systematik der Menschenrassen. Ohne sie wäre eine vernünftige Erfassung der bald acht Milliarden Menschen schwieriger als sie ohnehin ist. Solche Kriterien werden für die Identifizierung in Archäologie und Kriminalistik gebraucht. Die Arbeit der Behörden in den USA wäre ohne Erkennungsmerkmale wie „weiß", „farbig", „asiatisch" oder „Latino" spürbar gehindert. Aber auch in Humangenetik, Medizin, Ernährungswissenschaft, Paläoanthropologie u. a. m. sind solche Kriterien notwendig. Zum Beispiel: UV-Schutzcremes sind für dunkelhäutige Bewohner in Äquatorialafrika nicht nötig, Schwarzafrikaner leiden öfter an Bluthochdruck und seltener an Zahnkaries, Laktoseintoleranz ist in Asien weit verbreitet, Milch wird entsprechend weniger getrunken. Rosahäutige Europäer, die oft und gerne Urlaub unter tropischer Sonne gemacht haben, sind besonders anfällig für Hautkrebs, weswegen Australier regelmäßig vom Dermatologen kontrolliert werden müssen usw. Solche Unterschiede und deren genetische Ursachen müssen beachtet werden.

Gut gemeinte polit-erzieherische Vorschläge auf der skandinavischen Halbinsel, das Wort „Rasse" in Verbindung mit Menschen wegen seiner Entartung zu „Rassismus" aus der Sprache zu verbannen, sind Teil einer ideologischen Strömung, die in Frankreich das „R-Wort" aus der Verfassung verschwinden ließ. In Deutschland verkündete 2019 die Zoologische

37 vgl. Kap. O.3 – Die Macht der Redundanz

Gesellschaft in der „Jenaer Erklärung", dass „Das Konzept der Rasse das Ergebnis von Rassismus ist und nicht dessen Voraussetzung"[38]. Eher ein Wortspiel als eine wissenschaftliche These – denn es gibt wirklich Rassenunterschiede, die spätestens von Ärzten beachtet werden müssen. Der Angriff auf das Wort „Rasse" wurde allmählich zum Kampfsymbol hochgepeitscht, eine Übersteuerung, die den sachlichen, wertfreien Begriff nicht mehr wahrnimmt. Es wäre besser, das Wort nicht emotional gesteuert in den gleichen Topf zu werfen mit bewussten Beleidigungen wie „Neger", „Kanake", „Boche", „Maccaronari", „Schlitzauge", „Hohol" und viele andere, die nicht unbedingt Ausdruck von Rassismus sind. Solche Umgangsformen kennzeichnen die unterentwickelte zivile Reife mancher sozialen und ethnisch-kulturellen Gruppen, die sich ihrer bedienen.

K.7.1 DISKRIMINIERUNG – DAS ALTER-EGO DES RASSISMUS

Von Rassismus in der Zeit vor ein- oder zweitausend Jahren zu sprechen, ist nicht sinnvoll. Das Wort „Rasse" hatte nicht die heutige Bedeutung, es definierte manchmal die Zugehörigkeit zu einer gesellschaftlichen Gruppe – im Mittelalter etwa war die „Rasse" der Bauern oder der Ritter gemeint. Heute noch zeigt der Ausdruck „rassige Frau" die Bewunderung des Betrachters, wobei dieses Kompliment unabhängig von der sichtbaren ethnischen Abstammung gemeint ist.

Durch die großen geographischen Enddeckungen vermehrten sich die Kontakte zwischen verschiedenen Rassen. Es war damals in der „weißen" Welt zunächst selbstverständlich, dass die „Wilden" geistig auf niedrigeren Stufen stehen. Humanisten und Missionare bemühten sich, zumindest vor Gott diesen Menschen den gleichen Stellenwert zu bieten wie den Weißen. Die Auseinandersetzungen in dieser Frage gipfelten im amerikanischen Sezessionskrieg 1865. Diese waren weltweit starke Signale zur endgültigen

38 Frankfurter Allgemeine Zeitung, 27.09.021

Abschaffung der Sklaverei. Doch damit vertiefte sich auch die Suche nach der Wertigkeit der humanen Rassen, der Rassismus als Ideologie bekam seine moderne, profilierte und argumentierte Gestalt.

Rassistische Überzeugungen waren noch vor hundert Jahren in Europa und Amerika vermutlich eine mehrheitliche Mentalität. Ein Höhepunkt war die Nazi-Ideologie in den 1930er Jahren. In der Zeit danach ist rassistisches Gedankengut deutlich zurückgegangen, auch in weniger bildungsnahen Kreisen. 1964 wurde in den USA die Rassentrennung endgültig aufgehoben, und 1990 in Südafrika die Apartheid abgeschafft. Heute ist die Mehrheit der Weißen nicht rassistisch. Dennoch, die Problematik des Rassismus beschäftigt die Gesellschaft massiv, leider nicht ohne Grund. Was ist passiert?

Die Antwort ist nicht ganz einfach, die Biologie kann keine stichhaltigen Antworten liefern. Die Komplexität des Themas führt dazu, dass sich der gut gemeinte Antirassismus auf vorwiegend moralische Aussagen stützen muss. Diese sind zwar richtig, aber wegen ihrer Vereinfachungen lassen sie für Zweifler ein Hintertürchen offen: Vielleicht sind Menschenrassen doch nicht ganz gleichwertig? Gerne wird die Sonderstellung des Menschen mit Bewusstsein und Gewissen als Krone der Schöpfung im Tierreich hervorgehoben. Daraus holen sich die rosabebrillten Antirassisten ihre Argumente: Menschenrassen sind alle gleich, wir sind doch keine Tiere! Solche Vereinfachungen machen es wiederum den Rassisten leicht, ihre Überzeugungen kundzugeben. Naiv-spirituelle Gesinnungen können schaden, wie alles gut Gemeinte – um von den aggressiven Aktivisten des Guten erst gar nicht zu sprechen, deren Vorstöße oft stören oder gar Unheil anrichten.

Die heutigen Gesellschaften sind aus einigem Abstand betrachtet auf dem Weg zur Angleichung der zivilen Reife ihrer Bevölkerungsgruppen unterschiedlicher ethnischer Herkunft. Angekommen sind sie noch nicht. Der Weg ist noch weit und von Rückschlägen behindert. Genannt seien die massenhaften Plünderungen und Einbrüche in Ausnahmesituationen, etwa beim Stromausfall im Nord-Westen der USA gegen Ende des 20. Jahrhunderts, oder 2020 im Zuge der Protestdemos „Black Live Matter", tödliche Gewaltausbrüche während der Überschwemmungen und Zerstörungen nach dem Katrina-Tornado 2005 in New Orleans, wie auch die hemmungslosen Randale im Juni 2021 in Südafrika oder die grausame Zersetzung der Gesellschaftsordnung nach den Naturkatastrophen in Haiti. Antirassisten mit besten Absichten geben sich die Mühe, solche Vorfälle möglichst gedämpft zu halten, weil die Hauptakteure der asozialen Taten Schwarze waren, doch Beschwichtigungen bringen Lösungen nicht näher.

Was muss getan werden, um den zivilen Reifeprozess zu fördern? Bei der Darstellung solchen Geschehens sollte der Objektivität der Vorrang gelassen werden. Die undifferenziert verstandene Political Correctness – besonders ihre radikale Schwester, die Cancel Culture – machen es schwer, die Rassen- und Diskriminierungsproblematik vernünftig zu handhaben, weil die Verlautbarungen offizieller Stellen zu oft mehr Werbung als argumentierte Überzeugungsarbeit sind. Antirassismus mit dem medialen Rammbock verfehlt sein Ziel.

Um Missverständnissen vorzubeugen: Sowohl „Political Correctness" als auch „Multi-Kulti" sind historisch gesehen organisch und notwendig als Ziele der zivilen Reife entstanden. Für die Naiveren jedoch sind es geistige Heiligtümer; Fehlentscheidungen erwachsen aus ihren bedenkenlosen, pauschal ideologisch motivierten Einsätzen. Die Auswirkungen der großen Unterschiede zwischen Menschengruppen auf der Ebene der zivilen Reife generieren den Rassismus.

Nicht der Rassismus an sich ist primär die Ursache von Spannungen und sozialen Verwerfungen, zumal er immer weniger argumentierte Unterstützung finden kann, sondern die Diskriminierung aufgrund der Rassenzugehörigkeit. Sie generiert und verschärft Ungleichheiten.

Bei getrennten Territorien oder strikter gesellschaftlicher Trennung – etwa zwischen weißen Farmerfamilien und Sklavenvolk in amerikanischen Baumwollplantagen, oder zwischen Kolonialverwaltung und den Einheimischen in Afrika und im pazifischen Raum – bleibt der Rassismus mehr oder weniger eine Auffassung, mit der man einverstanden sein konnte oder nicht (Beispiel Voltaire). Erst beim Ineinanderfließen der Gruppen und der Verkündung der Gleichberechtigung für alle Gruppen entwickelt sich der Rassismus akut zum Gewissensproblem, zu dem, was wir heute darunter verstehen.

Die Verflechtung von Gruppen und Rassen steigert sich in unserer Zeit zunehmend, auch infolge des steigenden Migrationsdrucks. Diskriminierung war und ist ein schwerwiegendes Problem bei Kontakten oder Durchdringungen von Menschgruppen. Schwelende und manchmal auflodernde Konflikte sind immer noch an der Tagesordnung. Unter dem Rassismus-Vorwurf, den die Betroffenen erheben, wird oft die Empörung über reale oder empfundene Diskriminierung der eigenen Gruppe zum Ausdruck gebracht.

Das Thema ist in Ländern akut, in denen es spürbare Unterschiede in der zivilen Reife der Bevölkerungsgruppen gibt, besonders wenn die Rassenunterschiede offensichtlich sind. In solchen Ländern besuchen deutlich weniger Afroamerikaner oder Roma- und Sinti-Angehörige im Vergleich zu den Weißen höhere Schulen. Den Rassismus allein für diese Tatsache verantwortlich zu machen, wäre zu kurz gedacht: Es ist hinreichend bekannt ist, dass deutlich weniger weiße Arbeiterkinder Hochschuldiplome anstreben im Vergleich zu ebenso weißen Akademikerkindern. Ist das eine Form von Rassismus? Der in Berlin lebende Autor Houssam Hamade schlägt für diesen Fall den Begriff „Klassismus“ vor.

In Ländern wie Kuba, teilweise in Lateinamerika, wo Diskriminierungen aufgrund der Rassenzugehörigkeit weniger ausgeprägt sind, scheint Rassismus auch entsprechend weniger akut zu sein, zumindest im Vergleich mit den USA oder dem Vorkriegs-Europa. In Ländern mit besser angeglichener ziviler Reife gibt es auch weniger Diskriminierung.

Verschwindend gering sind rassistische Vorfälle in Ländern, in denen konsequent gegen Diskriminierung vorgegangen wird, zum Beispiel in Singapur.[39] Eine adäquate Gesetzgebung sowie Schule und Bildung sind effiziente Stellschrauben für die Minderung der Unterschiede und damit der Diskriminierung. So verliert der Rassismus seinen Nährboden.

Andererseits sollte nicht ausgeklammert werden, dass nicht nur Rasse, Religion oder Kaste Referenzmotive für Diskriminierung sind, sondern jedes Unterscheidungsmerkmal dazu führen kann – Geschlecht, sexuelle Orientierung, Behinderungen, Outfit, Haarschnitt, das verfügbare Taschengeld, Wohnort oder Glaubensgemeinschaft. Bevor wir uns über die Unvernunft der Menschengruppen ärgern, denken wir daran, dass nicht homo sapiens die Gruppenidentität und das dazugehörige Gruppenverhalten mit den Konsequenzen Abgrenzung und Diskriminierung[40] erfunden hat. Es ist ein Erbe unserer tierischen Urahnen.

K.7.2 ANTISEMITISMUS – VERTAUSCHTE PERSPEKTIVEN

Wieder anders ist der viel ältere *Antisemitismus* zu betrachten. Seit Jahrhunderten gab und gibt es immer noch in der christlich-moslemischen Welt ein verbreitetes Misstrauen den Juden gegenüber. Es waren vermutlich die uralten religiös motiviert auferlegten Verbote – z. B. Grundstücke zu besitzen, oder bestimmte Handwerke auszuüben – welche die Juden mehr oder weniger zwangen, sich die Existenz durch Aktivitäten zu sichern, die vor Jahrhunderten als unmoralisch angesehen oder zumindest ihnen nicht verwehrt waren, sich aber mit der Zeit als wirtschaftlich und sozial förderlich erwiesen haben – etwa im Finanzwesen, Handel, Medizin u. a. m., was mit der Zeit zu mehr Reichtum und Macht der jüdischen Gemeinden führte. Mit den Einschränkungen, die den Juden auferlegt wur-

---

39 vgl. Kap. L.3.1 – Wege zur Angleichung der zivilen Reife

40 vgl. Kap. K.2 – Rangordnung und Gruppendistanz

de, hat die dogmatische religiöse Moral ein Eigentor geschossen, könnte man sagen.

Im Grunde genommen fühlt sich der Antisemit vom wirtschaftlich zunehmend erstarkenden Teilen des Judentums bedroht. Er glaubt, die Identität und die gewünschte Vormachtstellung seiner Gruppe verteidigen zu müssen. Antisemitismus ist nicht Rassismus, sondern eine aggressive Form von Verdacht auf Ranghöhenverlust der eigenen Gruppe, verflochten mit religiösen Sichtweisen. Einige Untersuchungen zeigen bei den aus Osteuropa eingewanderten Juden einen deutlich höheren IQ-Wert als der des durchschnittlichen Europäers. Rassismus mit umgekehrten Vorzeichen? Die so gestellte Frage ist gegenstandslos, weil europäische Juden keine Rasse sind, sondern eine Glaubensgemeinschaft, die unter Umständen Züge einer Ethnie erkennen lässt. Die Förderungsbestrebungen für die Zukunft der eigenen Kinder sind, wie auch in vielen asiatischen Familien, überdurchschnittlich hoch – hier sind die Wurzeln des sozialen Erfolgs und sogar der erhöhten IQ-Werte zu suchen, nicht in der Rasse.

Noch vor ein-zwei Jahrhunderten bekannten sich geistige Größen europäischer und amerikanischer Kultur offen und überzeugt zu ihrer Judenfeindlichkeit. Heute, im dritten Jahrtausend, ist der Antisemitismus zumindest in den bildungsnahen Schichten weitgehend zurückgegangen. Ganz allgemein ist der Antisemitismus in Gemeinschaften mit niedriger ziviler Reife stärker ausgeprägt.

Ein Gruppenbild der Gewinner einer internationalen Mathematik-Olympiade, das Team USA, zeigt ausschließlich Jugendliche mit unübersehbar asiatischer Herkunft. Zufall? Oder sind die Asiaten eine intelligentere Rasse? Die Antwort gab in den 1990er Jahren eine Umfrage in den USA: Schüler asiatischer Herkunft beschäftigen sich mit Lernaufgaben am schulfreien Samstag durchschnittlich rund zwei Stunden, ihre nicht-asiatischen Kollegen etwa zwanzig Minuten. Diese Umfrage war vermutlich nicht astrein repräsentativ, doch die Tendenz ist unverkennbar und stimmt mit anderen Erkenntnissen überein. Sie könnte auch für jüdische Familien ähnliche Ergebnisse liefern. „Als Jude wirst du es im Leben schwerer haben als andere. Du musst besser sein als andere!“ soll eine Mutter ihrem Kind gesagt haben. Aus etwas anderen Ursachen sind die Kinder mancher ostasiatischen Gruppen in der Regel überdurchschnittlich fleißig und diszipliniert. Dreitausend Jahre staatliche Kontrolle in China, vornehmlich über Beamtentum, haben sicherlich dazu beigetragen.

L. ZIVILE REIFE

L.1 URFORMEN DES ALTRUISMUS

Feuerameisen werden manchmal von Überschwemmungen heimgesucht. Sie verkrallen sich aneinander und bilden ein lebendes Floß, das irgendwann an ein Ufer stößt, wo die Tierchen sich voneinander trennen und an Land wandern. Die im Unterboden des Floßes befindlichen Ameisen können etwa 24 Stunden ohne Atmung überleben. Wenn sie Luft holen müssen, tauschen sie den Platz mit höher liegenden Ameisen. Sind die im Kellergeschoss verkrallten Ameisen Helden? Nein, sie haben aufgrund ihrer Instinkte gehandelt, wie programmierte Mechanismen. Ihr Nervensystem ermöglicht keine emotionalen Risikoeinschätzungen. Sie haben keine Angst oder Besorgnis verspürt, sie haben nicht zwischen Ja und Nein erwägt, sie haben einfach funktioniert.

Oft werden Spinnenmännchen sofort nach der Befruchtung des Weibchens von diesem gefressen. Eine weise Vorkehrung der Evolution, denn Mama braucht Energie für die Kleinen. Mehr noch: Bei einer Spinnenart krümmt das Männchen noch auf dem Rücken des Weibchens seinen Hinterleib nach vorne und bietet sich regelrecht zum Fraß an. Dass es sich für seine Nachkommen „aufopfert", wäre eine sinnlose Unterstellung. Wie gesagt; das männliche Insekt funktioniert, mehr nicht.

Bei höheren Lebewesen zeichnen sich angesichts der Gefahr Verhaltenskonflikte ab. Sie sind manchmal sichtlich hin und hergerissen zwischen Angst und Hilfsbereitschaft. Wenige Meter von der Stelle, an der ein Leopard ein Kitz erwischt hat und es tötet und frisst, bleibt die Antilopenmama stehen und muss dem Geschehen ohnmächtig zusehen. Wenn es nicht um ihr Kitz geht, läuft sie einfach weiter, in eine sichere Entfernung. Jetzt aber kann sie weder eingreifen noch weglaufen. Sie leidet.

Wolfseltern kümmern sich liebevoll um ihre Welpen, wie alle Säugetiere. Wenn sich aber der Mensch dem Bau nähert, verschwinden die Alten im Wald und überlassen die Welpen zeitweilig ihrem Schicksal. Das hat die Evolution so eingerichtet – besser es sterben nur Welpen, nicht Mama und Welpen. Auch die Wolfsmama gehorcht ihren Instinkten, doch sie spürt sicherlich den Stress der Entscheidung. Das glauben wir, weil sie in anderen Situationen die Welpen nicht verlässt. und auch weil wir von ihren engen Verwandten, den Hunden, erfahren haben, dass sie wirklich Angst um sie hat und leidet.

Das Forscherteam eines Ethologie-Instituts will über statistisch solide Experimente herausgefunden haben, dass der Hund nicht der beste Freund des Menschen ist. Er tut nur so. Alle Versuche, den Hund zu Dankbarkeit zu bewegen blieben ergebnislos.[41] Offenbar hat diese Studie nicht beachtet, dass Dankbarkeit nur in hoch entwickelten Gehirnen entstehen kann. Jeder Wildhüter oder Förster weiß, dass er nach der Rettung eines in Not geratenen, kräftigen Tieres schleunigst in Deckung gehen muss, sonst wird er vom „undankbaren" Tier verletzt oder gar getötet. Beim Hund oder auch bei Schimpansen solche Gefühlsregungen entdecken zu wollen beruht möglicherweise auf eine Verwechslung mit anderen Herden- und Gruppeninstinkten. Andere, arteigene Eigenschaften machen den Hund zum besten Freund des Menschen, nicht eine strukturell unerreichbare „Dankbarkeit".

L.2 DER MENSCHENTEPPICH

Sehen wir uns die Massenbewegung von Rinderherden an, getrieben von Cowboys in Nordamerika, von Gauchos in Südamerika und von Kosaken in der südrussischen Steppe. Sie ähneln dem Bewegungsbild von Büffel- und Zebra-Herden in Afrika: Stärkere Tiere gehen eher vorne und an den Seiten, Kühe mit Kälbern in der Mitte, kranke und alte Tiere bleiben eher hinten. Groß sind die Unterschiede zwischen Herdenbildern auf verschiedenen Kontinenten und zu verschiedenen Zeiten nicht. Die Bewegungs-

41 Süddeutsche Zeitung, 17. Juli 2021

bilder haben sich offensichtlich als Reaktion auf die Nähe von Raubtierrudeln gebildet.

Ähnliches gilt für jede andere soziale Gemeinschaft von Tieren. Tiere der gleichen Art rotten sich zu ähnlichen Gruppenbildern zusammen. Wolfsrudel agieren auf allen Kontinenten ähnlich, ebenso alle Mangusten-Horden, Affenklans, Erdmännchen-Familien, Heuschreckenschwärme oder Kranich-Züge. Auch bei unseren Urahnen, den Steinzeitmenschen, waren Gruppenbilder vermutlich identifizierbar – denken wir dabei weniger an Massenbewegungen von Individuen, sondern eher an Bilder ihrer Siedlungen, Behausungen, Feuerstellen, Nahrungssuche, Jagdzüge, Riten usw. Menschliche kollektive Erscheinungsbilder waren viel variabler als das Umfeld der Tiergemeinschaften – doch sie dürften überall in der Welt Gemeinsamkeiten haben. Spielfilme mit Steinzeit-Menschen lassen sich gerne von den Bildern des Alltags von heutigen Naturvölkern inspirieren.

Die Erscheinungsbilder von Menschengruppen und deren Siedlungen sollten sich mit dem Beginn der Zivilisation radikal wandeln, in einem Tempo, das sich keinesfalls auf die biologische Evolution zurückführen lässt. Die Veränderungen können wir uns vor Augen führen: in der Steinzeit erst einfache Behausungen für kleine Gruppen, dann Steinmauern, danach Gebäude mit Stockwerken, in Ortschaften von immer mehr Menschen bewohnt, Handelskarawanen, Flotten, die Ozeane überqueren und neue Völker und Länder entdecken, Industriestätten mit rauchenden Schloten, riesige Städte mit Slums und Edelvierteln und so weiter – ein gigantischer Menschenteppich, der sich wie ein Schleimpilz auf der Erdoberfläche ausgebreitet hat.

Werfen wir einen Blick auf den heutigen globalen Menschenteppich. Beleuchten wir kurz einige seiner Stellen, um eine ungefähre Vorstellung von seinem Ausmaß zu bekommen. Das Bild, das er uns bietet, ist alles andere als einheitlich, es zeigt glitzernde Wohlstandsinseln, Armutsräume und auch alles andere dazwischen. Der weitaus größte Teil der Menschen befindet sich in Kontakt mit der modernen Zivilisation, allerdings in sehr unterschiedlichen Formen und Intensitäten. Auf dem Menschenteppich ist Platz für alles Gute und alles Böse dieser Welt – und beides befindet sich überall, in den tiefsten und auch in den höchsten Stufen der Zivilisation.

- Es gibt immer noch Völker in den tropischen Wäldern, die kaum oder gar nicht Kontakt mit der modernen Zivilisation haben. Der Abstand zum Rest der Menschheit ist groß, sodass mancherorts die Behörden strenge Verhaltensregeln für Besucher aufgestellt haben, um die Mitglieder solcher Völker vor brutalen, zerstörerischen Einflüssen zu schützen – Krankheiten, Feuerwaffen, Alkohol u. a. m. Es darf bezweifelt werden, ob Reservate – wie etwa die für vom Aussterben bedrohte Tiere – für Naturvölker die richtige Aufnahmeform in die weltweite Menschengemeinschaft sind. Zehntausende Jahre Zivilisationsunterschied können nicht einfach mit guten Absichten überkittet werden. Unsere schönen moralischen Überzeugungen sind vernünftig betrachtet zu beschränkt und realitätsfern. Gewalt, Drogen und asoziales Verhalten gibt es in allen Gemeinschaften, doch nicht mit gleicher Ausprägung wie z. B. bei den Inuit, den Indios oder in Ozeanien und bei vielen anderen Urvölkern, die gewollt oder ungewollt vielleicht zu schnell in die Zivilisation gezerrt wurden. Das erklärt auch die Ratlosigkeit der Regierungen; was immer mit wirklich guten Absichten entschieden oder auch nur vorgeschlagen wurde, um Naturmenschen als Menschen zu behandeln, ohne Gewalt anzuwenden, hat sich oft als unbedacht erwiesen.
- In Südamerika vergewaltigten Indios ein Mädchen bis zum Tode, weil es versehentlich in eine Hütte geguckt hatte, wo ein für Frauen verbotenes Ritual stattgefunden hat. Die Vergewaltiger fühlten sich im Recht.
- In Papua-Neuguinea folterten Dorfbewohner eine Frau tagelang, weil sie glaubten, sie hätte durch Zauberei andere Bewohner erkranken lassen. Die Folterer fühlten sich im Recht.
- In Indien vergewaltigten mehrere Dorfbewohner eine junge Frau, weil ihr Bruder ein unsittliches Verhältnis mit einer Frau aus einer höheren

Kaste hatte. Zum Vorfall befragt, antwortete der demokratisch gewählte Gouverneur der Provinz entgegenkommend: „Nicht jede Vergewaltigung ist gerechtfertigt". Als westlich geprägter Beobachter bleibt man bei dieser Antwort sprachlos.

- In weiten Teilen der sogenannten Dritten Welt sind die Gesetze und die Autorität des Staates zweitrangig. Die Bewohner gehorchen dem Stammesfürsten oder Clanoberhaupt oder dem „Warlord". Im Zweifelsfall verzichten sie ohne zu zögern auf ihre Pflichten als Staatsbürger. Oder sie kennen so etwas gar nicht.

Die technologischen und zivilen Fortschritte sind in den Entwicklungsländern vielerorts unübersehbar, doch bis zur Annäherung an die Industrienationen ist noch ein gutes Stück Weg zu begehen. Die Gemeinschaft der Völker bewegt sich nicht gleichmäßig vorwärts, wie auch innerhalb eines Volkes gibt es eine schneller vorangehende Speerspitze sowie ein zäh verweilendes Ende. Die vorderste Front der Wissenschaft und der technologischen Neuerungen bewegt sich fast ausschließlich in den Tätigkeitsfeldern der Eliten, überwiegend in den Industrienationen, nicht zuletzt als Auswirkung des „Brain Drain", der Abwanderung von beruflichen Talenten aus der restlichen Welt. Genannt seien hier einige Bereiche, die den Anschluss zur transhumanen Intelligenz Wirklichkeit werden lassen: Informationstechnik, künstliche Intelligenz, Material- und Energieforschung u. a. m.

Am untersten Ende des Menschenreservoirs aller Völker, auch in den Industrienationen, finden wir den lynchenden Mob, die Pogrom-Teilnehmer oder die zivil Unreifen, die aus legitimen Demos heraus oder unter ähnlichen Deckmänteln Orgien von Zerstörung und Plünderung entfachen. Und nicht zuletzt die Hooligans, deren Schlachtzüge so gut wie nichts mehr mit der Begeisterung für den einen oder anderen Fußballverein zu tun haben, und auch die ethnisch, politisch oder rassistisch Intoleranten, die beleidigen, verletzen oder diskriminieren, ohne wirklich zu verstehen, was sie tun und was ihnen auch widerfahren könnte.

Dabei kommen Verhaltensweisen zum Ausdruck, die – ob man's mag oder nicht – evolutionär entstanden sind und in ihrer originären Geschichte ihre Erklärungen haben: ausufernder Racheinstinkt und das Erhaschen kurzsichtiger Vorteile, anhaltender Frust über Benachteiligungen und vieles andere mehr.

Es gibt nichts, was nicht über evolutionär entstandene Mechanismen ausgelöst worden wäre. Auch die abscheulichsten Morde gehören dazu. Evolution kennt kein Gut und Böse. Darüber müssen wir selber entscheiden und wachen. Wie kann der Übergang eines dermaßen ungleichmäßig entwickelten Menschenteppichs zur transhumanen Intelligenz gestaltet werden, ohne bedrohliche Konflikte für die Menschengemeinschaft heraufzubeschwören? Blauäugige Beruhigungsmittel der Kategorie „wir schaffen das" sind zu wenig. Wir müssten die Natur des Menschen unvoreingenommen analysieren und erkennen. Leichter gesagt als getan, es ist sehr kompliziert, wir alle sind davon mehr oder weniger überfordert – deshalb gibt es Parteien. Auch diese sind menschliche, hochkomplexe Formen von Schwarmintelligenz und Herdeninstinkt.

L.3 DIE ZIVILE REIFE

Ein in der Gesellschaft eingebundener Mensch hat vor, Sachen zu tun oder nicht zu tun, schmiedet Pläne, interagiert mit den Mitmenschen. Sein ganzes Leben trifft er Entscheidungen, bleibt dabei oder ändert sie, überlegt, ob er das, worauf er gerade Lust hat, tun kann oder darf. Anbei einige Kategorien, die sich vielfach überlappen und hier unscharf skizziert sind:

- *Aktionstendenzen* des Individuums – Wünsche, Begierden, Absichten etc.
- *Einschränkungen der Aktionstendenzen aus eigener Entscheidung* – mögliche Gewissensbisse, Angst vor Konsequenzen, Schüchternheit, hemmende Gedanken und Überzeugungen oder anerzogene Reflexe.

- *Äußere Faktoren*, die zur Aktion ermutigen oder zwingen – Ratschläge, Befehle – oder Hinweise, Verbote und Strafandrohungen, die sie hemmen.

Die Effizienz einer Gesellschaft ist ein Ergebnis aller sozialen und individuellen Eigenschaften der Mitglieder, sowie der Akzeptanz von Regeln und Prinzipien dieser Gesellschaft.

Hier noch eine kunterbunt zusammengewürfelte Ansammlung von Verboten aus verschiedenen Gesellschaften und Wirkungskreisen, lediglich als Hinweis dafür, was ungefähr gemeint ist. Es lässt sich streiten, ob sie als richtig, falsch, überflüssig, widersprüchlich, begrenzt sinnvoll, utopisch oder dumm betrachtet werden können, doch dies ist hier nicht das Ziel:

„… Du darfst nicht stehlen, töten, rauben, lügen, betrügen, Alkohol trinken, samstags arbeiten, mit Bus und Bahn fahren ohne zu bezahlen, deinen Hund auf öffentlichem Rasen kacken lassen, bei roter Ampel weiterfahren oder die Straße überqueren, während des Gottesdienstes rülpsen, bei Tisch die Nase schnäuzen, du musst Versprechen und Verträge einhalten, mit nicht mehr als vier Frauen gleichzeitig verheiratet sein, nur eine Frau heiraten und dich nie von ihr trennen, nicht zwischen 13 und 15 Uhr in einem Mehrfamilienhaus den Bohrhammer in die Wand rammen, zwischen 22 und 6 Uhr nicht die Klospülung betätigen …“

Eine Gesellschaft mit eigenem Verhaltenskodex kann im Prinzip zwei Parameter vorweisen, die als Maß für ihre zivile Reife gelten können:

- Ein *Regelwerk* für die Mitglieder der Gemeinschaft.
- Ein hohes Maß an kollektivem *Vertrauen*, dass das Regelwerk von der Mehrheit der Mitglieder auch wirklich beachtet wird.

Eine wichtige Komponente der zivilen Reife ist die Einstellung des Individuums zum Regelwerk und zur Machtstruktur der Gruppe, wie auch die Einstellung einer Gruppe zum Regelwerk und der Machtstruktur der übergeordneten Gruppe. In diesem Sinne ist die steigende Morphing-Strecke[42] weiter unten zu verstehen; Unschärfen, Überlappungen und Lücken gehören dazu:

⇨ Umsturzbestreben
⇨ Rebellion
⇨ Renitenz
⇨ „Eigenen Kopf" haben
⇨ **Einsicht einer Notwendigkeit**
⇨ **Disziplin**
⇨ Vorauseilender Gehorsam
⇨ Unterwürfigkeit
⇨ „Hörig" sein

Die fettgedruckten Begriffe sind in der Regel für die zivile Reife förderlich. Je schwächer diese ausgeprägt sind, desto ineffizienter ist die Gemeinschaft. Was nicht bedeutet, dass alle Individuen der Gruppe eine einheitliche Einstellung anstreben. Dazu ein Zitat von Bertrand Russel (1872–1970): „Wenn alle einer Meinung sind, denkt keiner zu viel". Soziale Effizienz ist eher ein Durchschnitt von Einstellungen um eine Schwerpunkteverteilung.

Einfach ist das leider nicht. Im Prinzip schädliche Einstellungen – etwa Rebellion und Umsturzbestreben – können sich langfristig als notwendige soziale Umschalter, oder im Gegenteil, als schwerwiegende Fehler erweisen. Die diagonale Morphing-Strecke weiter oben ist nur ein Werkzeug der Erkenntnis, keine Anleitung um Gut und Böse oder Richtig und Falsch zu unterscheiden. Abhängig von den Zielen der Gemeinschaft liegen die

42 vgl. Kap. E – Morphing – Kontinuität, Diskontinuität

Schwerpunkte anders. In Friedenszeiten ist die Einsicht der Notwendigkeit die richtige Einstellung. Im Krieg ist die Disziplin das oberste Gebot.

Eine weitere wichtige Komponente der zivilen Reife einer Gemeinschaft ist die Beteiligung der individuellen Meinungen beim Zustandekommen von gruppenweit gültigen Regeln und Entscheidungen. Auch dazu hier eine steigende Morphing-Strecke:

⇨ Absolutismus, Totalitarismus
⇨ Autoritarismus
⇨ Technokratie
⇨ **Demokratie (verschiedene Formen und Abstufungen)**
⇨ **Einigung auf gemeinsame Regeln**
⇨ Lockere Rücksichtnahme auf andere
⇨ Anarchie
⇨ Hemmungsloser Individualismus

Die fett gedruckten Begriffe sind Empfehlungen unter Vorbehalt. Inhaltlich sind die Begriffe vielsinnig. „Absolute" Demokratie (Willen und Wünsche eines jeden Einzelnen werden berücksichtigt) gibt es nicht. Ebenso unsinnig wäre ein „absolutes Fehlen" von Demokratie, möglich nur, wenn es ein soziales Feld gar nicht gibt – etwa bei Bakterien, Mistkäfern oder Kraken außerhalb der Paarungs- und Brutzeit.

Ganz allgemein und vereinfacht: Je höher die zivile Reife, desto erfolgreicher sind Wirtschaft und Kultur als Wege zum Wohlstand. In diesem Sinne sollten Vorschriften immer einem realistisch abgewogenen Zweck dienen. Abhängig davon können sie den Werdegang der Gemeinschaft positiv oder negativ beeinflussen. Mancherorts sind Vorschriften richtig skurril, trotzdem erschreckend zielführend. In Nordkorea gibt es genaue Anleitungen, wie und an welcher Wand der Wohnung das Bildnis des geliebten Führers hängen soll. Vernachlässigungen werden bestraft.

Niedrige zivile Reife – oft begleitet von Korruption, Willkür, Rücksichtslosigkeit, Nichtbeachtung der Regeln des Miteinander, sowie Gewaltbereitschaft, schwache Bildung und vieles mehr – hemmen Wirtschaft, Fortschritt und Wohlstand. Beispiele von Staaten, die sich mehr oder weniger im Wirbel dieses Karussells drehen, tauchen fast täglich in den Nachrichten auf. Es sind in der Regel die ärmsten der armen.

Die Medien erläutern uns unermüdlich, wer die Schuld an der Misere solcher Gemeinschaften trägt: korrupte und skrupellose Machthaber, die brutale Polizei und Armee, verlogene Politiker, die sich nur um die eigenen Interessen kümmern, Vetternwirtschaft und noch einiges mehr. *Das alles stimmt, es ist aber nur die halbe Wahrheit.* Wir sollten uns fragen, aus welchem sozialen Areal die Mitglieder der skrupellosen, inkompetenten Führungsschicht kommen, wie sie in ihren Positionen gelandet sind, und wie sie ihren sozialen Status überhaupt aufrechterhalten können. Im Falle einer Diktatur scheint es auf den ersten Blick einfach, die oder den Schuldigen auszumachen. Ist es aber nicht – man denke an die Masse der Unterstützer, Mitläufer und Anhänger.

Was aber, wenn die Führungsschicht gewählt wurde? Perfekte Regierungen gibt es nicht, in allen Führungsschichten gibt es schwarze Schafe, doch das Ausmaß der vom Wahlvolk geduldeten Verfehlungen kann sich stark unterscheiden. Daraus wiederum zu folgern, die Wählerschaft allein sei schuld an der Misere, wäre oberflächlich, denn Wahlvolk und gewählte Führungsriege bilden eine Entität, die man auch als Ganzes betrachten sollte, bevor man mit dem Finger auf den/die Bösen zeigt – selbst wenn diese Entität widersprüchlich ist und unentwirrbar scheint.

Eine unangenehme, aber notwendige Erkenntnis: Die politische Führung wurde in vielen Fällen vom Volk gewählt. Die Wahlen mögen verzerrt gewesen sein, aber immerhin, es waren Wahlen, keine dynastischen Bestimmungen, kein Putsch. Der kurzsichtige politische Horizont der Wählerschaft hat die korrupte Riege an die Macht gespült, manchmal für lange Zeit. Die durchschnittlich niedrigere zivile Reife der Gesellschaft ist der Nährboden dafür. *Auch das gehört zur Wahrheit.*

Das Nicht-Nennen von bedeutsamen, wenn auch in Verlegenheit bringenden Ursachen ist zwischenmenschlich auf allen Ebenen zu finden. Solches Nicht-Nennen – man will ja nicht beleidigen oder provozieren – ist ein wesentlicher Bestandteil der Political Correctness, und ein Hindernis für den zivilen Fortschritt.

L.3.1 WEGE ZUR ANGLEICHUNG DER ZIVILEN REIFE

Erheblich mehr Kinder von Akademikern absolvieren ein Hochschulstudium im Vergleich mit den Kindern aus Arbeiterfamilien, weil sich die Anreize für Bildung und Wissen während ihres Heranwachsens unterscheiden. Die Tendenz der jungen Generation zu höherem Studium ist deutlich mit der Höhe der zivilen Reife in Familie und Gruppe gekoppelt. Das heimische Umfeld ist wichtig: die Themen der Gespräche, die im Hause verfügbaren Bücher, die bevorzugten Sendungen, die Musikschule, die Bekanntschaften und einiges mehr – alles Faktoren, die im Zusammenspiel ausschlaggebend sein können. Kinder in bildungsfernen Haushalten sind aus dieser Sicht benachteiligt. Dennoch sind Geistesgrößen auch in weniger privilegierten Haushalten aufgewachsen, und zwar in letzter Zeit immer häufiger, im Einklang mit der Demokratisierung der Gesellschaft und dem allgemeinen Zugang zur schulischen Bildung. Der Weg zur Angleichung ist noch lang. Im Durchschnitt der OECD-Länder dauert es etwa fünf Generationen, «bis ein Kind aus einer benachteiligten Familie das durchschnittliche nationale Einkommen erreicht».[43]

Abrupt anders ist dieser Bezug zu der stark abgegrenzten Gruppe der Immigranten aus weniger entwickelten Gesellschaften. Es tut sich eine Kluft auf: Wie sind die Chancen von Kindern in Haushalten, in denen die Erziehungsberechtigten aus Ländern mit niedrigerer ziviler Reife kommen, Eltern, die nicht einmal die Sprache des Gastlandes beherrschen

43 Neue Zürcher Zeitung, 17. Sept. 2021

und kaum ein Buch in der Hand gehalten haben? Liegt ihre Zukunft in Ghettos, Gangs und Slums? Ist die Gesetzgebung des Gastlandes dieser dringenden Aufgabe gewachsen oder schließt sie im Namen der Political Correctness und gutmenschlicher Ethik ein Auge, und scheut, notwendige Maßnahmen zu ergreifen, weil sie als aktionistisch oder diskriminierend wirken könnten? Diese Fragen gelten auch für Bevölkerungsgruppen, die schon seit längerer Zeit in ihrer Heimat unterprivilegiert waren – Afroamerikaner in Nordamerika, Roma und Sinti in Europa, Schwarze in Südafrika oder die „Unberührbaren“ in Indien. Eine mit Nachdruck gezielte, mutigere Förderung der sozial schwächeren Schichten und mehr Objektivität in der Nachrichtenpolitik der Medien können die Angleichung beschleunigen.

In der Mehrheit der Länder wird das Prinzip der Gleichstellung und Gleichberechtigung mehr oder weniger angestrebt, korrigiert oder sogar übersteuert, in der Hoffnung auf eine Angleichung der Bevölkerungsschichten. Die Wege können sich deutlich unterscheiden.

- In vielen Ländern wird das Studium auch durch Stipendien gefördert.
- In Ländern des ehemaligen Ostblocks war zu realsozialistischen Zeiten die Zulassung zum Studium diskriminatorisch geregelt, mit erklärten klassenpolitischen Zielen. Es wurde unterschieden zwischen Kandidaten mit „gesunder Herkunft“ (Eltern waren Bauern oder Arbeiter) und denen mit „ungesunder Herkunft“ (die anderen Bevölkerungskategorien), für die eine begrenzte Anzahl von Studienplätzen reserviert war. Manchen unliebsamen Kandidaten wurde die Hochschule sogar verwehrt.
- In der indischen Verfassung wurde Regelungen eingeführt, die auf die Abschaffung des Kastensystems zielen. Sie sieht eine Quotenregelung vor, die bis zu 50 % der Plätze in höheren Institutionen für niedere Kasten reserviert. Der Versuch, auch die „Unberührbaren“ an der Quote zu beteiligen, scheiterte auf rechtstaatlichem Wege – am Widerstand der Tradition, der gewählten Mehrheiten. Eine bittere Erkenntnis.

- In den USA ist 1965 die „Affirmative Action" in Kraft getreten, eine Form von positiver Diskriminierung, durch welche gesellschaftlich benachteiligte Gruppen – Zielgruppen sind u. a. Afroamerikaner – zusätzlich unterstützt werden (Stipendien, Kindergeld, Arbeitsplatzvermittlungen etc.).
- In Südafrika werden bei gleicher Qualifikation der Bewerber für einen Arbeitsplatz, Schwarzafrikaner bevorzugt. Eine übersteuerte Vereinfachung, mit fragwürdigen Konsequenzen.
- Eine kurzfristige Nachricht aus Frankreich: Präsident Emmanuel Macron löst die École Nationale d›Administration (ENA) auf, die Kaderschmiede der wohlhabenden Familien in Frankreich. An die Stelle der Elitekaderschmiede solle das Institut des öffentlichen Dienstes (ISP) treten. Unter anderem sollen mehr junge Leute aus bildungsfernen Schichten für den öffentlichen Dienst rekrutiert werden.

Sprache, Gewohnheiten, Äußerlichkeiten, allgemein kulturelle Eigenarten führen dazu, dass in Arealen mit gemischter Bevölkerung eine natürliche Tendenz der Individuen und Gruppen wirkt, sich mit ihresgleichen zusammenzutun. Diese Bewegung bewahrt die Identitätsmerkmale der Minderheitsgruppen, was in bestimmten Grenzen positiv ist und staatlich gefördert wird, über Institutionen für Brauchtums- Kunst- und Sprachpflege und noch einiges mehr. Problematisch wird es, wenn diese Bewegung Parallelgesellschaften entstehen lässt, in denen ein Nährboden für allgemeingefährliche Verhaltensweisen entsteht. Die hässliche Kehrseite der kulturellen Identität zeigt sich, wenn durch die Pflege der Gemeinsamkeiten Kriminalität und Konfliktpotenzial anderen Gemeinschaften gegenüber steigt. Ghetto-Tendenzen fördern gefährliche Radikalisierungen in Gruppen mit niedrigerer ziviler Reife, oft gekoppelt mit starker religiöser Identifizierung.

Um das Entstehen von Ghettos zu verhindern und die Durchmischung der Völkergruppen zu fördern, werden in Singapur auf vielen Ebenen (öffentlicher Dienst, Schulen, Wohnungskauf u. a. m.) ethnische

Gruppenquoten festgelegt. Das ist unvoreingenommen betrachtet ein effektiver Antirassismus. Die Frage ist, ob solche Gesetzgebungen in einer westlichen Demokratie auch durchsetzbar sind, weil militanter Aktivismus gegen staatliche Bevormundung und Verletzungen der persönlichen Entscheidungsrechte vorprogrammiert sind. Eine Antwort kommt aus Dänemark: Das Gesetz sieht vor, dass binnen zehn Jahren in Stadtvierteln eine Grenze von 30 Prozent für Anwohner nichtwestlicher Herkunft eingehalten werden soll. Ähnliches soll auch für Schulen gelten, weil in Klassen mit einer Mehrheit von Migrationskindern die sprachliche Integration stark beeinträchtigt ist.

Unabhängig von ethnischen Zugehörigkeiten: Wie destruktiv ein eingeschränkter Zugang zu Erziehung, Schule und Bildung sein kann, zeigt auch die traurige Wahrheit, dass Kinder, die in schwierigen Verhältnissen aufgewachsen sind – Gewalt, sexueller Missbrauch – nicht nur seltener eine höhere Ausbildung anstreben, sondern als Erwachsene manchmal sogar selbst Täter werden.

Ein junger, ehemaliger Kindersoldat in Afrika, der im Rahmen einer integrativen Hilfe in einer Werkstatt arbeitet, hat zugegeben, dass er sich in seinem Inneren nach den Kriegszeiten zurücksehnt. Damals und dort inmitten einer grauenhaften Welt hat er Jahre seiner Kindheit verbracht, dort hat seine Persönlichkeit Gestalt angenommen. Man muss ihn verstehen. Aufgeben darf man ihn nicht. Erschütternd auch das Geständnis eines Flüchtlings aus Nordkorea, der in einem Umerziehungslager geboren und aufgewachsen ist, und dessen Eltern wegen eines minimalen Vergehens vor seinen Augen hingerichtet wurden. Er lebt jetzt in Seoul, einsam, in einem fast leeren Zimmer, und sehnt sich zurück nach dem Leben im Arbeitslager. Freundschaften und Beziehungen, wie sie sich im Arbeitslager entwickelt haben, wird er mit seiner in der Tiefe eingebrannten Psyche kaum aufbauen können. Hoffentlich schafft er es, den seelisch Bruch in seinem Leben zu überwinden. Auch ihn muss man verstehen, und nach Möglichkeit auf dem Weg in die Zivilgesellschaft begleiten.

Mit Augenmerk auf die Unterschiede zwischen Bevölkerungsgruppen, fallen in Konfliktsituationen Asylbewerber und Migranten aus Ländern mit niedrigerer ziviler Reife auf. Trotz diskreter aber unübersehbaren Bemühungen der Medien, negative Schlagzeilen zu vermeiden, sind die vermehrten Konflikte solcher Gruppen mit den Gesetzen des Gastlandes bekannt. Massive sexuelle Übergriffe wie die in Köln in der Silvesternacht 2016 wie auch das oft respektlose Verhalten zu Ordnungshütern sind in diesem Sinne symptomatisch. Das Vertrauen zu solchen zugezogenen Mitbürgern und zu deren Befürwortern nimmt Schaden. Damit auch die Autorität der Regierung, der nicht zugetraut wird, effizient gegenzusteuern. Das stärkt einen gewissen Rechtsruck.

Es ist nicht zu erwarten, dass solche Asylsuchende von heute auf morgen sich die zivile Reife eines durchschnittlichen Mitbürgers des Gastlandes aneignen. Es ist eher so, dass sich bei Ghettobewohnern nach anfänglicher Zurückhaltung ein potenzielles Konfliktverhalten wegen Ausgrenzungsfrust zuspitzt. Andererseits ist es nicht wirklich verwunderlich, dass sich in den Reihen der Polizei Netzwerke um rechtsextremes Gedankengut gebildet haben. TV-Kommentare liefern auch glaubwürdige Erklärungen: Die Beamten empfinden ihre Arbeit als zunehmend wirkungslos. Sie haben es in ihrem täglichen Einsatz im Außendienst selten mit Gesetzesverstößen von Handwerkern, Angestellten, Ärzten oder Lehrern zu tun, sondern viel öfter mit Gewalt- und Drogendelikten, Diebstahl oder Einbrüchen, überdurchschnittlich oft unter Beteiligung von unzureichend integrierten Migranten. Polizisten nehmen gewalttätige Delinquenten fest, um sie dann später wieder auf freiem Fuß zu erleben. Dadurch kommen Zweifel an der Gesetzgebung hoch, die Ordnungshüter fragen sich, wieso ausgerechnet Flüchtlinge und Migranten sich überproportional an solchem Geschehen beteiligen, wo doch in der Schule, im Beruf und in den Medien ununterbrochen vorgestellt wird, dass alle Menschen gleich sind – wobei ausgeblendet wird, dass die Gleichheit *nicht* auf der Ebene der zivilen Reife besteht, deren Bildung anstrengend und zäh ist, sondern die rechtliche Position betrifft und weitgehend von der Mentalität des Einzelnen abhängig ist.

Eine Entschuldigung für Rechtsextremismus und primitive Fremdenfeindlichkeit ist das nicht. Gleichermaßen sollte die Obrigkeit ihre getönten Brillen ablegen und Befürworter entschlossenerer Maßnahmen nicht gleich als Rassisten bezeichnen. Es schadet der Gemeinschaft, Ideale und Realitäten zu verwechseln.

L.3.2 IDEALE UND SOZIALE REALITÄT

Es ist illusorisch, zu glauben, dass eine radikale Umschichtung einer Gesellschaft zum Besseren gereichen würde, etwa über eine Revolution, durch welche die Guten (in unseren traditionellen Märchen meist die Armen) zur Macht kämen und die Bösen (meist die Reichen) ihren Reichtum dem Volk zurückgeben müssten. Der zivile Reifegrad ändert sich mittelfristig durch Umstürze nicht. Zunächst entsteht nur ein Kulturschock mit manchmal dramatischen Folgen. Die Französische Revolution 1789 hat zehntausende Opfer gefordert, sie war brutal und hatte die Gesellschaft tiefgreifend durchmischt, doch ein radikaler Umsturz war sie nicht. Dennoch, ihrer gewaltsamen Forcierung neuer gesellschaftlicher Kriterien und deren weitreichenden Konsequenzen haben wir wertvolle soziale Ideale zu verdanken: „Liberté, Egalité, Fraternité".

Anders die Machtübernahme der Bolschewiki 1917 in Russland oder der roten Khmer 1975 in Kambodscha – beide Revolutionen haben über die Jahre Millionen Tote gefordert, die Gesellschaft radikal umgekrempelt und ihr bis heute nachwirkenden Schaden zugefügt.

Dank der historisch wachsenden Durchlässigkeit der sozialen Schichten braucht Fortschritt immer weniger Revolutionen. Wie auch die Kriege, sind Revolutionen dabei, die Bühne der Zivilisation zu verlassen. Manchmal sind es heftige Unruhen mit unbefriedigenden Ergebnissen, oder auch gescheiterte Versuche, in einigen Staaten gewaltsam die Demokratie einzuführen. Es hat sich deutlich gezeigt, dass Umstürze wenig zielführend sind, wenn man zivilen Fortschritt erreichen möchte. Man denke dabei zunächst an Lateinamerika, an den Nahen Osten oder Afrika. Bei diesen

Fehleinschätzungen spielt auch der naive Glaube eine Rolle, dass die Demokratie eine *Voraussetzung* für eine zivile Gesellschaft wäre. Es ist aber eher umgekehrt: Demokratie ist primär ein *Ergebnis* des zivilen Reifungsprozesses.

Eine systemisch zivile Reife wächst nur langsam, im Laufe von Generationen. Niemand wird ernsthaft glauben, dass ein römischer Kaiser Namens Spartakus, ein deutscher Kaiser namens Thomas Münzer oder ein russischer Zar namens Jemeljan Pugatschow im Namen des Volkes die Tore der Demokratie und Rechtsstaatlichkeit geöffnet hätte.

Es klaffen Lücken zwischen dem Bild, das wir uns gerne von Demokratie machen, und der Realität der Machtverteilung. Demokratisch organisierte Wahlen wurden in Algerien in den 1990er Jahren von den Machthabern einfach gestoppt und für nichtig erklärt. Eigentlich hätte man einen Aufschrei der Entrüstung in der gesamten demokratischen Welt vernehmen müssen. Doch der blieb aus. Der Grund dafür: Es zeichnete sich deutlich ab, dass islamistische Fundamentalisten den Wahlsieg erringen würden. Deshalb akzeptierten die Demokraten stillschweigend den gewaltsamen Bruch eines formal betrachtet demokratischen Vorgangs. Aus ähnlich nüchterner Sicht können auch die Ereignisse in Verbindung mit dem sogenannten „Arabischen Frühling" nach 2010 beleuchtet werden.

Algerien ist kein Einzelfall. Weniger offensichtliche Fälle gibt es auch in gestandenen westlichen Demokratien. Ein Beispiel: Der korrekt gewählte Zweite Bürgermeister in Höchstadt sah sich gezwungen, seine Wahl abzulehnen, weil die notwendige Mehrheit auch mit den Stimmen einer rechtsgerichteten Partei zustande kam, die von anderen Parteien abgelehnt wird. Was auch immer das ideologische Motiv war, die Aktion steht auf gleicher Ebene mit dem Ausschluss der indischen „Unberührbaren" von der Quotenregelung. Minderheitsbelange wurden gesperrt. Der Vorfall ereignete sich im Februar 2020, erst im Juni 2022 hat das Bundesverfassungsgericht in Karlsruhe festgestellt, dass von höchster Stelle gegen den Grundsatz der Chancengleichheit der Parteien verstoßen wurde.

Das Modell „Demokratie“ entwickelt und verfeinert sich; eine vollständige Übereinstimmung mit der sozial-politischen Realität kann und wird es nicht geben. Demokratie ist kein Allheilmittel. Sie ist eine Form der gesellschaftlichen Machtausübung, eine zunächst höhere Phase der sozialen Entwicklung, nicht besser und nicht schlechter als die Menschen, die sich ihrer bedienen. Ein amerikanischer Präsident soll gesagt haben, Demokratie sei die zweitbeste Regierungsform. Auf die Frage eines Journalisten, welche denn die beste sei, war seine Antwort: „Die gibt es nicht“.

Allgemein: In allen Gemeinschaften – Staaten, Länder, Völker, Sippen, Familien – gibt es Untergruppen, Zentren oder Zonen unterschiedlicher ziviler Reife. Eine Gemeinschaft wird oft über ihren Durchschnitt definiert, und immer gibt es Minderheiten oder Individuen, die in eine oder andere Richtung mehr oder weniger abweichen. Das macht es schwierig, Urteile zu fällen und Maßnahmen zu befürworten, die für einen Teil der Gruppe zwangsläufig ungerecht wären. Unmöglich, es allen recht zu machen. Deshalb kaschieren die Entscheidungsträger oft die Differenzen zwischen Gruppen. Gut ist das nicht: Das Vertuschen der Wahrheit ist ein sicheres Mittel, Missstände *nicht* zu beseitigen. Das wirklich wirksame Mittel zur Lösung dieser Probleme kann kurz gefasst werden: Bildung für alle und Förderung der zivile Reife – ein anstrengender, teurer und zeitraubender Weg, der auch noch erheblich länger dauert als die Wahlperioden. Einerseits fördern solche Zeitbegrenzungen nicht die Motivation der Gewählten, langfristige Ziele zu verfolgen, andererseits begünstigt das Fehlen von Wahlperioden Autokratie und Korruption – ein Balanceakt für jede Demokratie.

Auch sollten wir uns nicht der Illusion hergeben, dass die Zukunft eine weltweite Angleichung an die Normen der heute höchst entwickelten Nationen bringen wird. Ein Beispiel: In Skandinavien wird von der UNESCO die Korruption als praktisch nicht existent geschätzt. Schönes Vorbild, aber machen wir uns nichts vor. Es ist so gut wie ausgeschlossen, dass alle Länder der Welt zu diesem Niveau steigen und sich nach Erreichen des Ziels glücklich umarmen. Für perfektionistische gesellschaftliche Projekte fehlt die Zeit. Der Gärungsprozess, der die transhumane Intelligenz einleitet, wird höchstwahrscheinlich schon vorher Fahrt aufnehmen. Jedenfalls werden sich im sich abzeichnenden „großen Dorf" auch Regeln und Verhaltensnormen durchsetzen, die wir heute ablehnen. Nicht zuletzt, weil die Informationsmöglichkeiten unvergleichbar mehr Alternativen bieten als in der Vergangenheit. Und auch weil Traditionen aus der Dritten Welt heranwachsen, die heute bestenfalls als Kuriositäten wahrgenommen werden, und die wir vielleicht als Rückschläge oder inakzeptabel empfinden. Manche davon könnten Normen der Weltgemeinschaft werden. Vorstellbar, dass die heute Privilegierten Gründe zum Stirnrunzeln haben werden, öfter als ihnen lieb ist.

L.4 VERTRAUEN, MISSTRAUEN UND VORURTEILE

Vertrauen ist eine der wichtigsten Komponenten und Indikatoren der zivilen Reife einer Gesellschaft. Meist ist Vertrauen so selbstverständlich, dass man es gar nicht infrage stellt: Ich kaufe etwas. Dafür lege ich das Geld auf den Tresen und bekomme die Ware. Ganz normal. Wieso vertraut der Verkäufer der Bundesbank, dass ihre Scheine den entsprechenden Tauschwert haben? Jede Gesellschaftsform braucht Vertrauen. Ganz besonders eine funktionierende Wirtschaft. Das Vertrauen, das man jemandem entgegenbringt, hängt von der vermuteten Zuverlässigkeit und Gewissenhaftigkeit des Partners ab.

Misstrauen ist der Negativ-Indikator der zivilen Reife. Gesundes Misstrauen ist eine berechtigte allgemeine Empfehlung, doch je größer das Misstrauen, desto teurer und umständlicher ist eine angestrebte Vereinbarung. Bei Betrug müssen Justiz und Polizei eingeschaltet werden, was für die Gemeinschaft kostspielig und wirtschaftlich schädlich ist. Unzuverlässigkeit und Korruption behindern den zivilen Reifeprozess einer Gemeinschaft. Bei großem Misstrauen kommen Transaktionen gar nicht zustande, Investoren halten sich zurück – die Wirtschaft leidet. Das ist eines der großen Hindernisse für die Länder der Dritten Welt. *Auch das ist ein Teil der Wahrheit.*

Woher weiß man aber, wann und in welchem Maße Misstrauen gerechtfertigt ist? Hundertprozentig kann man das nie wissen, doch in vielen Fällen, zum Beispiel bei Familienmitgliedern, Freunden und auch gestandenen Institutionen darf man Zuverlässigkeit annehmen. Zwischenmenschlich gilt: Offensichtliches Misstrauen, ob gerechtfertigt oder nicht, ist immer verletzend und kann bei beiden Seiten unerwünschtes Verhalten hervorrufen. Misstrauen wächst mit der Gruppendistanz, weil man das Verhalten des Gegenübers schwerer einschätzen kann. Misstrauen kann sehr unterschiedliche Formen annehmen, weil ein Mensch gleichzeitig Mitglied unterschiedlicher Gruppen ist (Familie, Sportverein, Nachbarschaft, Arbeitsstelle, Sprache, Glaubensgemeinschaft, Herkunft, Rasse usw.). Jeder Mensch erwägt bei Unkenntnis des Gegenübers instinktiv zwischen Vertrauen und Misstrauen. Von wohlwollender Zurückhaltung über gebührender Vorsicht bis zu Abweisung ist alles möglich. Unwissen und ein schwaches Selbstwertgefühl führen schnell zu Misstrauen, auf höherer Gruppenebene zu Fremdenfeindlichkeit.

Zwei Komponenten können maßgeblich für ein Vertrauensverhältnis sein: Die zivile Reife und die Art der kulturellen Eigenarten. Zwei Gesellschaften von vergleichbarer ziviler Reife (zum Beispiel Finnland und Japan, oder die Schweiz und Hongkong) bringen sich prinzipiell ein höheres Vertrauen entgegen, obwohl sie sich kulturell, geografisch und rassenmäßig erheblich unterscheiden. In Düsseldorf lebt die größte japanische Kolonie Europas. Unseres Wissens wurde nie etwas von Fremdenfeindlichkeit oder sonstigen Missgriffen gegen ihre Mitglieder berichtet. Offensichtlich liegt das an der hohen zivilen Reife der japanischen Gesellschaft oder zumindest der Düsseldorfer Gemeinde. Man ist bereit, ihren Mitgliedern Vertrauen zu schenken. Kulturelle Unterschiede spielen hier offenbar eine untergeordnete Rolle.

Besonders starke Gründe für Misstrauen liefern kulturelle Eigenarten, die mit einer höheren zivilen Reife nicht vereinbar sind. Hier einige der schlimmsten: Der Brauch mancher südamerikanischen Naturvölker, verwaiste Kinder der Mutter Erde zurückzugeben, indem sie bei lebendigem Leibe begraben werden; die Beschneidung der Mädchen bei einigen afrikanischen Völkern; Vergewaltigungen als strafrechtliche Maßnahme oder ritueller Akt in Süd-Asien und auf dem amerikanischen Kontinent; Steinigung von ehebrüchigen Frauen und Ehrenmorde in rückständigen moslemischen Gemeinschaften u. a. m. Solche Eigenarten wie hier angegeben sind für Gemeinschaften mit hoher ziviler Reife inakzeptabel. Im Namen einer prinzipiellen Toleranz sollten extreme religiöse und nationalistische Gesinnungen nicht passiv geduldet werden. Hier ein Satz aus einem Gedicht, das alle Drittklässler der Schulen im Westjordanland und im Gazastreifen auswendig lernen müssen: „Ich werde mein Blut opfern, um damit das Land der Großmütigen zu tränken … und die restlichen Fremden zu vernichten".[44] Das ist nur ein Beispiel von vielen Hassaufrufen in Schulbüchern. Was darf man von einem jungen Menschen erwarten, dessen Schulzeit unter solchen Zeichen steht? Aus eigener Kraft können Mitglieder dieser Gemeinschaften diesem Teufelskreis kaum entfliehen. Wie viele Generationen braucht ein Gesinnungswandel in einer Gemeinschaft? Die Verantwortung für bewusst fehlgeleitete Erziehung muss international bei den wissenden Verantwortungsträgern gesucht und so weit möglich geahndet werden.

Rassistische und sonstige Vorurteile sind in der Tat weit verbreitet, besonders wenn Aufklärung fehlt. Doch begründete Vorbehalte im Verhalten gegenüber bestimmten Gruppen mit einer anderen zivilen Reife dürfen nicht als Vorurteile abgetan werden. Sie sind Wahrscheinlichkeitserwägungen, die der gesunde Menschenverstand beachtet, um nicht unerwünschte Vorkommnisse heraufzubeschwören. Der Vorwurf des Vorurteils ist dann gerechtfertigt, wenn nicht einmal versucht wird, zu erfahren, wo und wie der Unbekannte wirklich steht. Oft wird den Ordnungshütern vorgeworfen, Personenkontrollen bevorzugt bei Menschen mit phänoty-

44 Der Tagesspiegel, 10. Okt. 2020

pischen Auffälligkeiten, z. B. dunklere Hautfarbe, einzuleiten. Objektiv gesehen ist in einem europäischen Land die Wahrscheinlichkeit erheblich höher, dass in solchen Fällen der Kontrollierte illegal zugewandert ist oder aus Sicht des Gastlandes verhaltensauffällig sein könnte. Dem Ordnungshüter jetzt einfach Rassismus vorzuwerfen, ist nicht zu Ende gedacht. Von ihm zu erwarten, Wahrscheinlichkeiten zu missachten, heißt seine Pflicht und seinen Beruf zu missachten. Wahr ist leider auch, dass solche Erwägungen dem wirklich Rassisten den Vorwand liefern, seiner Gesinnung gemäß fremdenfeindlich zu handeln, was alles andere als fördernd für das Zusammenleben ist. Es ist die Quadratur des Kreises – umso dringender, daran zu arbeiten.

Fingerspitzengefühl und gegenseitiges Verständnis sind gefragt, wenn beim Kontakt vielleicht berechtigte Vorsicht das Vertrauen trübt. An sich harmlose Fragen, wie zum Beispiel „Woher kommst du?“ kommen manchmal in den falschen Hals. In der Tat kann es unangenehm werden, wenn schlecht kaschiertes Misstrauen oder mangelnde Sensibilität auf Überempfindlichkeit trifft, doch im Normalfall ist die Frage eher eine Freundlichkeitsgeste und Ausdruck eines Kennenlernen Wunschs. Dem Fremden kann man es nicht verübeln, wenn solche Fragen in seiner Erfahrung unangenehme Erinnerungen wecken. Andererseits, ihn wie ein rohes Ei zu behandeln schließt Kommunikationskanäle und kann kränken. Der in letzter Zeit bemerkbare Hype der verbissenen Suche nach Rassismus-Indizien ist kontraproduktiv. Sie schürt erst recht das gegenseitige Misstrauen.

Vertreter der Medien und der Politik geben sich die Mühe, den Fremden nicht zu verletzen, nichts zu äußern, was Vorurteile auslösen könnte. Meinungsmacher kehren lieber so einiges unter den Teppich, um nur nicht fremdenfeindlich zu erscheinen und sich in die rechte Ecke versetzt zu sehen. Offensichtlich spielen auch erzieherischen Absichten mit. Bei Bekanntgeben krimineller Taten etwa heben die gutgesinnten Medien im gleichen Atemzug hervor, dass die große, friedliche Mehrheit der Herkunftsgruppe sich von solchen Taten distanziert. Das stimmt ja im Prinzip, aber die Gewichtung wird kaschiert. Es wird das Bild suggeriert, dass die zivile Unreife oder fehlgeleitete Gesinnung eines Fremden eher zufällig und für den Rest seiner Gruppe irrelevant sei. Als ob er in einer Generatio spontanea geboren wäre. Es wird gerne ausgeblendet, wie nachhaltig die Gesinnung der Herkunftsgesellschaft ihre heranwachsenden Mitglieder beeinflusst. Ein positives Beispiel für die Prägungskraft der Gruppe: Terroranschläge aus buddhistischen Gemeinschaften heraus sind uns zumindest in Europa nicht bekannt. Negative Beispiele treten zu oft aus nationalistischen und islamistischen Gruppierungen zum Vorschein.

Gutmeinend undifferenzierte bis vertrauensselige Einstellungen Zuwanderern gegenüber haben in manchen europäischen Ländern zur Erstarkung krimineller ethnischer Clans und mafioser Strukturen geführt. Ghettos entwickelten sich zu Orten, in die sich sogar die Polizei nur mit besonderer Vorsicht hineinwagt. In Ghetto-nahen Schulklassen mit mehrheitlich islamischen Schülern wurde bemerkt, dass nicht-islamische Schüler zunehmend gemobbt werden. Bei solchen Vorkommnissen ist die Zurückhaltung der Verantwortungsträger des Gastlands gelinde ausgedrückt bedenklich.

Die erstrebte Angleichung der Wertevorstellungen kann weder durch die freien Kräfte der Marktwirtschaft noch durch das platte Predigen des Guten allein und schon gar nicht durch Verschweigen erreicht werden. Allheilmittel gibt es nicht. Die wirksamsten sind, wie schon gesagt, Aufklärung, Bildung und wirklich effektive Entwicklungshilfe – diese sind aber auch, wie schon erwähnt, die schwierigsten, langwierigsten und teuersten.

L.4.1 ZUSAMMENKUNFT DER KULTUREN – EIN GEDANKENEXPERIMENT

Bei den heutigen weitgehend durchlässigen staatlichen Grenzen muss die Zusammenkunft der Völker stark unterschiedlicher ziviler Reife kontrolliert stattfinden. Leicht gesagt, sehr schwer zu verwirklichen. Als Beispiel für die Schwierigkeit dieser Aufgabe diene ein Gedankenexperiment, die Darstellung folgender Alternativen, hier mit Absicht überspitzt formuliert.

- *Totale Kontaktverweigerung und Abschottung*? So etwas wie die Behandlung der Staaten und Völker der Dritten Welt als riesige Reservate, in der Hoffnung, dass diese aus eigener Kraft die Entwicklungen der „ersten" Welt nachvollziehen werden, da wir doch wissen, dass die Rasse kein Hindernis sein kann? Wie denn? Mit oder ohne Lieferungen von Medizin und sonstigen Hilfsgütern? Mit oder ohne Technologietransfer? Wie lange würde das dauern? Wie viele Opfer würde es fordern? Solche Fragen sind eher rhetorisch. Das Szenario ist menschlich undenkbar und praktisch unmöglich.
- *Grenzenlose Freizügigkeit und Einladung für alle, die kommen möchten?* Um Wohlstand, Rechtsstaatlichkeit und zivile Reife zu teilen? Richtig schlimm wäre die Orientierungslosigkeit, die sich einstellen würde, die Unmöglichkeit, geordnete Arbeits- und Konsumstrukturen zu errichten und Verhaltensweisen sozial zu integrieren, wenn die mehrheitliche Masse von Benachteiligten dieser Welt ungehemmt ihre Ziel-Länder überschwemmen würde. Das Ergebnis wäre ein Desaster. Wir sollten es lieber nicht erleben.
- *Hilfe um jeden Preis?* Als Vorgeschmack könnten gut verwaltete und mit Hilfsgütern belieferte Flüchtlingslager in Afrika dienen, deren Insassen aus sehr armen und von Krieg verwüsteten Regionen kommen und jetzt, da sie ein Dach überm Kopf haben, täglich essen können und medizinisch betreut werden, nicht mehr motiviert sind, etwas zu unternehmen, weil sie über ein praktisch existenzsicherndes Abo verfügen. Diese Aussage klingt überspitzt und betrifft bestimmt nicht alle Hilfsbedürftigen, doch erfahrene Helfer kennen das Problem.

Die dem Helfersyndrom Verfallenen erkennen ihre Zwangsneurose nicht, wie etwa der im TV geschilderte Fall der Mutter, die ihre Kinder einfach in der Heimat in der Obhut Fremder zurückgelassen hat, weil sie irgendwo in der Welt unbedingt helfen musste. Der Unterschied zwischen effektiver

Hilfe und unkontrolliertem Ausleben eines Helfersyndroms kann erheblich sein.

Fragwürdig ist auch die Arbeit der Hilfsorganisationen, deren gut gemeinte aber nicht zu Ende gedachte Hilfe ganze Produktionszweige in der Dritten Welt empfindlich gestört oder sogar in Ruin getrieben hat (z. B. die kostenlose Lieferung von Altkleidung oder konservierten Nahrungsmitteln nach Afrika). Streckenweise besorgniserregend ist das Milliardengeschäft der Vermittler von abertausenden Schulabsolventen, die ihr „Gap Year" als Helfer in der Dritten Welt absolvieren möchten. Die Idee ist liebenswert, die Realität weniger. Manche Teilnehmer sind gut vorbereitet und entdecken vor Ort, was wirklich hilft, viele andere dagegen sorgen für Unmut bei den Ansässigen, die schnell erkennen, dass das letztendlich für ihr Wohl gedachte Geld viel effektiver eingesetzt werden könnte. Verantwortlich für solche Sinnentfremdungen sind nicht die hilfefreudigen Absolventen und deren zahlende Eltern, sondern die ideologisch getönten Brillen realitätsferner Träumer und das System, der „White Savior Industrial Complex", dessen Motor mit der Gewinnmarge der Vermittler geölt ist. Fragwürdig ist auch der Beitrag weißer Freiwilligen, die zu Baustellen eingeflogen werden, um Häuser und Straßen zu bauen. Fast lobenswert, doch sie tun das anstelle einheimischer Arbeiter. Ähnlich handeln auch Firmen, die in eigenem Interesse bezahlte Arbeitskräfte aus ihrem Herkunftsland einfliegen, statt Einheimische anzuheuern. Das hat etwas mit Qualifikation und Arbeitsmoral zu tun, doch in der Folge dieser Praxis verlernen die Einheimischen, selbstständig zu sein[45]. Statt die Hilfsbedürftigen auszubilden, werden sie zurückgebildet.

An dieser Stelle ist es wichtig, noch einmal klarzustellen, dass die oben vorgestellten Alternativen – totale Abschottung oder vollständige Ab-

45 Zeit Online, 24.06.2021 – „Entwicklungshilfe: Zu allem Überfluss sollen wir Dankbarkeit zeigen"

schaffung von Grenzen – extrem sind und nur aus Systematisierungsgründen aufgestellt wurden, um das Feld des Denkbaren abzugrenzen. Die grundsätzliche Werteentwicklung unserer Welt führt früher oder später dahin, dass die Niederlassungsfreiheit allmählich das gesamte große Dorf durchdringen wird. Tendenziell werden nationale Schlagbäume auf Dauer verschwinden, in einer Zeit, die mit dem Tempo der Angleichung der zivilen Reife zusammenhängt. Das Bewusstsein dieser Zukunft darf auch nicht dazu führen, solche Ziele überstürzt und verfrüht zu forcieren. Spätestens das Experiment Kommunismus hat uns das schmerzhaft vor Augen geführt.

Offene Grenzen lieber zu früh als zu spät? Als Kind hatte ich Seidenraupen in einem Karton gezüchtet. Einmal wollte ich sehen, was passiert, wenn ich einen Seidenkokon vor seiner Zeit öffne. Aus dem Wesen da drin wurde doch noch ein Falter, mit halb eingerollten Flügeln. So blieb er auch, verkrüppelt.

M. RECHT UND UNRECHT

M.1 DAS UNRECHT WIRD RECHT: RAUB, SCHUTZGELDERPRESSUNG, ZWANGSABGABEN, STEUERN

Die Burg in Bran/Törzburg in Siebenbürgen ist heute Museum für mittelalterliches Leben. In einem Raum steht auf dem Tisch ein kleines Gestell wie ein Retortenhalter. Damit überprüfte der Burgherr die Hühnereier, die von seinen leibeigenen Bauern als Abgabe gebracht wurden. Zu kleine Eier, die durchs Loch passten, wurden abgelehnt. Das war ein gängiges Gemeinschaftsmodell: Die Bauern zollten dem Machthaber einen Teil von ihrem Erarbeiteten.

Wer weiß, wann und wie die Vorfahren der Burgherren zu Machthabern aufgestiegen sind. Vielleicht nach einer Auseinandersetzung in grauer Vergangenheit, als der Überlegene den Besiegten nicht einfach beraubte, sondern sagte: „Ich bin stärker als du. Füttere mich, und ich werde dich und deine Familie verteidigen". Der Unterlegene hat wohl zähneknirschend zugestimmt, in der Hoffnung, irgendwann den Spieß umdrehen zu können. Von solchen gewaltsam erzwungenen Abgaben – später „Steuern" genannt – werden heute Autobahnen, Schulen und Krankenhäuser, Polizei und Streitmächte, Abgeordnetendiäten und Kulturstätten finanziert. Vermutlich denken nur noch radikale Anarchisten daran, diesen sozialökonomischen Mechanismus als erpresserisch oder ungerecht abzuschütteln.

Das Geschlecht der Hohenzollern gehört zum höchsten Adel Europas und hat etliche Könige in alle Richtungen gestreut. Wie kommt eine Familie so hoch hinauf? Viele Gründe dürften genannt werden. Einer bietet sich besonders an: Die Residenz der Hohenzollern liegt auf einer Anhöhe, von wo man freien Blick weit in die Umgebung hat. Es war üblich, von den Händlern, die das Territorium der Landesherren durchquerten, einen Zoll zu verlangen. Die taktisch und strategisch besonders günstige Lage an einem Handelsweg hat zur kontinuierlichen Steigerung von Reichtum und

Macht geführt. Von daher auch der Name „Hohenzollern". Die Burgherren haben somit einen zukunftsträchtigen Weg gefunden, Eindringlinge oder Konkurrenten nicht einfach zu verscheuchen oder auszurauben, sondern sie für einen gemeinsamen wirtschaftlichen Vorteil zu bewegen. So gesehen eine Form von Kooperation, denn der Landesherr war auch in eigenem Interesse bemüht, Wegelagerer fern von der Handelsroute zu halten. Genau betrachtet waren eigentlich auch die Hohenzollern Wegelagerer, aber mit Augenmaß; sie agierten „nachhaltig".

Übrigens, dieses universelle gesellschaftliche Prozedere begleitet seit Urzeiten die Geschichte der Menschen, auch heute – man denke, nur als Beispiel, an die Mafia, an die Yakuza oder an die Macht der Gangs in den Slums der Großstädte. Das Problem ist, das solche parasitäre Staat-in-Staat-Erscheinungen das Wohlergehen der Gesamtgesellschaft gefährden, sodass sie gesetzlich geächtet sind, zumal ihre Methoden viel primitiver und brutaler sind als die der etablierten Gesellschaft. Nach wie vor jedoch entstehen sie aus einer strukturellen Tendenz der Gemeinschaften.

Recht und Unrecht – das ist ein Begriffspaar, dessen dialektische Komponenten mehr oder weniger divergieren, sich aber teilweise auch überlappen. Wer Rache ausübt, meint, es im Namen der Gerechtigkeit zu tun. Ob sie auch gerechtfertigt ist, ist nicht sicher. Rechtens ist Rache im allgemeinen Verständnis nicht. Das Recht ist nämlich eine Sammlung von Entscheidungen, die von im Prinzip vertrauenswürdigen Mitgliedern der Gemeinschaft für ähnlich positionierte Fälle getroffen und auch für die Zukunft festgehalten wurden – nachhaltig eben. Ein Problem der Rechtsprechung ist, dass ein Gesetz eine Klasse von Vorfällen betrifft, die ähnlich sind aber nicht identisch sein können. Trotzdem muss das Gesetz ein Invarianz-Gebiet[46] definieren (die Tat wird nach Paragraf soundso beurteilt). Der Gesetzgeber wird versuchen, das Gesetz möglichst genau auf

---

46 vgl. Kap. C – Invarianz ~ Symmetrie, Grenzen

diese Klasse auszurichten, doch es wird immer mehr oder weniger pauschal bleiben müssen. Es ist unmöglich, alle Vorfälle vorzusehen – deshalb gibt es Gerichte und Anwälte und auch unterschiedliche Traditionen in der Behandlung eines Konflikts. „Auf hoher See und vor Gericht bist du in Gottes Hand". Der Spruch ist für die Justiz nicht schmeichelhaft, doch er hat seine Berechtigung.

Angelsächsisches Recht ist knapper gefasst und lässt dem Richter mehr Handlungsfreiheit. Vorteil: Der Fall kann flexibler behandelt werden. Der Nachteil ist die größere Abhängigkeit vom Gutdünken eines Richters; das birgt Risiken. Deutsches Recht regelt mehr Details und verästelt sich tiefer. Vorteil: Für manche Fälle kann sich das Gutdünken des Richters nicht zu weit vom Sinn des Gesetzes entfernen. Nachteil: Ein kluger Richter könnte bessere Lösungen finden, doch seine Hände sind gebunden. Vielleicht auch ausgleichend deshalb ist das Gewicht der Geschworenen in den USA größer als das der Schöffen in Deutschland.

Ob das Recht auch gerecht ist? Hier können die Meinungen weit auseinander klaffen. Lassen wir den noch verkraftbaren Ärger eines einzelnen Benachteiligten beiseite und denken wir an gewaltige Rechtsänderungen, etwa an fundamentale Enteignungen, wie sie oft bei Regimewechsel eintreten. Die zu erwartenden Meinungen sind stark polarisiert, von „himmelschreiende Ungerechtigkeit!" bis „endlich wahre Gerechtigkeit!". Ein weiteres Problem der Rechtsprechung ist die Gültigkeitsdauer. Heute bis Punkt 24 Uhr gilt in irgendeiner Frage die Freizügigkeit. Eine Minute später ist man bei gleichem Vorgehen strafbar. Das kann für die Betroffenen unverständlich und ungerecht erscheinen, doch es geht nicht anders. Zwar gibt es auch Kulanz, Übergangsregelungen, ein Auge zudrücken, doch bei jeder Gesetzesänderung und in den Grenzzonen eines jeden Gesetzes taucht das Problem auf.

Auch das ist eine Auswirkung eines Postulats aus tiefster Ebene: Die Realität ist kontinuierlich, die Erkenntnis ist diskontinuierlich.

M.2 RACHE UND JUSTIZ

Auge um Auge, Zahn um Zahn – Rache war und ist immer noch in Gemeinschaften mit niedriger ziviler Reife der respektierte Verhaltenskodex der Familie oder Gruppe eines Gewalt- oder Betrugsopfers. Wenn jemand ein Mitglied meiner Familie getötet hat, werde auch ich ein Mitglied seiner Familie töten, sonst bin ich ein rückgratloses Weichei und verdiene die Verachtung meiner Gemeinschaft. Das ist die Blutrache, wie sie in vielen Teilen der Welt noch üblich ist. Aber wozu eigentlich? Wird mein getötetes Familienmitglied dadurch wieder lebendig? Natürlich nicht, doch meine Rache ist eine Investition. Sie sendet eine Nachricht: „Wie du mir, so ich dir!". Somit kann drohende Rache dem Töten Einhalt gebieten, doch oft ist sie der Auslöser einer nicht endenden Gewaltspirale.

Ungesühnt sollte ein Verbrechen nicht bleiben, denn sonst finden sich Nachahmer, weil es den Verbrechern das Gefühl gibt, das wäre die einfachere Lösung für ihre Probleme. Manche Verbrechen werden im Namen moralischer Prinzipien begangen. So z. B. die Ehrenmorde und alle Arten ritueller Tötungen und Verstümmelungen in Gesellschaften mit geringer ziviler Reife. In diesen Gesellschaften werden solche Bestrafungen nicht geahndet, sie werden nicht einmal als Verbrechen betrachtet, sondern eher als eine moralische Pflichterfüllung.

Wenn aber Sühne rechtens ist und folgen muss, wie soll sie gestaltet werden? Der blinden Wut der Hinterbliebenen des Opfers folgend, also maximal? Dann ist es Rache. Besonnen und zweckdienlich? Dann ist es Vergeltung. Einer institutionellen Ordnung mit vereinbarten Gesetzen entsprechend? Erst dann ist es Justiz. Und wenn es diese Gesetze gibt, dann gelten sie auch für die Rächer, die glauben, das Richtige getan zu haben und nicht einsehen, warum sie für ihre Tat bestraft werden sollen.

Die immens positive Macht der Justiz ist, dass ihre Urteile Gewaltspiralen schwächen oder sogar stoppen können, selbst wenn die Parteien mit dem Urteil unzufrieden sind. Abhängig von der Sichtweise des Opfers, des Täters oder eines zivil reifen Unbeteiligten wird ein Urteil als unzureichend, als gerecht, als unverhältnismäßig hart oder gar als ungerechtfertigt empfunden – damit müssen die Betroffenen leben, es sind Abschnitte eines Morphing-Bands.

Rache ist die Urform von Justiz.

Der Begriff der Gerechtigkeit ist relativ – als solcher ist er weitgehend individuell. Das Ziel ist aber gesellschaftlich, es umschreibt einen Invarianz-Bereich: Die Bestrebung, soziale Schieflagen und unsoziales Verhalten zu minimieren und nach Möglichkeit Wiedergutmachung zu gewährleisten.

Eine wichtige Funktion der Gesetzgebung ist die Abschreckung. Sie muss aber auch den Kräften in der Gesellschaft Rechnung tragen, die mehr an Bekehrung und Besserung der Straftäter glauben. Die Standpunkte können von Land zu Land deutlich unterschiedlich sein. Wegen Mordes kann man in einem Land bei guter Führung nach zwanzig Jahren frei sein, in einem anderen zum Tode oder zu Hunderten Jahren Gefängnis verurteilt werden. Im Bereich der Bestrafungen wird das Tauziehen zwischen widersprüchlichen Tendenzen, Interessen und Überzeugungen deutlich. Denn alle Vereinbarungen, die die Gesellschaft zusammenhalten, sind Kompromisse, die durch verschiedene Formen von Meinungs-Ringkämpfen zustande kamen, manchmal sogar in Folge von allen möglichen Auseinandersetzungen, Kriege inklusive.

M.3 VERHÄLTNISMÄSSIGKEIT DER STRAFE

Nützliches Verhalten gegenüber der Gesellschaft ist genetisch erklärbar aber auch erlernt, durch die Auswirkungen von Lob und Belohnung. Das ist die wünschenswerte Seite der Erziehung und der Wechselwirkung mit der Gesellschaft. Schädliches Verhalten wird missbilligt, von ganz leicht, etwa durch unzufriedenes Stirnrunzeln, über Tadel bis zu strengeren Maßnahmen, mit dem Ziel, bei Übeltätern hemmende Reflexe zu induzieren, wenn sie Böses vorhaben. Das ist die Abschreckungsfunktion. Wichtig ist die Botschaft, dass die Bestrafung jeden erwartet, der Böses im Schilde führt.

Gerne wird in aufgeklärteren Gemeinschaften dafür plädiert, dass den erzieherischen Maßnahmen mehr Aufmerksamkeit geschenkt werden soll als der Abschreckung. Wenn diese Auffassung wirkt, sollte sie auch angestrebt werden. Doch auch die Abschreckung ist eine erzieherische Maßnahme. Eine deutliche Grenze zwischen erzieherisch und abschreckend ist nicht einfach zu definieren. Idealerweise wird eine praktisch schwer definierbare, wirksame Mischung angesteuert. Zwei kausale Stränge konkurrieren bei der Bestimmung des Strafmaßes:

1. Je härter die Strafe, desto wirkungsvoller ist die Abschreckung. Für eine historisch begrenzte Zeit stimmt diese Aussage. Aber: Die Härte einer verhängten Strafe spiegelt die Auffassung der Gesellschaft über den Wert eines Menschenlebens wider, über die Würde eines Menschen. Je härter die Strafe, desto weniger Gewicht haben solche Kriterien. Deshalb wirkt langfristig die Beibehaltung harter Bestrafungen der zivilen Reife entgegen. Die Gesellschaft bleibt roh.

2. Je ausdrücklicher die Bemühungen sind, Strafen mehr oder weniger durch erzieherische Maßnahmen zu begleiten oder gar zu ersetzten, desto größer sind die Chancen, einen Übeltäter zu einem positiv aktiven Mitglied der Gesellschaft zu formen. Wobei viele Faktoren, wie etwa Alter, Umfeld oder Mentalität eine entscheidende Rolle spielen. Auch diese Aussage stimmt, aber sie birgt sehr ernst zu nehmende Risiken. Es wird immer wieder über verurteilte Täter berichtet, die bei ihrem Freigang Abscheuliches getan haben.

Einen exakt definierbaren Grad für die optimalen Strafmaße gibt es nicht.

Bis in die 1960er Jahre war Singapur eine arme, opiumverseuchte und verkommene Stadt. Mittlerweile ist sie zu einer hochentwickelten Industrienation aufgestiegen – in 2019 Platz neun auf der Skala der entwickelten Länder der Welt. Einer der Motoren dieses Aufstiegs ist das überaus strenge und konsequent durchgezogene Strafrecht. Vergehen, die in anderen Ländern als Kleinigkeiten angesehen werden – z. B. das werfen einer Zigarettenkippe auf die Straße, oder das Tolerieren von Mückenlarven in den Untersetzern der Blumentöpfe – sind mit hohen Geldstrafen belegt. Auf die Einwohnerzahl gerechnet soll die Todesstrafe in Singapur mehr als dreißig Mal öfter verhängt worden sein als in den USA. Auf der Habenseite kann Singapur die Tatsache verbuchen, dass der Stadtstaat die kleinste Kriminalitätsrate weltweit hat. Er ist bekannt als „Stadt ohne Diebe". Ob diese Strenge nur in diesem Fall oder allgemein ein besserer Weg für die Stärkung der zivilen Reife ist, und wie sie politisch durchsetzbar sei, sollte als Frage so stehen bleiben – beachten sollte man sie auf jeden Fall.

Strafrechtlich gesehen war und ist die Entwicklung der Gesellschaften ein latentes oder auch offen erkennbares Tauziehen zwischen den Neigungen zur Härte oder zu erzieherischen Maßnahmen. Schon vor Jahrhunderten stellten helle Geister fest, dass durch Folter erzwungene Geständnisse wertlos sind, weil das Opfer alles „gestehen" wird. Einen Meilenstein auf diesem Weg hat der preußische König Friedrich der Große (1712-1786) gesetzt: Er war das erste Staatsoberhaupt, das die Folter verboten hat. Schreckliche Todesurteile, wie das Rädern oder der Scheiterhaufen, gibt es heutzutage nicht mehr. In besonders rückständigen Gebieten gibt es noch die Steinigung von Ehebrechern und das Abhacken der Hand eines Diebes. Die Todesstrafe selbst steht auf dem Prüfstand – in vielen Ländern gibt es sie noch.

Was tun, wenn in einem Land Bürger aus Ländern oder Bevölkerungsschichten mit unterschiedlicher ziviler Reife vor Gericht stehen? Unterschiedliche Strafmaße nach Herkunft aufstellen? Die Wirkung für den

Glauben an Rechtstaatlichkeit wäre höchst bedenklich. Darf ein ausländischer Straftäter mit niedrigerer ziviler Reife härter bestraft werden als ein hiesiger, weil eine landesübliche Strafe wenig Wirkung zeigt und ihre relative Schwäche eher eine Ermutigung zur Missachtung von Gesetzen führt? Vor dem Gesetz müssen alle gleich sein. Für Länder mit hoher ziviler Reife heißt es: Alles andere muss untergeordnet bleiben. Für einen gewissenhaften Richter ist diese Herausforderung ein Spannungsfeld, das ihm schlaflose Nächte bescheren kann.

Der Ermessensspielraum der Staatsvertreter ist eine Variable, die in jedem vernünftigen Rechtssystem bleiben muss, aber auch überprüft werden soll. Wie wichtig das ist, zeigt folgender Vorfall: Um das Jahr 2.000 ließ in Deutschland eine Richterin die Klage einer moslemischen Ehefrau abblitzen, die ihren Ehemann wegen brutaler häuslicher Gewalt angezeigt hatte. Mit der Begründung, das Ehepaar kommt aus einem anderen Kulturkreis, wo solche Gegebenheiten anders bewertet werden. Hat die Richterin ihren Ermessensspielraum überstrapaziert? Juristisch und menschlich schwer nachvollziehbares Urteil, das verständlicherweise für Schlagzeilen gesorgt hat.

Somalia ist seit längerer Zeit grenzwertig ein nicht regierbares Land. In den Zeiten als die Amerikaner noch dachten, sie können da einmarschieren, die Demokratie installieren und gut ist, konnte ein Reporter feststellen, dass die einzigen Regionen mit einem einigermaßen geordneten zivilen und wirtschaftlichen Leben diejenigen sind, in denen die Scharia herrscht (Hand Abhacken für Diebe, Steinigung für schwere Sittenvergehen u. a. m.). Bevor man in Schockstarre bei dieser Nachricht verfällt, sollte man die Alternative bedenken – diese hatte man ja schon beobachten können, in den Gebieten Somalias ohne Scharia: Chaos, Gewalt und Willkür. Allerdings, daraus eine Empfehlung für die Scharia zu verstehen, wäre historisch gesehen Unfug. Selbst wenn der Gedanke Überwindung kostet: Die Scharia und ähnliche archaische Rechtsformen sind in manchen Gesellschaften noch nicht ausgelaufene *Etappen der Evolution, in der sich in einer oder anderen Form alle Gesellschaften befunden haben*, auch die heute hochzivilisierten, für welche die Scharia absolut inakzeptabel ist. Auch sollte man bedenken, dass vor gar nicht so langer Zeit in Europa die Inquisition, der weltliche Arm der gütigen christlichen Gesinnung wütete. Hexen oder ideologische Widersacher wurden auf dem Scheiterhaufen verbrannt. Im Vergleich damit ist die Steinigung von Ehebrecherinnen ein humaner Tod.

Die außerordentlich schnelle Entwicklung der zivilen Reife in den letzten Jahrhunderten gilt nicht für alle kulturellen Areale des Menschenteppichs. Alle Abstufungen der zivilen Reife erstrecken sich nach wie vor auf dem gesamten planetarischen Schleimpilz Menschheit, von den Bewohnern der Pfahlbauten im Urwald bis zu den höchst entwickelten Gemeinschaften.

Ein deutscher Richter beschwerte sich in den 1990er Jahren, dass er es leid sei, das spöttische Grinsen in den Gesichtern der Straftäter zu sehen, die etwa aus Osteuropa gekommen sind und über das gesetzliche Strafmaß, zum Beispiel „20 Sozialstunden", in aller Öffentlichkeit feixten. Das erzieherische Moment ist damit verfehlt. Strenger bestrafen? Egal von welcher Seite man das Problem anpackt, es ist die Quadratur des Kreises, wieder einmal. Jeder Lösungsvorschlag weckt Unzufriedenheit von Links, von Rechts oder von beiden Seiten. Die Mühe muss sich die Gesellschaft trotzdem geben. Der Korpus der Gesetze ist im Kern für eine Gemeinschaft richtungsweisend, er ist ein Fels in der Brandung, an dem nicht ohne Not Hand angelegt werden sollte. Wenn jedoch die Brandung gefährlich wird, müssen die Gesetze dem geänderten Bevölkerungsspektrum angepasst werden, immer unter Bewahrung der Gültigkeit für alle.

Als Erinnerung für sanfte Gemüter, die über die grausamen Bräuche und Verhaltensweisen in Ländern der Dritten Welt entsetzt sind und darin vielleicht Beweise für Rassenunterschiede sehen: In Europa wurde im Mittelalter geköpft, gerädert, verbrannt, zu Tode gefoltert, verkrüppelt. Kein Mensch würde sich heute wünschen, in so einem gesellschaftlichen Umfeld zu leben. Wir sollten uns jedoch hüten, die Gesetzesgeber und die

Scharfrichter von damals als psychopathische Sadisten zu sehen. Denn: Was wäre *damals* geschehen, wenn solche schrecklichen Abschreckungsvorführungen nicht stattgefunden hätten? Zu den Vollstreckungen gnadenloser Urteile kamen ganze Familien mit Kindern, um sich am Spektakel zu ergötzen. Wenn damals den Übeltätern mit den Strafvollzugsbedingungen von heute gedroht worden wäre (Unterbringung in einer staatlichen Vollzugsanstalt, Kleidung und Unterkunft, Heizung, tägliche Mahlzeiten, ärztliche Betreuung, Sport etc.), hätten damals nicht wenige finstere Gestalten schnell mal was geklaut oder sonstigen Unfug angerichtet und dann Schlange vor solch paradiesischen Gefängnissen gestanden. Lasche Bestrafungen hätten bei der damaligen zivilen Reife die Gesetzlosigkeit in ihren schlimmsten Formen begünstigt.

Mit den Strafen ist es wie mit dem Krieg: Beide bringen viel Leid, beide haben ihre evolutionäre Rechtfertigung. Solange Strafen nötig sind, muss es unser Ziel sein, sie im weitesten Sinne effizient zu gestalten, um sie langfristig tendenziell überflüssig zu machen. Für Gesetzgeber und Justiz ist es sehr problematisch, ein akzeptables Gleichgewicht im Tauziehen um die Strafmaßnahmen zu finden. Vor Jahrzehnten schon hatten Gegner der Todesstrafe das Argument ins Feld geführt, dass ausgerechnet in den Regionen, in denen es diese Strafe gibt, die Zahl der Kapitalverbrechen höher ist. Sie hatten aber nicht nachgefragt, ob die Todesstrafe indirekt tatsächlich verantwortlich für die höhere Rate an Kapitalverbrechen ist, oder ob wegen der Häufigkeit von Kapitalverbrechen die Todesstrafe weiterhin notwendig war, was übrigens plausibler scheint, egal ob man dafür oder dagegen ist.

Ein Hindernis für die Bestrebungen, ideale Rechtstaatlichkeit und Demokratie zu gestalten, ist eine objektive Gegebenheit, die im Sinne der Political Correctness sehr ungerne erwähnt wird: das Fähigkeitengefälle der Individuen einer Gemeinschaft. Unabhängig vom Stand der zivilen Reife, Bildung, ethnischem Ursprung oder persönlichen Vorlieben gibt es die helleren Mitglieder der Gesellschaft, die weniger bewanderten bis hin zu den geistig oder psychisch schwächeren. Alle verfügen grundsätzlich über ein Wahlrecht, die vielleicht größte Errungenschaft der Zivilisation. Das Ergebnis entspricht grundsätzlich einem Durchschnitt, und es ist nicht immer im Einklang mit der Vernunft – dieser Preis muss akzeptiert werden. Wobei keinesfalls sicher ist, dass die individuellen politischen Entscheidungen der Hochbegabten zielführender sind als die der anderen, weniger mit IQ-Punkten ausgestatteten Wählern.

Das gesellschaftliche Tauziehen um Strafformen und um Pros und Kontras geht weiter. Trotz aller Unzulänglichkeiten, Ungleichgewichten und manchmal schweren Ungerechtigkeiten dürfen wir optimistisch in die Zukunft blicken. Unterm Strich bewegen wir uns langsam, sicher nicht geradlinig, aber sicher in Richtung mehr Recht, mehr Gerechtigkeit, weniger Strafe und höhere zivile Reife. Das ist einer der Wege zur transhumanen Intelligenz.

M.4 BELOHNUNGSGERECHTIGKEIT, AUSGLEICHSGERECHTIGKEIT

Wenn Gerechtigkeit ein objektiver Begriff für Gleichstellung wäre, müsste das Wahlvolk sofort mit Empörung darauf reagieren, dass auch in den fortschrittlichsten demokratischen Gesellschaften Reichtum und Macht krass ungleich verteilt sind. Das Jahreseinkommen einiger Weniger kann hundert- und tausendfach größer sein als das von Geringverdienern. Neun Milliardäre weltweit verfügen über das gleiche Einkommen wie die ärmere Hälfte der gesamten Menschheit. Moralisch schlimmer noch: Einige Reiche verfügen ohne eigenes Zutun über ein riesiges Vermögen, einfach weil sie die Erben eines solchen Vermögens sind, ohne auch nur einen Finger dafür gekrümmt zu haben. Andere wiederum müssen, wie in Grimms Märchen, sich nur mit einem geerbten Kater zufriedengeben und – anders als in Grimms Märchen – tagein tagaus malochen, um den Kater füttern zu können. Ist das gerecht? In der Politik gibt es immer wieder das Hick-Hack um die Vermögens- und Erbschaftssteuer ja oder nein, groß oder klein. Dabei muss beachtet werden, dass die Beträge, um die in diesem Disput gerungen wird, auffällig gering sind im Vergleich zum

Volumen der Vermögen. Im politischen Streit zu diesem Thema geht es den etablierten Parteien hauptsächlich um Profil zeigen. Eine reale Angleichung der Vermögen hat keine Partei im Sinn. Heuchelei sollte man das nicht nennen. Aus gutem Grund sind die Kontrahenten zurückhaltend, wenn es um die Höhe der Steuer geht. Je näher man hinguckt, desto deutlicher zeigt sich der gruppenpsychologische Hintergrund: Das Erbrecht und das Recht, das Erarbeitete oder auch Ertrotzte für sich oder für seine Nachkommen zu behalten sind eine starke Motivation für wirtschaftliche Leistung. Der Kommunismus hatte ihr mit seinem Nivellierungsbestreben weitgehend den Boden entzogen; das mehr als enttäuschende Ergebnis ist bekannt. So ist es erklärbar, dass das Tauziehen um die Vermögenssteuer in einer leistungsorientierten Gesellschaft nicht für das Abschöpfen großer Prozentsätze eingesetzt wird, sondern nur um die Wahl zwischen ein bisschen oder gar nichts.

Dem Wahlvolk fehlt die Intuition dieser Sachlage nicht, allerdings wird sie unterschiedlich angegangen. So der Gedanke, dass es sich immerhin zufriedenstellend leben lässt, auch wenn die Gesellschaft nicht ganz gerecht ist. Außerdem sollte sich lieber nicht zu viel ändern, es könnte ja erfahrungsgemäß böse enden.

Es gibt auch allgemein akzeptierte Ungerechtigkeiten, die ein ziemlich gutes Bild der Widersprüchlichkeit von gefühlter Gerechtigkeit abgeben: Lottogewinner streichen Millionen ein – staatlich garantiert – auf Kosten vieler anderer Spieler, die für die Scheine bezahlt haben aber kein Glück hatten. Ist diese dem Zufall überlassene Umverteilung von Vermögen gerecht? Ganz bestimmt nicht, doch ein Staat mit Verständnis für das Menschliche wird sich hüten, Glücksspiele abzuschaffen.

Schauen wir mal auch über unseren Tellerrand. Wie sieht es aus mit dem Gerechtigkeitsvergleich zwischen verschiedenen Staaten? Für die gleiche Arbeit, oder zumindest für die gleiche Anstrengung werden in den reichen Ländern viel höhere Löhne gezahlt als in den ärmeren. Das weckt Unmut, besonders aber Begehrlichkeiten, denen der eine oder andere nachgeht, in der Hoffnung, im reicheren Land Fuß fassen zu können. Eine Folge ist der Migrationsdruck.

Bürger der reichen Staaten spenden gerne, für Kinder, für Krankenhäuser, für Katastrophenschutz, für Nahrung usw. Und gehen gerne auf die Barrikaden, etwa für das Prinzip „Gleicher Lohn für gleiche Arbeit!" – das allerdings nur für die eigene Gemeinschaft. Wie viel Eigennutz dabei mitschwingt, kann eine einfache Frage beantworten: Wer ist bereit, im Namen einer konsequenten Anwendung dieses Slogans nicht nur Almosen zu spenden, sondern dauerhaft auf einen substanziellen Teil seines Einkommens zugunsten der Arbeitnehmer aus ärmeren Ländern zu verzichten?

Diese rhetorische Frage ist kein Aufruf zu einer falsch verstandenen Brüderlichkeit, deren Auswirkungen auf die Weltwirtschaft wir lieber nicht erleben sollten, sondern eine möglichst nüchterne Betrachtung der Relativität unserer menschengemachten moralischen Prinzipien.

„Gerechtigkeit ja, aber nicht zu meinen Ungunsten!" Mit dieser Auslegung können die meisten von uns leben. Allerdings, sich im gleichen Atemzug als Apostel einer idealen Gerechtigkeit aufzuspielen, ist bewusst oder unbewusst Heuchelei.

Die Liste der Ungerechtigkeiten kann unendlich weitergeführt werden, angefangen bei denen, die einen Sportwettbewerb gewonnen oder verloren haben, weil der Schiedsrichter ein Foul nicht bemerkt haben will, über das Glück derer, deren verbrieftes Eigentum über ein Stück Land riesige Bodenschätze zum Vorschein brachte, bis hin zum Missgeschick derer, denen höhere Gewalt, Unfälle und Naturkatastrophen das Unglück brachten. Das Leben ist nun mal „ungerecht". Wir haben zum Glück auch Mechanismen, mit denen wir teilweise gegensteuern können. Solidargemeinschaft und Generationenvertrag gehören dazu.

Einmal mehr wird deutlich, wie subjektiv das Begriffspaar „Gerechtigkeit" und „Ungerechtigkeit" ist, und nur auf bestimmte Aktions- und

Lebensareale der Menschen bezogen werden kann. Nichtdestotrotz, oder gerade deshalb: Ein Kandidat für ein politisches Amt, der bei einer Wahlveranstaltung nicht die Faust hebt und mit grimmiger Miene mehr Gerechtigkeit fordert, hat als Politiker einen wirksamen Köder vernachlässigt.

M.5 GERECHTIGKEIT UND ETHIK

Wo liegen die Grenzen der ethischen Werte? Wann und wo sind sie überhaupt anwendbar? Ihre Begriffe sind in einer stark abgehobenen, ungenauen axiomatischen Ebene angesiedelt, nur subjektiv und auf konkrete Fälle gemünzt definierbar. Deren Inhalt kann sich von einem Tag auf den anderen ändern, z. B. wegen politischen oder sozialen Änderungen. Wenn wir an die Gültigkeit des Begriffs glauben, müssen wir deutlich gründlicher vorgehen und seine Prämissen in tiefer liegenden axiomatischen Ebenen suchen.

Du darfst nicht stehlen. Befremdlich endete vor zwei-dreihundert Jahren manches Treffen von Pionieren der geografischen Entdeckungen mit Naturvölkern. Für Letztere war so ziemlich alles, was sie hatten, gemeinschaftliches Gut. Für sie war es keine verwerfliche Tat, sich von den fremden Bleichgesichtern einfach Sachen zu nehmen, die ihnen gefielen. Das hat manchmal zu Missverständnissen mit tödlichem Ausgang geführt.

Führen wir uns die neue Welt des Internets vor Augen: Zumindest wenn es sich um geistiges Eigentum handelt, zeigt sich die Verletzlichkeit der oft eher volatilen Vereinbarungen. In seinen Anfängen hatte das Internet immer wieder mit urheberrechtlichen Problemen zu kämpfen. Erst vor nicht allzu langer Zeit begannen handfeste rechtliche Leitfäden auch in Sachen Besitz in ihren Strukturen zu wirken. Die noch nicht ausgereiften Eigentumsrechte für Internet-Werte waren der Anlass für den schnellen, aber auch schnell beendeten Aufstieg einer politischen Gruppierung, die zumindest in ihrer Namensgebung ehrlich ist: die „Piratenpartei".

Du darfst nicht töten. Ein starkes ethisches Gebot, das aber in der Hinterhand jede Menge Ausnahmen bewilligt. Ketzer wurden von der Heiligen Inquisition entgegen dieses urchristlichen Gebots zum Tode verurteilt. Betrachten wir die Realität der millionenfach verübten Tötung von Menschen durch Menschen. Am bösen Ende der Skala steht der Mord aus niedrigen Beweggründen. Am weniger bösen Ende finden wir die fahrlässige Tötung bis hin zum schuldfreien Verursachen eines Todes. Mehr noch: Im Krieg darf – oder gar muss – ein Soldat während des Gefechts den Feind töten. Wenn er das mehrfach tut, bekommt er sogar eine Auszeichnung. Wenn im Krieg auf Geheiß eines Ranghöchsten Tausende Gegner sterben, werden ihm Denkmäler errichtet – natürlich nur wenn er zu den Siegern gehört, also zu den Guten. Anhänger legen Blumensträuße auf den Sockel seines Standbildes.

Zwischen den extremen Positionen von Schuld und Unschuld bei der Beurteilung einer Tötung gibt es oft stark widersprüchliche Kontinuitätszonen, die knifflige Urteilsfindungen beanspruchen. Zum Beispiel: Ein Mensch, der in Notwehr handelt, wird vom Tötungsdelikt freigesprochen, wobei die Frage, inwiefern es sich in bestimmten Fällen wirklich um Notwehr handelt, einem redlichen Richter Gewissenskonflikte bereiten kann.

Aufgrund des Schießbefehls hatte ein Grenzsoldat der noch existierenden DDR einen jungen Mann erschossen, der über die Grenze in die BRD fliehen wollte. Nach der Wiedervereinigung wurde der Soldat dafür zur Rechenschaft gezogen und zu einer Gefängnisstrafe verurteilt. Es stellt sich die Frage, aufgrund welchen Gesetzes er verurteilt werden konnte. Ein Soldat muss den Befehlen gehorchen. Wenn er sich weigert, kann er selber in manchen Ländern erschossen werden. Klar für uns Gutmenschen: Mit der Waffe in der Hand hätte er tun können „als ob“. Vielleicht aber war er zu verwirrt oder zu dumm dafür. Oder vielleicht war er überzeugt, das Richtige zu tun. Was auch immer seine Motivation war, als Bürger der DDR hätte er nicht verurteilt werden dürfen. Und auch als Bürger der BRD konnte er rückwirkend rechtlich nicht belangt werden. Die Begründung des Gerichts lautete: Er hat gegen „höhere ethische Prinzipien verstoßen“ (sinngemäß).

„Nullum crimen, nulla poena sine lege" („Kein Verbrechen, keine Strafe ohne Gesetz") lautet der Gesetzlichkeitsgrundsatz im Strafrecht, schon ab Anfang des 19. Jahrhunderts in europäischen Staaten etabliert: Niemand darf verurteilt werden wegen Taten, die nicht in einem Gesetz festgehalten sind. Umso mehr fällt in einem Rechtsstaat die Verurteilung des Grenzsoldaten bedrückend auf, zumal sich die Gesetzgebung und Rechtsprechung in Unrechtsstaaten besonders gerne auf „höhere Prinzipien" berufen, weil diese moralisch kaum anfechtbar sind, und wie Knetmasse in den Händen der Machthaber gewalkt werden können. War die Entscheidung des Richters in diesem Fall so etwas wie vorauseilender Gehorsam, einer vermuteten Erwartung höherer staatlicher Stellen gezollt? Oder einfach Dummheit, im Namen engstirniger Prinzipien? Wir wissen es nicht. Wir hoffen, dass eine höhere Instanz das Urteil aufgehoben hat. Andere aktive Tatvollbringer des gewaltsamen Sterbens an der deutsch-deutschen Grenze wurden unseres Wissens juristisch nicht belangt. Schwer zu entscheiden, ob das gerecht ist oder nicht – aber es ist rechtmäßig.

Fadenscheinige Begründungen wie im Fall des DDR-Grenzsoldaten könnten der Willkür Tür und Tor öffnen. Solche Ausrutscher und Urteile mit getönten Brillen tauchen in allen Staaten der Welt auf. Schnelle Entscheidungen begünstigen Fehler, wohl auch deshalb sind Justiz-Prozeduren so kompliziert und langwierig.

Glücklicherweise und im Schritt mit der Evolution der Menschheit sind solche befangenen, religiös, ideologisch oder politisch motivierten Urteile auf lange Sicht immer seltener, doch es gibt sie immer noch, besonders in autokratisch regierten Gesellschaften.

Hier noch einige Beispiele für die Relativität des Nicht-Töten-Gebots, größenordnungsmäßig fast bedeutungslos, prinzipiell jedoch wichtig:

- Wie sollen wir über Schiffbrüchige urteilen, die auf einem Floß treibend dem Hungertod ausgesetzt sind und per Los entscheiden, wer zuerst stirbt, um von den anderen gegessen zu werden? Was auch immer wir davon halten, bestraft wurden sie in realen Fällen unseres Wissens zumindest in den letzten Jahrhunderten nicht.

- In vielen Streitkräften gilt – oder galt – die Richtlinie, während des Feuergefechts bei Entscheidungsnot die Schwerstverwundeten liegen zu lassen, um diejenigen zu retten, die Chancen auf Heilung haben.
- Nicht nur der Krieg kann uns zu solchen grausamen Entscheidungen zwingen. Während des Höhepunkts der Corona-Krise mussten inmitten der Flut von Erkrankten die Ärzte manchmal wegen fehlender medizinischer Ausrüstung entscheiden, dass ein Beatmungsgerät einem Patienten mit besseren Heilungschancen gegeben wird, etwa einem jüngeren. Der ältere musste sterben. „Triage" wurde diese grausame, aber notwendige Entscheidung genannt. Wer glaubt, sich hier zum Moralapostel erheben zu dürfen?

Das Nicht-Töten-Gebot ist im Prinzip immer noch gültig, sogar mehr als jemals in der Geschichte, im ersten Blick in Widerspruch zu den Milliarden, die für schwer bewaffnete Streitkräfte ausgegeben werden. Nicht nur niederträchtige Morde, sondern auch Tötungen im Duell, Ehrenmorde o. ä. werden und wurden bestraft – zumindest in Gemeinschaften mit höherer ziviler Reife. Das Tötungsverbot hat viele Ausnahmen. Demnach ist es nicht ein absolutes Gebot, es wäre aber sehr gefährlich, das in der Öffentlichkeit auszuposaunen. Bei vielen grenzwertig funktionierenden Psychen würden die Hemmschwellen sinken.

M.5.1 EGALITÉ

Rein theoretisch, was würde passieren, wenn im Namen einer idealisierten Gerechtigkeit gleiche Löhne und gleiches Einkommen für alle Mitglieder der Gemeinschaft – Mitarbeiter, Arbeitslose, Manager, sonstige Vorgesetzte, Eigentürmer usw. – durchgesetzt würden? Einfach: Produktion und Gesellschaft würden schweren Schaden nehmen. In der Geschichte sind alle Versuche gescheitert, konsequent egalitäre Gerechtigkeit aufzustellen. Oft waren und sind solche Vorstöße mit viel Leid und Ungerechtigkeiten verbunden. Obwohl sie als schöne Absichten der Philosophen und zum

Teil der Religion sowie von moralisch beseelten Menschen in die Tat umgesetzt wurden, sind ihre Ideale an sturem Wunschdenken, an einseitigen Sichtweisen der Menschheit und des Menschen zerbrochen. In der Sowjetunion hat der autokratisch verordnete Kollektivismus das Leben von Millionen Bürgern gekostet, in Kambodscha wurde das gebildetere Viertel der Gesellschaft physisch ausgelöscht. Geblieben ist ein Land, das versucht, zu einem akzeptablen Status der zivilen Reife zurückzukehren. Ein düsterer Witz aus dem ehemaligen sogenannten Ostblock zitiert die starke Parole des Marxismus „Proletarier aller Länder, vereinigt euch!" und erzählt, Marx und Engels hätten nach der Besiegelung des Warschauer Paktes 1955 aus ihren Gräbern gerufen „Proletarier aller Länder, verzeiht uns!".

Dennoch sollte man den Kommunismus nicht grundsätzlich verteufeln. Er begründet sich auch auf Feststellungen, Prinzipien und Tendenzen, die nicht zu leugnen sind und im Laufe der Geschichte immer gewichtiger werden. Der Sündenfall besteht im verfrühten, ungenügend durchdachten und rücksichtslosen Einsatz seiner Vorhaben. Tendenziell egalitäre Gesellschaften können heute schon effizient sein, wenn sie klein und übersichtlich sind – etwa Gruppen von mehr oder weniger isolierten Siedlern, die im Namen einer Idee zusammen leben. Dennoch, konsequent analysiert, gibt es keine wirklich egalitären Gesellschaften. Nicht einmal wenn es sich nur um eine Zweier-Gruppe handelt. Eine Nummer Eins ist immer dabei, selbst wenn sie nicht sofort zu identifizieren ist oder wenn sich ein Rollentausch vollzieht, abhängig von den anstehenden Aufgaben. Damit kann sich immer eine vernünftige, wenn man so will ungerechte aber in kritischen Situationen heilsame Rangordnung bilden. Berühmt ist die witzig gemeinte Frage, die oft an Ehepaare gerichtet wird: „Wer von euch beiden hat zu Hause die Hosen an?"

M.6 BESITZ UND REICHTUM

„Besitz" bedeutet auf die Schnelle etwas, womit man machen kann, was man will. Das ist aber aus mehreren Gründen nicht ganz richtig. Der Begriff „Eigentum" macht nur Sinn, wenn ein wie auch immer gearteter Interessenskonflikt besteht. Ein Leopard „besitzt" nicht die Antilopen in seinem Revier. Hat er aber eine zur Strecke gebracht, weckt das in ihm so etwas wie Eigentumsinstinkt. Wenn sich ein anderes Raubtier nähert, versucht der Leopard den Eindringling mit Drohgebärden von seinem „Besitz" fernzuhalten. Allerlei Tiere markieren ihr Revier, ihren territorialen „Besitz" mit Urin oder Kratzern an Baumstämmen, um bekannt zu machen, dass sie, wenn nötig, ihren Besitz bis aufs Blut verteidigen werden – ein überlebenswichtiges Verhalten. Besitzansprüche können aus existenziellen oder biogenetischen Gründen sehr unterschiedliche Formen annehmen: Einige Quadratdezimeter steiniger Boden zum Nisten bei Pinguinen, das Harem mit dem dazu gehörigen Paarungsrecht bei Platzhirschen oder der Radius der extremen Aggressivität der Männchen bei Kampffischen (Betta splendens).

Bei höher entwickelten, in Gruppen oder Familienverbänden lebenden Tieren ist die Grenze des Reviers manchmal für andere Exemplare der eigenen Art durchlässig, insofern der Neuzugang die Gruppe stärkt. Ein junger Wolf etwa kann sich mit Glück und geschicktem Verhalten einem fremden Rudel anschließen und Teilhaber des Reviers mit angemessenen Rechten und Pflichten werden. Dafür muss er sich zunächst vorsichtig nähern, Unterwerfungsrituale beachten und bereit sein, in der Rangordnung ganz unten zu beginnen. Wenn das Nahrungsangebot knapp ist, wird ein Fremdling schon beim ersten Annäherungsversuch weggejagt oder gar getötet.

Beim höchstentwickelten Gruppentier Mensch ist das alles entsprechend viel komplizierter. Alle möglichen verschachtelten, denkbaren und undenkbaren Besitzansprüche erscheinen in der Praxis. Deren Kollision in akuter Form bei größeren Gemeinschaften fällt unter den Begriff „Krieg". Drohgebärden gehören dazu, auch wenn keine kriegerische Auseinandersetzung im Gange ist. Handfester Beweis für dieses Verhaltensmuster ist die Existenz einsatzfähiger Streitmächte heute – eine permanente Drohkulisse, begleitet von der Hoffnung, dass sie nie aktiviert wird. Beim Menschen ist alles schwerer zu entwirren; auch Ideologien können Kriege heraufbeschwören. Die Kreuzzüge, teilweise der Vietnam-Krieg der 1970er-Jahre oder auch die Entstehung des IS-Staates bieten sich als Beispiele an. Natürlich ist es nicht die Ideologie allein, die wirkt, es ist mehr oder weniger auch ein Rattenschwanz von Hintergründen dabei, die man alle gar nicht aufzählen kann.

M.6.1 WAS IST BESITZ?

Kein Eigentümer ist frei, mit seinem Besitz jederzeit zu machen was er will. Der Unterschied zwischen Besitzer und Nicht-Besitzer ist die mehr oder weniger begrenzte Verfügungsmacht über Objekte oder Rechte, die als Besitz oder Vermögen bezeichnet werden. Hier einige Stichproben aus dem Morphing-Band der Verfügungsmacht:

- Ein Kassierer, der von einem Kunden Geld bekommen hat, kann es in den Kassenschacht legen, in ein Safe oder in einen Aktenkoffer, aber das war's schon. Für eigene Zwecke darf er es nicht einsetzen. Sein kleines bisschen Verfügungsmacht kann nicht „Besitz" genannt werden – es ist aber der Anfang der Strecke der Entscheidungskompetenzen über das Geld.
- Ein Teenager hat schon mehr Verfügungsmacht über sein Taschengeld. Er kann sich allerlei davon kaufen, aber keine Zigaretten und kein Alkoholgetränk.
- Der Industrielle kann über seine Fabrik verfügen – aber wieder auch nur mehr oder weniger. Er darf sie nicht in Brand setzen, verbotene Objekte herstellen lassen oder Schadstoffe in den Fluss kippen.
- Viel Aufmerksamkeit hat der Nachlass eines reichen Südamerikaners erregt, der testamentarisch verfügt hatte, zusammen mit seiner Stradivarius-Violine begraben zu werden. Das Gesetz ist auf seiner Seite, aber darf er ein solch wertvolles Kulturgut einfach vernichten?

Im Laufe der Geschichte ist die Verfügungsmacht der Besitzer kontinuierlich geschrumpft. Vor langer Zeit konnte ein Mensch einen anderen besitzen und frei über sein Leben und Tod entscheiden – mehr Verfügungsmacht geht nicht. Dennoch galten auch in der Antike so etwas wie humanitäre Verhaltensnormen der Sklavenhalter. Schwach definiert, aber immerhin, es gab sie. Heute ist Sklaverei fast vollständig Vergangenheit.

Ein frühkapitalistischer Unternehmer konnte sich Entscheidungen erlauben, die heute menschenrechtlich und arbeitsrechtlich in den führenden Industrieländern undenkbar sind. Diesbezüglich gibt es immer noch große Unterschiede zwischen den Ländern der Welt, doch die Tendenzen sind unverkennbar:

Die Verfügungsmacht über Eigentum ist weder absolut noch unantastbar. Ihre auf lange Sicht kontinuierliche Minderung, die allmähliche Übertragung der Verfügbarkeit an die Gemeinschaft wird sich fortsetzen, bis zu ihrer Sinnlosigkeit – an der Grenze zur transhumanen Intelligenz.

So gesehen sind die Thesen des Kommunismus historisch begründet, zumindest theoretisch. Kein Mensch soll sich über einen anderen Dank seines Besitzes erheben können, weil alle gleichermaßen Besitzer sind. Ist das nicht das Paradies auf Erden? Dennoch hatte der erste große Versuch seiner Durchsetzung und Etablierung 1917–1989 ein desolates Ende. Wieso? Sozialtheorien, die eine gesellschaftliche Entwicklung erforschen, sind zwangsläufig reduktionistisch, sie können nicht alle Parameter beachten. So hat der Marxismus einen wichtigen Aspekt der Evolution außer Acht gelassen: den Drang zu höheren Positionen in der Rangordnung in der Gruppe oder in der Gesellschaft. Dieser Impuls ist genetisch bedingt und fürs Individuum förderlich, weil eine höhere Position die Verfügbarkeit über Ressourcen steigert. Er stört jedoch die Ideale des Egalitarismus. Deshalb musste er in marxistischen Gesellschaften aberzogen werden, wenn nötig durch Gehirnwäsche in Arbeits- und Umerziehungslagern.

Im Prinzip geht es um Besitz im weitesten Sinne des Wortes, also nicht nur um materielle Werte, sondern auch um Rechte, Sicherheiten, Annehmlichkeiten u. a. m. Jedes Mitglied einer Gesellschaft will seine Rangordnung mindestens beibehalten, für sich und seine Familie. Wenn Besitztum weitgehend abgeschafft wird und kaum noch etwas auf die hohe Kante gelegt, vererbt oder als Statussymbol gezeigt werden kann, bricht eine wichtige Leistungsmotivation weg.

M.6.2 PROLETARIER UND MILLIONÄR

Wieso sind die Reichen unersättlich? Sie haben eh schon Millionen, was wollen sie noch mehr? Die Antworten liegen im existenziellen Antrieb unseres Tuns: Die Bestrebung, mehr zu besitzen, um bei Rückschlägen und Verlusten so viel wie möglich von dem zu bewahren, was wir jetzt haben. Dafür werden Rücklagen gebraucht. Höhere Positionen in der Hackordnung ermöglichen auch höhere Rücklagen. Im Grunde genommen geht es um Versicherungen im weitesten Sinne des Wortes: Geld, Freunde, Aktien, ein neuer Kühlschrank, Ausbildungsbescheinigungen, Immobilien, eigener Wagen, Privatjet, Heiratsverträge, Sicherung der Privatsphäre oder auch nur dieser besondere Tonfall, den ich bei Gesprächspartnern erhasche, wenn sie erfahren, dass ich einen Sprung hinauf in der Hackordnung geschafft habe.

Stellen wir uns mal unvoreingenommen die Konsequenzen vor, die ein Multimillionär erleiden wird, der aus irgendwelchen Gründen nur noch eine mickrige Million auf dem Konto hat. Er wird weder hungern noch frieren und auch der Zugang zu den Standard-Annehmlichkeiten modernen Lebens wird ihm erhalten bleiben. Wirklich schmerzhaft für ihn ist der Verlust der Rangordnung in seiner Gruppe. Den größten Teil seiner Besitztümer, die symbolträchtig für seine Position standen – teure Anwesen, Yachten und andere Symbole des Reichtums – sind weg. Er wird etwas länger nachdenken müssen, wen er zu seiner Geburtstagsparty einlädt, ob er ein Catering anheuern wird, oder ob seine Frau an den Herd muss. Viele Freunde und Bekannten werden keine Zeit mehr für ihn haben. Wenn er seine Ausgaben nicht drastisch senkt, hat er bald gar nichts mehr auf seinem Konto. Er wird seinen Kindern sagen müssen, dass der Pony-Ausflug auf der Insel, auf den sie sich so gefreut hatten, nicht mehr möglich ist, weil er die Insel verkaufen musste, um Schulden zu begleichen.

Deutlich zeigt sich das Höhen- und Verhaltensgefälle zwischen Einkommensschichten, wenn man versucht sich vorzustellen, wie selten Durchschnittsbürger einen Obdachlosen besucht oder ihn zu sich einlädt. Für den verarmten Multimillionär hat der soziale Abstieg in seiner Gefühlswelt die ähnliche Dramatik wie für jeden Durchschnittsbürger, der aus welchen Gründen auch immer seinen Job verloren hat und jetzt von allen denkbaren Sorgen geplagt ist. Fakt ist, dass viele Werktätigen, Frauen und Männer, die frühmorgens aufstehen und tag-täglich ihre vielleicht unterbezahlte Arbeit verrichten müssen, es als Hohn empfinden würden, dass ihre Sorgen mit denen des verarmten Multimillionärs überhaupt verglichen werden.

Bevor wir uns für diesen Vergleich entschuldigen, denken wir jetzt an diejenigen, die in einem Land der Dritten Welt jeden Morgen so früh wie möglich zu einer Arbeitsstelle gehen, wo schon mehrere Jobsuchende Schlange stehen und warten, bis ein Aufseher kommt und sie auswählt. Wenn sie am Ende des Tages erschöpft, mit einem Hungerlohn in der Tasche nach Hause gehen, könnten wir ihnen dann etwas von den Nöten der Werktätigen in den Industrienationen erzählen? Von deren Sorgen, den Arbeitsplatz zu verlieren, bei der Grundsicherung zu landen und über nur noch einige hundert Euro monatlich zu verfügen (Miete und Krankenversicherung werden vom Staat bezahlt)? Nein, so etwas werden wir nicht tun, aus Respekt vor dem Leid dieser Menschen. Ihnen würde die Schilderung solcher Sorgen als Verhöhnung ihres Leids erscheinen.

Hierbei darf nicht ausgeblendet werden, dass es viel schlimmere Formen der Armut gibt, mit hungernden und unterversorgten Kindern und von einer beschädigten Umwelt schwer vergifteten Menschen. Die rechnerisch für eine bestimmte Gesellschaft definierte, andererseits rhetorisch immer wieder eingesetzte „Armutsgrenze" ist bei politischem Bedarf sehr elastisch.

Verarmung oder Bereicherung verursacht innerhalb aller Bevölkerungsschichten Unmut oder Glücksgefühle, bei den reichsten wie auch bei den ärmsten. Im Allgemeinen ist die Intensität des emotionalen Geschehens skaleninvariant. Er hängt in erster Reihe von der Richtung ab, aufwärts oder abwärts, weniger von der absoluten Höhe des Ist-Wertes. Wenn der Inhalt des Geldbeutels wirklich über Glück und Unglück entscheiden würde, müssten wir in Gemeinschaften leben, in denen der größte Teil der Bevölkerung chronisch weint und jammert, während die oberen Zehntausend unaufhörlich tanzen und lachen – das ist natürlich Unsinn, wobei es tatsächlich Mitglieder im Kreis der „Reichen und Schönen" gibt, deren hauptsächliche Aktivität aus Partymachen zu bestehen scheint.

Während der Winterolympiade 2022 ist eine fünfzehnjährige Eisläuferin, mit berechtigten Erwartungen auf die Goldmedaille, unglücklich gestürzt und konnte nur noch den vierten Platz belegen. Eine ganze Welt zeigte Mitgefühl für das Leid und die Enttäuschung des blutjungen Ausnahmetalents, fast noch ein Kind, das dem immensen Erwartungsdruck vielleicht nicht gewachsen war. Darf man ihren Schmerz nüchtern relativieren, mit Seitenblick auf die Millionen jungen Sporttalente, die ähnliche Hoffnungen nicht einmal in Betracht ziehen können? Darf man ihr vorwerfen, egoistisch zu sein? Nein. Jeder Mensch hat seine gefühlten und gelebten Hochs und Tiefs in der Ebene, auf der er sich gerade befindet. Unsere Gefühle und Mitgefühle sind Produkte der Evolution, nicht künstlich eingeimpfte Verhaltenstriebe.

Wenn wir den Sog der Ranghöhe und auch noch den fundamentalen Erhaltungstrieb hinzufügen, werden wir besser verstehen, wie relativierbar und manchmal sogar falsch die einfachen Antinomien wie „reich" und „arm" sein können. Das individuelle Einkommen „unterhalb der Armutsgrenze" im Falle wirtschaftlich bessergestellter Länder steht in keinem

Verhältnis zur „absoluten Armutsgrenze“ von 2 Dollar pro Tag, mit denen die meisten Nigerianer ihr Leben fristen müssen. Das Bemessungsinstrument der Armutsgrenze ist und bleibt notwendig, doch als politische Keule sollte es nicht missbraucht werden.

Zunächst wird jeder in seiner Gruppe für seine Rangordnung kämpfen, der eine oder andere unter Umständen mit grenzwertigen oder sogar verwerflichen Mitteln, um nur nicht von den anderen übervorteilt zu werden. Wie Maradona, der in einem wichtigen Spiel bei der WM den Ball mit der Hand („Es war Gottes Hand!“) ins englische Tor befördert hat, oder wie Michael Schumacher, der in voller Fahrt den Wagen eines Konkurrenten gerammt hat, um ihn aus dem Rennen zu stoßen. Diese beiden weltbekannten und erfolgsverwöhnten Reichen besaßen doch viel mehr als die große Mehrheit der anderen Menschen, sie waren zudem bejubelt und geliebt. Was wollten sie denn noch? Die Gesellschaft braucht Spitzenleistungen, Individuen mit unbedingtem Siegeswillen, die oft von der Versuchung heimgesucht werden, das Ziel wenn nötig durch unlautere Mittel zu erreichen. Habgier wird als verwerflich betrachtet, dabei ist sie ein evolutionär entstandener Erhaltungstrieb. Zweckdienlich gezügelt ist er ein starker Motor des Fortschritts. Um ihn zu kontrollieren, braucht die Gesellschaft in allen Bereichen Regeln, die so weit wie möglich für Gerechtigkeit sorgen. „Power without Control is Nothing“ lautet ein äußerst gelungener Werbeslogan eines Reifenherstellers.

Der hier beschriebene Aufstiegsdrang um fast jeden Preis klingt bedrohlich, weil er nur eine Facette des gesellschaftlichen Lebens darstellt. Ihn grundsätzlich ausmerzen zu wollen ist falsch. Ihn angemessen einzudämmen ist richtig. Die Unterschiede zwischen arm und reich sind groß und können zeitweilig sogar noch wachsen, doch die Verfügungsmacht der Reichen wird durch die zunehmende Sozialisierung kontinuierlich geschwächt.[47] Hinzu kommt, dass diejenigen, die etwas mehr haben als sie

47 vgl. Kap. M.6.1 – Was ist Besitz?

zum Lebensunterhalt brauchen, meist bereit sind, mit anderen zu teilen, über Almosen, Spenden, Stiftungen, Geschenke u. a. m. Diese Entwicklung ist heutzutage so weit gediehen, dass sogar Stimmen aus den Kreisen der Vermögenden höhere Besteuerungen der Reichen befürworten. Allerdings würde für sie eine massive Beschneidung des Vermögens nicht infrage kommen. Der zeitgerechte Abstand in einer bestimmten Gesellschaft zwischen arm und reich bleibt ein wichtiger Motor des Fortschritts. Zu kleiner Abstand schwächt den subjektiven Antrieb, zu viel davon lässt Entwicklungsfelder brach liegen und provoziert Revolten. Wie in ziemlich allen Belangen der Gesellschaft ist die Mitte die beste Lösung. Langfristig wird dieser Abstand kleiner, mehr noch, in fernerer Zukunft verliert er seine Bedeutung – aber so weit sind wir noch lange nicht.

Gewaltsamer Egalitarismus hat dazu geführt, dass überall, wo es Grenzen zwischen einem sozialistischen und einem marktwirtschaftlich geführten Land gibt oder gab, ein einseitiger Migrationsdruck herrscht: Menschen wollen raus aus der Utopie, doch die Führung des Landes verbietet es ihnen, oft mit Waffengewalt. Umgekehrt will kaum jemand in eine gewaltsame, unreife Utopie auswandern.

Auffällig ist die Einseitigkeit des Migrationsdrucks im Falle von ehemals einheitlichen Ländern, die infolge von Auseinandersetzungen gespalten wurden – etwa West- und Ostdeutschland, Nord- und Südkorea, vor Jahrzehnten Nord- und Südvietnam. Auch an der gesamten Grenze zwischen den Ländern des ehemaligen Ostblocks und ihren markwirtschaftlichen Nachbarn herrschte dieser einseitige Migrationsdrang von wirtschaftlich niedriger zur hohen Effizienz, von der erzwungenen zur gewachsenen zivilen Reife.

M.7 „LINKS" UND „RECHTS"

Wer seinen Wagen seitlich in einer Lücke am Straßenrand parken möchte, muss erst eine Wagenlänge zu weit vor die Lücke fahren, dann rückwärts parken, weil nur die Vorderräder steuerbar sind. Wer vorwärts in die Lücke fährt, wird zwangsläufig in einem ungünstigen Winkel landen; das Rad, welches die Bordkante berührt, muss weiter über die Kante hinauffahren und nach kurzer Kurve zurück zur Fahrbahn kommen. Das ist eine *Übersteuerung*. Das heißt, das Rad rollt über die Ziellinie hinaus und dann zu ihr zurück, ein Prozedere, das bei Messvorgängen in der Industrie systematisch eingesetzt wird.

Auch gesellschaftlich ist das Übersteuern ein allgemeines Vorgehen. Angefangen mit Liebeserklärungen, wo nach zwei Stunden, zwei Jahren oder zwanzig Jahren zurückgerudert wird, bis zu den Slogans von Politikern, die sich zur Wahl stellen: „Ich werde die Korruption in diesem Land beenden!" Und dann, nachdem sie gewählt wurden, scheint die Korruptionsbekämpfung nicht mehr ganz so dringend zu sein; es wird zurückgerudert.

Die Herrschenden in realsozialistischen Ländern mussten sich schon früh der Tatsache stellen, dass Egalitarismus die Leistungsfähigkeit mindert und dass die Ursachen dafür in der Mentalität der Menschen zu suchen sind. Aus diesem Grund wurde von den Machthabern und Politstrategen das Leitbild des „Neuen Menschen" aufgestellt, dessen selbstlose Gesinnung die unterdrückten Anreize ersetzen soll. Diese ideologische Gesinnung ist jedoch von der natürlichen Evolution nicht mitgeliefert, sie muss erst anerzogen werden. Das ist nur möglich, wenn der gesamte Staatsapparat eingespannt wird. Bedingung dafür ist das Einparteiensystem. Der Kern des Kommunismus ist, wie schon das Wort es sagt, die Vergemeinschaftung des Eigentums. Zu diesem Zweck wurde ein gewaltiger Übersteuerungsprozess in Gang gesetzt – eine einheitliche Ideologie, harte Strafen für ihre Leugner, einseitige Bereinigung der Geschichte und Kultur, totale

Medienkontrolle, Umerziehungslager und noch vieles mehr – alles mit dem Ziel, das Richtige für die wundervolle vorgezeichnete Zukunft der Menschheit zu tun.

In allen utopisch orientierten Gesellschaften sichern sich die Machthaber selbst, abseits von der aufkommenden Misere, Nischen eines persönlichen relativen Wohlstands.[48] Das sind nicht Einzelfälle, es war und ist in sozialistischen Staaten mehr oder weniger die Regel. Es ist der Widerspruch zwischen egalitären Idealen und der notwendigen Machtordnung in einer Gesellschaft. Das Scheitern des Traums „Kommunismus“ war das unvermeidliche Ergebnis einer Übersteuerung. Was ist das Gegenteil von gut? Gut gemeint!

Das Einparteiensystem mit seiner verlockenden Machtfülle konnte sich in nur wenigen Fällen vom wirtschaftlichen Kern des Kommunismus trennen, etwas vorsichtiger im ehemaligen Jugoslawien, dafür überraschend radikal in China. Vietnam scheint auch auf diesem Weg zu sein. Es bahnen sich Widersprüche an, der mittelfristig zu sozial-politischen Verwerfungen führen könnten. Wir dürfen gespannt sein.

Das Scheitern des Realsozialismus bedeutet auf lange Sicht nicht die Umkehr der Bewegung der Gesellschaften nach „Links“, in Richtung weniger Ungleichheit und mehr Gerechtigkeit.

Bemerkenswert ist der Spruch, den Harry Truman, Präsident der USA 1945–1953, geäußert haben soll: *„Die Gesellschaft bewegt sich nach links. Wir müssen aufpassen, dass das nicht zu schnell geht“.*

---

48 „Alle Tiere sind gleich. Einige sind noch gleicher“ (George Orwell – „Animal Farm“, 1945)

M.7.1 PRIVATISIERUNG ODER VERSTAATLICHUNG?

Linke Gesinnungen neigen zum Allheilmittel Verstaatlichung. Sie haben Ausbeutung und Habgier als Hauptursache allen Übels in privatrechtlich geführten Systemen erkannt, wie auch das Mittel ihrer Beseitigung: mehr staatliche Kontrolle.

Liberale Gesinnungen neigen zum Allheilmittel Privatisierung und Reduzierung staatlicher Kontrolle. Das ist das Gegenprojekt zum realsozialistischen Staat, der geprägt ist durch Misswirtschaft, Vetternwirtschaft, Verschwendung und Trägheit.

Persönliche Verantwortung ist in einem allmächtigen Staat schwach ausgeprägt, schnell werden bei Bedarf Bauernopfer gebracht. Napoleon Bonaparte soll gesagt haben: „*Wenn du willst, dass etwas gemacht wird, beauftrage einen Mann. Wenn du willst, dass es nicht gemacht wird, ernenne eine Kommission*".

Kaum nötig zu sagen, dass beide Prinzipienpakete teilweise stimmen. Das Problem ist, das optimale Maß zu finden zwischen diesen Extremen.

Was ist „privatrechtlich"? Beschreiben wir jetzt das eine Ende einer Morphing-Strecke: Auf meinem Acker darf ich anbauen, was ich will, düngen, wie ich will, die Saat gegen Krankheiten, Insekten und Nager schützen wie ich will, den Preis für die Feldfrüchte bestimmen, verkaufen an wen ich will – soweit die einfache Theorie. Aber, ein Schritt weiter: Darf ich Cannabis anbauen? Mohn für Opium? Darf ich nach Gutdünken düngen und Insektizide einsetzen, bis die letzten Bienen und Singvögel verreckt sind? Darf ich einen Erntehelfer einfach vor die Tür setzen, weil er sich bei der Arbeit verletzt hat und dadurch meinen Gewinn schmälert? Noch ein Schritt weiter:

Was ist „staatliche Kontrolle"? Hier zwei Extremformen am anderen Ende der Strecke: In den kambodschanischen Umerziehungslagern sollen Menschen erschossen worden sein, weil sie an versteckten Ecken Gemüse angebaut hatten, um ein bisschen mehr essen zu können. Ihre verwerfliche Tat war ein schweres Vergehen gegen die Prinzipien, weil dadurch das

Ideal der absoluten Gemeinschaftlichkeit missachtet wurde. In Stalins Sowjetunion war es den Kolchos-Mitgliedern strengstens verboten, nach der maschinellen Ernte nicht aufgegabelte Kartoffeln zu suchen, weil immer wieder „gewissenlose" Führer von Erntemaschinen dafür sorgten, dass auf dem Acker mehr Kartoffeln für die Bauern übrigbleiben. Unmengen Gemüse verrotteten auf den Feldern, während hunderttauende Bauern verhungerten.

Der Kompromiss. Ein klein wenig zurück in Richtung Privatrecht: Nordkorea litt in den vergangenen Jahrzehnten unter endemischen Hungersnöten. Heute weniger, weil die Partei den Bürgern erlaubt hat, winzige Parzellen und kleine, bescheidene Unternehmungen fast privatrechtlich zu bewirtschaften. Eine anscheinend zu mickrige Lockerung, wenn man die letzten Nachrichten von einer neuen Hungersnot im Land beachtet.

Von beiden Enden der Morphing-Strecke privat/staatlich sollte sich eine erfolgreiche Gesellschaft in Richtung Mitte bewegen, dorthin wo verschiedene Wirtschaftsmodelle der heutigen Staaten angesiedelt sind. Unterschiede gibt es, manche unangenehm nahe an der linken Extremität, doch unterm Strich wächst auf Zeit die Entfernung zu den Extremitäten. Der Fall der Berliner Mauer hat in Osteuropa sogar einen massiven Ruck in Richtung Liberalität ausgelöst. Privatisierung steigert Effizienz und Wohlstand, aber auch das Risiko für die Mitarbeiter, den Arbeitsplatz zu verlieren, und für das gesamte Unternehmen, in die Pleite zu schlittern. Verstaatlichung bringt Stabilität und Planungssicherheit für die Mitarbeiter und für das Unternehmen, aber Effizienz, Verantwortungsbewusstsein und Wohlstand leiden. Dabei sind beide Alternativen – nicht nur in der Wirtschaft – Teiltrassen eines kontinuierlichen Morphing-Bands. Werfen wir einen Blick auch auf die Tierwelt, es ist wie ein Blick in den Spiegel:

- Ein Tiger ist ein Einzelunternehmer par excellence. Seinen Lebensunterhalt muss er ganz alleine bestreiten. Wenn er schwächelt, verhungert er.

- Versehrte Löwen müssen nicht unbedingt verhungern, das Rudel lässt auch ihnen etwas übrig. Betriebswirtschaftlich sind sie sowohl Einzelunternehmer als auch Mitglieder ihres gemeinschaftlich agierenden Rudels.
- In vorigen Jahrhunderten waren kanadische Fallensteller monatelang Einzelunternehmer auf Biberjagd. Doch dafür brauchten sie Eisenfallen, die von anderen hergestellt waren, und sie mussten auch ab und zu ihre Felle verkaufen, um zu leben. Beim Menschen ist die soziale Komponente immer dabei.
- Manche Familienunternehmen beschäftigen tatsächlich nur Familienmitglieder.
- Größere Familienunternehmen beschäftigen meist auch nicht verwandte Angestellte. Ganz große können sogar Wirtschaftszweige in einem Staat kontrollieren. Und sie können verstaatlicht werden, vollständig oder partiell, vorübergehend oder fristlos.
- Einige Unternehmen sind so wichtig für die Existenz des modernen Staates, dass sie nur unter seiner vollständigen Kontrolle existieren dürfen – zum Beispiel die Streitmächte oder die Polizei, obwohl es in diesem Fall auch Übergangsformen gibt, Milizen mit mehr oder weniger begrenzten Aktionsrechten, Wachtpersonal mit eingeschränkten Befugnissen und auch die persönlichen Bodyguards.

Die hier vorgestellten Stichproben aus dem Morphing-Band zwischen individuell und sozial zeigen nur einen Bruchteil der gemeinschaftlichen Formen. Je mehr Beispiele gezeigt werden, desto deutlicher wird die Kontinuität dieses Bandes, bis zum Punkt, an dem man sich fragen muss: *Wo genau sind die Grenzen zwischen privat und staatlich?*

Im zwischenstaatlichen Verhältnis gilt auf einer höheren Ebene Ähnliches. Das Gebot der „Nichteinmischung in die inneren Angelegenheiten eines Staates“ ist ein Merkmal der Abgrenzung eines in einem sehr großen Maßstab „privaten“ Bereichs (staatliches Hoheitsgebiet). Allerdings ist dieser Bereich im Rahmen der weltweiten Integrationsbestrebungen immer weniger unabhängig, er beugt sich immer mehr den gemeinschaftlichen Vereinbarungen mit anderen Staaten. Wie etwa in der EU, wo staatsinterne Entscheidungen teilweise nur mit Genehmigung von Brüssel umgesetzt werden können. Wie so oft, kann nur ein politisches Tauziehen Lösungen finden, die nicht zu weit vom Optimum entfernt sind. Und dieses Optimum bewegt sich unregelmäßig, mit zuweilen starken Ausschlägen, aber im Schnitt historisch erkennbar in die von Truman angedeutete Richtung: nach links. An dieser Stelle sollten, soweit möglich, die Invarianz-Bereiche der in der Politik üblichen Begriffe „links", „liberal" und „rechts" einigermaßen skizziert werden.

- „*Links*" könnten die progressiven Tendenzen zu Änderungen der Gesellschaft genannt werden. Primär angestrebt ist die Angleichung von Besitz und Verfügungsmacht. Was weniger gut ist, soll geändert werden. Träumerei ist immer mehr oder weniger dabei. Übersteuerungs-Entwicklungen hat es in dieser Richtung immer wieder gegeben, wie im Sowjet-Imperium, aber auch in viel bescheidenerem Umfang, wie etwa im Zuge der 2015 in Deutschland gestarteten „Willkommenskultur" für Flüchtlinge, denen ohne besondere Überprüfung unterstellt wurde, dass sie zu den Guten gehören. Übersteuert sind neulich auch die Forderungen im Rahmen der Gender-Diskussionen. Militante linke Züge sind auch der Woke-Bewegung in den USA eigen. Barack Obamas Aufruf „Seid nicht zu woke!" lässt mögliche Überspannungen erahnen. Bei linken Mehrheiten entwickeln sich Überzeugungen, das Gute müsse, wenn nötig, auch mit Zwangsmaßnahmen durchgesetzt werden. Im Extremfall führt das zu Diktaturen „im Namen des Volkes".
- „*Extrem links*" sind die uneinsichtigen, von einem ideologischen Tunnelblick geleiteten Aktivisten, Kämpfer oder Massenbewegungen, etwa im ehemaligen Zaren-Russland, in Kambodscha oder Nordkorea, aber auch kleine politische Gruppierungen, z. B. die „RAF" in Deutschland. Allgemein kann die Anhängerschaft von praktisch nicht erreichbaren sozialen Idealen so eingeordnet werden. Die Hemmschwellen bei der

Wahl der Mittel – gut und gerne die physische Gewalt – sind bei extrem linken Gruppierungen niedrig.

- „*Rechts*“ könnten die konservativen Tendenzen genannt werden. Eine mehr oder weniger ausgeprägte Dosis von Pragmatismus schwingt immer mit. Was funktioniert, egal ob gerecht oder nicht, sollte von Unruhestiftern nicht gestört werden.
- „*Extrem rechts*“ sind die Tendenzen zum Erhalt um jeden Preis alter Vormacht-Stellungen, oft in Abschottungsideologien eingebettet. Wie auch bei den Linksextremisten, sind bei den Rechtsextremen die Hemmschwellen bei der Wahl der Mittel niedrig. Die im kleinen Umfang im Namen der „NSU“ oder massenhaft im Namen des „IS“ verübten Morde und Menschenrechtsverletzungen bezeugen es.
- „*Liberal*“ ist die Tendenz, Handlungsfreiheit und wirtschaftliche Effizienz als erste Prioritäten der Gesellschaft zu betrachten. Die Fähigeren soll man machen lassen und Gesetzesvorgaben aufs Nötigste reduzieren. Liberalismus tendiert zu wirtschaftlichen Höchstleistungen, oft mit dem Preis eines betonten Auseinanderdriftens zwischen arm und reich. Etwas radikaler ist der „*Neoliberalismus*“.
- Als Überstrapazierung des liberalen, aber auch des linken Konzepts könnten teilweise der „*Antiautoritarismus*“ und „*Anarchismus*“ gedeutet werden. Einen Anspruch auf gesellschaftliche und wirtschaftliche Effizienz können solche Gesinnungen nicht erheben.

Extreme linke oder rechte Gesinnungen sind nicht einfach Verschärfungen linker oder rechter Positionen. Linksextremisten wie auch Rechtsextremisten nehmen nur zum Teil und verzerrt die Probleme der Gesellschaft wahr. Ihre Lösungsvorschläge sind oft realitätsfremd, oder einfach Ausdruck persönlicher Wunschvorstellungen. Oft erblühen hier skurrile, verantwortungslose oder sogar gefährliche Tendenzen.

Im Menschenteppich ist alles zu finden. Es bleibt die ewige Empfehlung: Die Mitte sollte angestrebt werden. Schön für die, die glauben, sie zweifelsfrei definieren zu können. Es tut gut zu erfahren, dass die glaubwürdigsten Radio- und TV-Moderatoren diejenigen sind, bei denen man nicht leicht erkennt, ob sie Links oder Rechts stehen.

Diese Darstellungen sind stark vereinfacht. Keine reale Partei nimmt lupenreine Positionen in dieser ideologischen Skala an – Parteien sind auch Interessensvertretungen für Ziele, deren Einordnung widersprüchlich sein kann. Das streckenweise langsame, zähflüssige Fortschreiten der Gesellschaften und Lebensgemeinschaften der Welt ist ein Strom mit Mäandern, Stromschnellen und allerlei Widrigkeiten, begleitet von Verlusten, Enttäuschung und Schmerz, doch er fließt. Die historisch allgemein erkennbare Richtung führt zu mehr Gemeinschaft, mehr Solidargesellschaft, mehr „Verstaatlichung", wenn man die Weitsicht hat, sich den miserablen Auswirkungen ihres verfrühten Einsatzes entgegenzusetzen.[49]

M.8 ZWISCHEN GERECHTIGKEITSBESTREBEN UND DEM SOG DER RANGHÖHE

Für den Begriff „Gerechtigkeit" gibt es in der Philosophie, Soziologie oder Politik jede Menge schöner Phrasen, aber keine konsistente Definition. Ebenso wie für das Begriffspaar „Ordnung/Unordnung" in der Physik oder „Gut/Böse" in der Ethik, obwohl jeder, der diese Begriffe verwendet, zu wissen glaubt, was er damit meint. Das hat seine Gründe. Nähern wir uns anhand von Beispielen an den Kern des Begriffs „Gerechtigkeit". Was glaubt ein Mensch, der meint, ungerecht behandelt worden zu sein?

- Er lebt in einer Gemeinschaft, in der er eine gewisse Rangordnung einnimmt. Beginnen wir bei der Gefühlswelt eines Kindes. Die Rangordnung seiner Eltern ist naturgemäß höher. Wenn diese sich ein neues Auto kaufen, stellt sich das Kind nicht die Frage, wieso die Eltern über Geldsummen frei verfügen können, die für es unerreichbar sind. Wenn

49 vgl. Kap. M.6.1. Was ist Besitz?

aber seine altersnahen Geschwister ohne ersichtlichen Grund wöchentlich drei Euro Taschengeld mehr bekommen als er, dann ist er sauer und fordert Gerechtigkeit.

- Seine Eltern bewerten Gerechtigkeit auf ihrer Ebene. Wenn in der Zeitung steht, dass der Sultan von Brunei oder ein millionenschwerer Rapper sich vergoldete und mit Edelsteinen bestückte Saunas haben einrichten lassen, nehmen sie die Nachricht vermutlich nicht einmal richtig wahr. Wenn sie aber durch eine Indiskretion erfahren, dass ein Kollege, mit dem sie Seite an Seite die gleiche Arbeit verrichten, ein höheres Gehalt bezieht, werden sie sauer und fordern Gerechtigkeit.
- Es ist selbstverständlich, dass ein Individuum innerhalb seiner Gruppe das Beste haben möchte, was er bekommen kann, und die Chancen, das Ersehnte zu bekommen, steigen mit dem Rang.
- Der Einzelne will sicher sein, dass er von anderen ranggleichen Mitgliedern nicht übervorteilt und herabgestuft wird. Wenn das aber geschieht, steigt sein Adrenalinpegel. Verärgert kann man natürlich aus vielen Gründen sein – die Interessensverflechtungen sind kompliziert.

Zunächst aber bleiben wir bei den Grundsätzen. Gerechtigkeitsbestrebungen machen innerhalb der eigenen Gruppe und innerhalb der eigenen Hierarchie Sinn. Der Einzelne will für sich und für seine Gruppe überall Gerechtigkeit erfahren, und, wenn möglich, eine höhere Rangordnung erreichen – das wiederum ist der *Sog der Rang-Höhe*, von dem sich bei Gelegenheit jedes höher entwickelte soziale Wesen leiten lässt.

Es ist allzu natürlich, dass solche Bestrebungen mit der Entfernung zwischen den Gruppen und dem Ranghöhen-Unterschied verblassen. Die schwache Resonanz der Nachrichten über den gruppenmäßig weit entfernten Sultan von Brunei und des steinreichen Rappers zeigen es. Wenn ich lese, dass die Fußballer eines Klubs die japanische oder puerto-ricanische Herbstmeisterschaft gewonnen oder verpasst haben, verspüre ich nicht die geringste Regung, wohl wissend, dass zehntausende Mitglieder anderer Gruppen daraufhin im siebten Himmel oder am Boden zerstört sind.

Wenn sich jemand innerhalb einer Gruppe auf einer leicht höheren Position befindet, kann das ein Verdachtsmoment für die anderen Mitglieder der Gruppe sein. Es regt sich der Neid. Wenn dieser Jemand wiederum so weit abhebt, dass er eine stabile höhere Rang- bzw. Machtposition in der Hierarchie einnimmt (er wird Chef), ändern sich die emotionalen Maßstäbe. In seinem neuen Invarianz-Gebiet mutieren die Gesetze der Machtordnung. Das höhere Einkommen des Chefs möchte man haben, doch Neid ist das nicht unbedingt – es sei denn, man glaubt, selber die Chef-Position verdient zu haben. Gewerkschaftsbosse waren oft einfache Mitglieder der Arbeiterschaft. Ihr aktuelles Einkommen ist für ihre ehemaligen Kollegen unerreichbar, doch die Ungleichheit wird von allen mehr oder weniger akzeptiert. Das ist, wenn man so will, der Preis, den das einfache Gewerkschaftsmitglied für den erwarteten Erfolg im Arbeitskampf zu zahlen gewillt ist.

Im Verhältnis zwischen unter- und übergeordneten Gruppen wirken vornehmlich andere emotionale Felder der Machtordnung: Zustimmung oder Ablehnung, Disziplin oder Aufmüpfigkeit, Treue oder Verrat und ähnliche Antinomien.

Eigenartig wirkt sich das Gerechtigkeitsgefühl aus, wenn es um gemeinsame Ziele der Gruppe geht, die für einige Mitglieder mit Verzicht einhergehen. Ziemlich deutlich hat sich das in der Corona-Pandemie gezeigt, als Moralisten und Impfgegner auf Gerechtigkeit pochten und sich gegen „ungerechte" Freiheiten für Geimpfte und Genesene stellten. Ein Witz aus Osteuropa: Der liebe Gott kommt von den Wolken runter, um sich die Belange der Menschen anzuhören. Ein Erdbewohner schildert ihm sein hartes Leben. „Wünsch dir etwas", sagt der Allmächtige, „ich kann es wahr werden lassen". „Naja, ich habe keine Haustiere. Mein Nachbar hat eine Ziege, die ihm Milch und Wolle gibt". „Und was ist dein Wunsch?" „Tu was, dass seine Ziege stirbt!". Dieser Witz ist überspitzt, wie alle Witze, doch er ist ein Fingerzeig auf einige unserer Gefühlsansätze.

Soziale Hierarchie ist Rang- und Machtordnung. Obwohl sie in einem konsequent moralischen Sinn gar nicht gerecht sein kann, ist sie lebenswichtig für die Gemeinschaft und muss permanent eine Gratwanderung absolvieren: Zu viel davon ist Autokratie oder gar Tyrannei, zu wenig davon würde die Gemeinschaft auseinanderdriften lassen und sich selbst schaden. Erfolgreiche Gesellschaften haben im gegebenen historischen Kontext einen effizienten und für ihre Mitglieder mehr oder weniger akzeptablen Kompromiss zwischen Gerechtigkeit und Machtordnung gefunden. Das Morphing-Band zwischen Autokratie/Tyrannei und Egalitarismus/Anarchie zeigt ungefähr in seiner Mitte die gesellschaftliche Form der *Demokratie* (siehe die Diagonalen in Kap. L2).

In einer Gesellschaft bewegt sich ein Mitglied in einem Superpositionsbereich von Gerechtigkeitswunsch und Aufstiegsbestreben.

Im Laufe der Evolution war es bei Tieren und Menschen immer so, dass rangniedere Individuen bei jeder Gelegenheit höhere Positionen in der Gruppe anstreben. Mehr noch: In größeren Populationen von höher entwickelten Lebewesen streben rangniedere Gruppen *als Gruppe*, also als Entität der Gemeinsamkeit, höhere Positionen an. Aufschlussreich kann ein Blick auf die Seilschaften sein, die sich bei Schimpansen bemerkbar machen. Bei Menschen ist dieser Drang selbstverständlich; oft bilden sich in diesem Sinne Gruppen mit ethnischem Hintergrund. Abseits von ethnischen oder religiösen Voraussetzungen gibt es in Produktionsstätten die Gruppe der Angestellten und die der Bosse, Entscheidungsträger und Besitzer. Das ist die Voraussetzung für den von Marx und Engels definierten Klassenkampf.

M.8.1 DISKRIMINIERUNG UND MACHTHUNGER

Wenn Individuen und Gruppen nebeneinander und miteinander leben, kommt es bei Verteilungen von begrenzten Gütern oder Rechten zu Auswahlverfahren. In Abwesenheit anderer Kriterien nimmt der stärkere Part für sich und seine Familie das Beste. Auch millionenschwere Nationen folgen diesem Bestreben: Die Rechte des Bürgers eines Staates können sich in seinem Hoheitsgebiet jederzeit darauf berufen – die Bürger eines anderen Staates nicht, oder nur eingeschränkt. Auf dem Hoheitsgebiet meines Staates bin ich in einigen Angelegenheiten „stärker" als ein Fremder.

Unterschiedliche Rechte zwischen Bürgern unterschiedlicher Staaten sind wertfrei betrachtet Formen von Diskriminierung, doch so sollten sie nicht lieber bezeichnet werden. Dafür sind sie viel zu notwendig und selbstverständlich. Wenn es aber um miteinander lebende, aber gruppenmäßig voneinander abgegrenzte Bürger desselben Staates oder Gebietes geht, können eigendynamisch Diskriminierungen entstehen – bei höherer ziviler Reife geschieht das weniger bis gar nicht.

Selbstverständlich muss die Intensität der Gruppenzugehörigkeit beachtet werden: Wenn ein Familienmitglied sich etwas aus dem Kühlschrank holt, werden es die anderen möglicherweise nicht einmal bemerken. Wenn ein Fremder an der Tür klingelt und den Zugang zum Kühlschrank erbittet, weil er Lust auf was Süßes hat, wird er abgewiesen. Ist das Diskriminierung? Die Frage scheint sinnlos, aber die Motivation des Geschehens folgt den strukturellen Gesetzen der Gruppenverhältnisse. Nicht jede unterschiedliche Behandlung kann Diskriminierung genannt werden. Das oben genannte Kühlschrankbeispiel ist der Anfang einer Morphing-Strecke, die über unbedeutende Privilegien für Mitglieder einer Gruppe, über Missachtung der Rechte anderer Gruppen bis zu Fremdenfeindlichkeit und Hass mit schlimmsten Folgen geht, bis zu Gewaltakten wie die brutale Vertreibung der Rohingya in Myanmar oder die Ermordung einer Million Tutsis in Ruanda.

In Bezug zum Machthunger offenbart ein in Wikipedia geschilderte Beobachtung erstaunliche Parallelen zwischen Tier- und Menschengesellschaften.

> *In einem Experiment wurde einem rangniedrigen Affen eine Elektrode ins Gehirn implantiert, die dort das Nervenzentrum für Drohverhalten stimulieren konnte. Das solcherart vom Versuchsleiter bei passenden Gelegenheiten „gedopte" Tier stieg in der Rangordnung unaufhaltsam auf, bis es den Spitzenplatz einnahm – und auch dann behielt, als die Elektrostimulation beendet wurde. Auf diese Weise konnte gezeigt werden, dass bei Primaten nicht allein die Körperkraft für den Rang in ihrer Gruppe verantwortlich ist, sondern darüber hinaus auch gleichsam psychische Dispositionen wie Wagemut.*

Um jetzt bei den Menschen zu bleiben, es gab bei hoch entwickelten, stark strukturierten Gesellschaften immer einen gewissen Druck der niederen Ränge auf die höheren Ränge in Richtung Angleichung der Rechte und Lebensbedingungen. Die ganz großen Etappen in der Geschichte waren die Sklaverei in der Antike (und auch später), die Leibeigenschaft im Mittelalter und in der Renaissance, sowie der Proletarierstatus im Frühkapitalismus.

Diese an großen Zeiträumen bemerkbare Verschiebung in Richtung mehr Demokratie, mehr Freiheit, mehr Gerechtigkeit – wohlwissend, wie subjektiv und relativ diese Bezeichnungen sind – besteht auch heute und wird sich fortsetzen. Eine scheibchenweise Korrektur der Gerechtigkeit oder auch Angleichung des Gruppenrangs – wie man's möchte – wird auch durch das periodische Tauziehen zwischen Gruppen unterschiedlicher Ranghöhe erreicht. Als Beispiel können die Tarifverhandlungen dienen, zwischen Arbeitnehmern, die 6 % mehr Lohn fordern, und Arbeitgebern, die 2 % anbieten. Nach einiger Zeit einigt man sich, mit oder ohne Streik, auf 4 %.

Das ist ein Tauziehen, nicht ein Kampf auf Sieg oder Niederlage, wie ihn die extrem Linke sieht. In der sozialen Marktwirtschaft wahrt dieses Tauziehen eine gewisse Balance der Kräfte und Interessen. Es hält den Motor der Gesellschaft am Laufen.

M.9 RECHTSPRECHUNG UND GERECHTIGKEIT

Gesetzgebung und Rechtsprechung sind schwierige Aufgaben. Idealerweise angestrebt wird, dass innerhalb der großen Gruppe „Staat“ alle Individuen vor dem Gesetz gleichbehandelt werden. Genauer: dass möglichst Wenige sich benachteiligt fühlen. Das ist ein erstrebenswertes aber nie vollständig erreichbares Ziel. Wir hatten schon das Prinzip „gleicher Lohn für gleiche Arbeit“ besprochen; unmöglich, es kompromisslos zu befolgen.

Aus solchen Gründen erlaubt und fordert das Gesetz vorsorglich ausgleichende Gerechtigkeit, an vielen Stellen, wo echte Gleichberechtigung nicht möglich ist. Zum Beispiel: Für bestimmte Vergehen zahlen wohlhabende Sünder nicht die Einheitsstrafe, sondern einen höheren Betrag, der sich nach dem Einkommen richtet, etwa in Tagessätzen bemessen. Zu weit kann man allerdings mit der ausgleichenden Gerechtigkeit nicht gehen. Der Aufwand wäre unverhältnismäßig und nicht wirklich zufriedenstellend. Damit dürfte es noch einmal klar werden, wie schwierig es ist, so etwas wie die „Vereinigten Staaten von Europa“ auf die Beine zu stellen. Übrigens, in den USA – wo eine einheitliche Rechtsprechung eher möglich wäre – walten je nach Staat in vielen Bereichen unterschiedliche Gesetze.

Nichtdestotrotz verhält sich bei diesem Thema die gesamte Menschheit zunehmend wie eine Vernetzung von kommunizierenden Gefäßen. Die Tendenz der allgemeinen Integration ist deutlich, der Weg dahin ist eine Morphing-Strecke in einem weltweit sich bildenden Föderalismus-Gebiet. Dennoch, einen einheitlichen Staat rund um den Globus wird es in einer absehbaren Zukunft nicht geben, es sei denn, der Begriff „einheitlicher Staat“ wird erweitert. Nur als Anmerkung: Der „Brexit“ ist kein Wendesignal, er ist nur ein Mäander auf diesem Weg.

N. SOZIALE IDEALE UND TRÄUME

N.1 FREIHEIT DES EINZELNEN

Um dem Naturzustand, dem Krieg aller gegen alle, zu entgehen, geben Bürger im Tausch für Sicherheit und Zivilfrieden Teile ihrer Freiheiten auf, was in einem Gesellschaftsvertrag zwischen Volk und absolutem Herrscher festgehalten wird.
(Thomas Hobbes, „Leviathan", 1651)

Bin ich ein freier Mensch? Um es genauer zu wissen, beobachte ich mich bei meinem Tun. Mal sehen, was ich erfahre. Ich bin nachts in einer Stadt zu Fuß unterwegs und muss pinkeln. Das nächste Klo würde mich zu einem Umweg zwingen. Ich gucke kurz, niemand in der Nähe – also könnte ich die Gebäudewand neben mir berieseln. Was aber, wenn mich doch jemand sieht? Lautstark wird sich kaum jemand äußern, aber mich mit Verachtung wahrnehmen. Das würde an meinem Selbstwertgefühl nagen. Also nein, ich werde es nicht tun. Weil ich ein unfreier Mensch bin, der von inneren Zwängen gegängelt wird. Ob diese Zwänge gut sind oder nicht, ist hier nicht das Thema. Vielmehr von welchen Freiheiten, die mir zur Verfügung stehen, werde ich Gebrauch machen und von welchen nicht.

In Nürnberg sah ich am helllichten Tag in der Fußgängerzone einen nicht gerade ansehnlichen Mitbürger, der sich einfach vor einen Blumenkasten hinstellte und reinpinkelte. Kein verstohlener Blick, um sicher zu sein, dass ihn niemand sieht. Einfach so, weil er ein freier Mensch ist, dem keine inneren Zwänge diktieren, was er tun oder lassen soll. Ist das richtig gedacht? Die Frage ist natürlich provokativ. „Innere Zwänge" folgen auch den „äußeren Zwängen". Es handelt sich um Ergebnisse von Vereinbarungen zwischen Mitgliedern einer Gesellschaft. Einige davon werden aufwändig besprochen, von Gremien bewilligt und als Gesetze schriftlich festgehalten. Die Missachtung solcher Festlegungen kann geahndet werden, von einer einfachen Rüge über die gesamte Palette von Bestrafungen bis hin zum Todesurteil.

Die von Menschen gemachten Gesetze sind von vornherein Freiheitsbeschränkungen. Sie sollen die Effizienz, die Überlebensfähigkeit der Gemeinschaft fördern und sichern. Doch die Komplexität der Aktionen des Homo sapiens ist dermaßen hoch, dass die von der Evolution genetisch eingeschweißten Zwänge dafür nicht mehr reichen. Es sind Maßstäbe, moralische Normen und Gesetze nötig, die wir Menschen uns selber zurechtschneidern mussten. Hätten wir es nicht getan, wären wir nicht, was wir sind.

Inwiefern nun die von der Gemeinschaft gebilligten Gesetze tatsächlich zweckdienlich sind, muss ständig überprüft werden. Es gibt immer ein Prozentsatz von unsinnigen oder gar schädlichen Gesetzen, so wie es immer Befürworter und Gegner einzelner Gesetze gibt. Symptomatisch ist, dass in autoritären Staaten die Gesetze in der Regel einstimmig verabschiedet werden, weil der Fokus nicht auf der Überprüfung der Auswirkungen liegt, sondern eher auf dem Selbsterhaltungstrieb der wählenden Abgeordneten. Einfacher ausgedrückt: Die Einstimmigkeit basiert auf Angst, oder, weniger schlimm, auf Fraktionszwang, so wie es immer wieder in parlamentarischen Demokratien geschieht. Erwünscht ist der Fraktionszwang auch aus verschiedenen anderen Gründen, etwa wenn der Abgeordnete das Gesetz nicht einmal richtig versteht, dann soll seine Wissenslücke zumindest der Fraktion nicht schaden.

Lenin hatte in Anlehnung an Hegel und Engels einen Spruch in die Welt gesetzt, der durchaus wahr, aber auch brandgefährlich durch sein Missbrauchspotenzial ist: „Freiheit ist verstandene Notwendigkeit“. Seine Steigerung von latentem zu unverhohlenem Zynismus ist der Spruch auf dem Tor zum KZ Dachau: „Arbeit macht frei“. Weniger bedrohlich, aber eher poetisch-politisch als logisch ist der weise Spruch, dass die Freiheit des Einzelnen die Freiheit des anderen nicht einschränken darf. Schön und überzeugend ausgedrückt, aber inhaltlich relativierungsbedürftig – der Spruch verdeutlicht die Subjektivität der Freiheit.

Bis in die späteren Jahrzehnte des 20. Jahrhunderts gab es in entlegenen Orten im Maghreb Siedlungen, in denen es immer noch üblich war, Sklaven zu halten. Menschen, die alles machen mussten, was ihnen befohlen wurde und dafür Nahrung und einen Schlafplatz bekamen. Wenn die leibeigenen Bediensteten dann alt wurden und ihre Arbeit nicht mehr verrichten konnten, entließ sie ihr Besitzer in die Freiheit: Er setzte sie vor die Tür.

Wie subjektiv der Begriff der Freiheit sein kann, zeigt die Geschichte der Entstehung von Staaten. Gruppen, Völker und auch Individuen stehen im Spannungsfeld zwischen der kurzfristig nützlichen individuellen Selbstbestimmung und andererseits der langfristig nützlicheren Selbstbestimmung im Rahmen einer höheren Entität. Im Prinzip zumindest, zwingend ist das nicht immer. Vielvölkerstaaten sind intern besonders konfliktanfällig wegen Verselbständigungstendenzen (ein anderer Ausdruck für Freiheitsbestreben). Auch sind diese Staaten in der Geschichte meist nicht durch einvernehmliche Vereinigung entstanden, sondern eher durch Zwang. Die großen Imperien – das Römische Reich, das Kaiserreich China, das Inka-Reich, das Russland der Zaren und andere – entstanden durch Gewalt. Und auch aus einer Not heraus entstanden Staaten, zur Abwendung einer Eroberungsgefahr oder aufgrund verschiedener, auch finanzieller Zwänge – so etwa wurden auf diesem Weg Schottland und England zum „Vereinigten Königreich“.

Im Vorfeld und nach jedem Zusammenschluss von Gebieten zu einem Staat gibt es Kräfte, die sich dagegen stemmen, auch weil dadurch die etablierten Rangordnungen gestört werden. Die zentrifugalen Kräfte können so stark sein, dass sie bei Gelegenheit bis zur Spaltung und Zersplitterung führen können (Jugoslawien, Tschechoslowakei, das Sowjetreich u. a. m.). Die Bundesrepublik Deutschland ist eines der wenigen Beispiele, in welchen die Zusammenkunft zweier Länder mit Zustimmung einer begeisterten Bevölkerung erfolgte, allerdings in einem einzigartigen geschichtlichen Kontext.

N.2 FREIHEIT DER GRUPPE

Diejenigen, die es geschafft haben, die Selbstbestimmung ihrer Gruppe zur Autonomie oder sogar Unabhängigkeit zu führen, werden „Freiheitskämpfer" genannt. Dort, wo noch kein Ergebnis des Kampfes für Unabhängigkeit in Sicht ist, sind die Beteiligten zunächst „Rebellen". Wenn Gewalt dazu gehört, hängt es von den Formen der Gewalt und von den Interessen oder moral-ideologischen Voraussetzungen der Betrachter ab, ob sie als Freiheitskämpfer, Rebellen oder Terroristen eingestuft werden. Heutzutage werden „Freiheitskämpfer" sogar von Sympathisanten offiziell ungern so benannt, weil das eine Aberkennung des aktuellen rechtlichen Status quo der Staatsgrenzen bedeuten und böses Blut in die Staatengemeinschaft bringen würde. Zur Erinnerung: Charles de Gaulle (1890–1970), der ehemalige Präsident Frankreichs, hat für Unmut gesorgt, als er bei einem Besuch in Kanada „Vive le Quebec libre!" gerufen haben soll. Quebec ist die Provinz Kanadas, die vornehmlich von der frankophonen Minderheit bewohnt ist. De Gaulles Spruch war politisch ein unangenehmer Ausrutscher. „Freiheitsdrang" mag ein edles, bewundernswertes Gefühl sein, doch die Stabilität der Hoheitsgebiete hat Vorrang, weil ihre Missachtung zu Unsicherheit und Spannungen bis hin zum Krieg führen können. Ganz allgemein: Die Bestrebungen nach territorialer Abspaltung werden zunehmend missbilligt. Dieser Auffassung haben sich die meisten Staaten angeschlossen, und das ist gut so. Früher oder später wird man die einst sakrosankten Staatsgrenzen nur mit einem Achselzucken zur Kenntnis nehmen. Einen Anfang hat die EU gemacht, eine gewaltfrei sich allmählich aufbauende Gemeinschaft.

Die Begriffe „Freiheit" und „Unfreiheit" sowie alle Vereinbarungen und Gesetze, die zwischen Freiheit und Unfreiheit zu entscheiden haben, sind nicht von der Evolution geliefert, sondern vom Menschen erfunden worden. Dennoch: Die Erweiterung der von Hegel und Lenin angesprochenen „verstandene Notwendigkeit" reicht jedoch weit zurück in die Tiefen des genetischen Evolutionsstrangs, dessen vorerst letzter Abschnitt der „Homo sapiens" ist.

Gucken wir wieder mal ins Tierreich: Wenn ein Löwenrudel ein Tier gerissen hat, müssen die Weibchen warten, bis die dominanten männlichen Löwen sich sattgefressen haben. Bei Nichtbeachtung dieser Vorschrift werden die Weibchen heftig angefaucht. Was übrig bleibt, fressen die Geier, erst die größeren, stärkeren, dann die kleineren Arten. Diese Tiere stehen vor der Wahl, etwas zu tun oder nicht tun zu dürfen, im Spannungsfeld zwischen „Freiheit" und „Nicht-Freiheit". Zum Fressen haben sie ihre persönlichen Freiheits-Fenster zur Verfügung, außerhalb derer Missbilligung und Aggression drohen.

N.3 BEWUSSTSEIN, UNTERBEWUSSTSEIN UND FREIER WILLE

Sonntags muss ein Braten auf den Tisch. Also stehe ich vor der Fleischtheke: Rind oder Schwein? Rind soll gesünder sein, ist aber teuer. Schwein schmeckt ein wenig nach Saustall, ist aber nicht so faserig, und auch billiger. Da fällt mir ein, dass die Flatulenz der Kühe die schützende Ozonschicht in der Stratosphäre angreift. Also entscheide ich: Schwein! Ein Schwein pupst weniger als eine Kuh. Klar doch, dass das *meine* Entscheidung ist. Ich könnte ja auch vegane Soja-Steaks kaufen oder mit der Familie zum Italiener gehen – *mein Wille* entscheidet, niemand sonst. Tut er das? Ganz so einfach ist das nicht.

Die Entscheidung, die ich getroffen habe, stützt sich auf Erwägungen und Informationen, deren ich *bewusst* bin. An manche Informationen jedoch erinnere ich mich im Zeitraum der Entscheidung nicht. Wieso konnte ich vergessen, dass meine Frau das Fleisch schon gekauft hat? Gut, dass ich mich noch rechtzeitig daran erinnert habe. Leider ist das nicht immer so. Auch der Entscheidungsmechanismus ist mir verdächtig: In meinem Gehirn würden andere Informationsströme und anders eingesetzte Denkmechanismen zu anderen Entscheidungen führen. Mehr noch: Ein Teil dieser Mechanismen liegt möglicherweise vollständig im Unterbewusstsein und entzieht sich meiner Kontrolle. Nach unglücklichen Aussagen oder Taten folgt die Reue: „Wie konnte ich nur so blöd sein, ich weiß nicht, was in mich gefahren ist …".

An dieser Stelle setzt auch die Werbung an, die täglich auf uns niederprasselt. Sie zielt auf die Übergangszonen zwischen logischer Information und Emotion, zwischen abstrakt und bildlich, zwischen Sinneseindrücken und Begriffen, zwischen Bewusstsein und Unterbewusstsein. Vernunft ist nur einer der angesprochenen Entscheidungsfaktoren. Ein sehr erfolgreicher Werbemacher äußerte Zweifel an seinem eigenen Beruf: „Übertreiben wir's nicht. Wer wird schon ein Produkt kaufen, nur weil die Werbung es preist?" Da ist was dran, doch die Macht der Werbung wirkt anders: Sie führ eher selten direkt zum Kauf, sie erhöht aber die Wahrscheinlichkeit des Kaufs über emotionale Schalter – und bringt uns einmal mehr dazu, über den freien Willen nachzudenken.

Was das Bewusstsein ist, können wir nur vage, mehr oder weniger selbstreferenziell beschreiben. Definieren können wir es nicht. Wir wissen nur, dass Bewusstsein und Unterbewusstsein von einer fluktuierenden Grenzzone/Grauzone getrennt sind – so ungefähr wie die sichtbare, wabbelnde Trennfläche zwischen schwarzer Tinte (Unterbewusstsein) und durchsichtigem Sonnenblumenöl (Bewusstsein), wenn wir beide Flüssigkeiten in ein Glasgefäß geschüttet haben. Oder – besser noch, weil die Grenze graduell ist – wie der Übergang von den lichtdurchfluteten oberen Wasserschichten im Meer hinunter zu den dunkleren bis stockfinsteren Schichten in der Tiefe. Wenn wir behaupten, mit vollem Bewusstsein eine Entscheidung getroffen zu haben, dann können wir uns nur auf das beziehen, was für uns „bewusst" greifbar (im Vergleich weiter oben sichtbar) war. Die Illusion des freien Willens ist das, was wir in der transparenten Ölschicht oder im hellen Meereswasser abrufen und darstellen können: Ich habe sorgfältig alle Argumente und zur Verfügung stehenden Informationen durchdacht und daraufhin meine Entscheidungen getroffen: Mein Wille geschehe! Er geschieht, also muss es ihn wohl geben («Je pense, donc je suis»" – „Ich denke, also bin ich" – René Descartes, 1637).

Eines der schönsten Kommentare zu meinem Willensbekenntnis an der Fleischtheke hat Arthur Schopenhauer vor 200 Jahren gegeben: „*Der Mensch kann machen was er will, aber er kann nicht wollen was er will*". Genau diese Aussage zeigt uns das Wesentliche des Willensbegriffs: Die Wenn-Dann-Modellierung der Realität lässt keinen Platz für freien Willen. Gleichermaßen wäre es praktisch ein lähmendes Unding, dem Menschen und seiner Gesellschaft den freien Willen grundsätzlich abzusprechen. Das ist ein unlösbarer Widerspruch der Kognition, wie vielen andere, mit der uns die Erkenntnis beschert.

N.3.1 ZIEL UND ZWECK

„Ich trinke, *um* meinen Durst zu löschen". In diesem Satz habe ich ein Ziel definiert, aufgrund der Erkenntnis, die mir sagt: „*Wenn* ich trinke, wird mein Durst gelöscht". Diese Formulierung wiederum definiert ein kausales Modell, das ist eine Feststellung, keine Zielbeschreibung.

„Der Kormoran schluckt den Fisch, *um* seinen Hunger zu stillen" – dieser Satz unterstellt dem an der Leine gehaltenen Kormoran ein Ziel, wie auch: „… *damit* der Fischer die Beute nach Hause bringen kann" (unterstellt dem Fischer ein Ziel). Die kausale Form wäre: „… *weil* der Kormoran Hunger hat" (das gilt gleichermaßen für Kormoran und Fischer). Alle diese Formulierungen entsprechen der Realität, allerdings brauchen sie Erläuterungen:

- Ein Ziel setzen heißt, eine Wahrscheinlichkeit voraussetzen.
- Feststellungen von real Existentem sind dagegen kausale Modelle.

Der Evolution ein Ziel und einen Zweck als objektive Entitäten bzw. Wahrheiten zu unterstellen, ist Inhalt der Teleologie, ein Glaubensgrundsatz, der den axiomatischen Wert einer Religion hat. Eine Begründung in der Realität gibt es nicht. „Ziel" und „Zweck" sind Modellbeschreibungen mit Zeitpfeil, Objekte der Realität sind sie nicht.

In der Grauzone zwischen Bewusstsein und Unterbewusstsein liegen unklare Vorstellungen, schemenhafte Erinnerungen, emotionale Strukturen und andere, ähnliche Entscheidungshilfen, die wir manchmal als „Bauchgefühl" bezeichnen. Was darunter, in der schwarzen Tinte oder in den dunklen Tiefen liegt, steht unserem Wunsch, die Ursachen einer Willensbekundung zu finden, nicht oder nur wenig zur Verfügung. Sigmund Freud (1856-1939) hat sich mit zweifelhaften Ergebnissen darum bemüht.

Das „sichtbare" Geschehen im transparenten Öl ist nicht einseitig abhängig vom undurchsichtigen Geschehen darunter. Wir sind keine Zombies des Unterbewusstseins. Die Informationen und Denkmechanismen, auf die unsere Entscheidungen bauen, sind interagierende Teile des einheitlichen, aktiven Systems Gehirn. Zwischen der Klarschicht und der Dunkelschicht bestehen Wechselwirkungen. Der Teil dieser Einheit, der dem Bewusstsein zugänglich ist, stellt sich uns als Willensursprung dar. Von daher der Trugschluss, dass wir alles unter Kontrolle hätten, was unseren Entscheidungen gestaltet.

Berühmt geworden ist ein Experiment (Benjamin Libet, 1979), das zeigte, dass eine potenzielle Entscheidung schon vorlag, bevor das Bewusstsein glaubt, sie getroffen zu haben, also bevor sich die bewusste Entscheidung überhaupt gebildet hat. Diese verblüffende Feststellung an sich ist noch nicht der Beweis, dass der freie Wille eine Illusion wäre, sie zwingt aber zum Nachdenken. Später ausgeführte psychologische Experimente haben gezeigt, dass unser Gehirn die unterbewusst getroffenen Entscheidungen rechtzeitig noch ändern kann, noch vor der bewussten Entscheidung. Das hat zuweilen zur voreiligen Schlussfolgerung geführt, dass es doch noch einen freien Willen gibt. Falsche Interpretation, denn Entscheidungsänderungen sind ja auch Entscheidungen.

Sollte dem absoluten Zufall ein Mitspracherecht in diesem Vorgang zugestanden werden, dann ist der Glaube an einen freien Willen schon gar nicht aufrecht zu erhalten.

Der Gedanke an die Nicht-Existenz eines freien Willens hat schon in der Antike die Gemüter erhitzt. Das Irritierende daran war der Widerspruch zur Eigenverantwortung für die begangenen guten oder bösen Taten. Kann es sein, dass ich nur eine Marionette des Universums bin? Dann könnte ich ja Böses tun und sagen, es wäre nicht meine Schuld, ich bin ja willenlos. Mag sein, doch ärgerlich ist, dass auch der Polizist, der mich verhaftet und auch der Richter, der mich zu Gefängnisjahren verdonnert, das Gleiche sagen wird: „Wir sind ja auch nur Marionetten der Kausalität oder des Zufalls – ganz, wie du wünschst. Also halt's Maul und geh in deine Zelle".

Jetzt im Ernst, die Argumente, die zur Verteidigung des freien Willens gebracht werden, stammen immer von Prämissen aus abgehobenen Ebenen des axiomatischen Baums, wo ungenaue Glaubensprodukte wie Gut und Böse, Moralisch und Unmoralisch, Gerecht und Ungerecht angesiedelt sind. Wie wichtig diese Begriffe für das soziale Leben sind, braucht nicht hervorgehoben werden. Doch ihr Wahrheitswert im axiomatischen Baum ist viel zu gering, wenn es um die Fundamente unsers Denkens geht. Wenn wir an Vernunft glauben, müssen wir zugeben: *Unser Wenn-Dann-Denken lässt keinen freien Willen zu.* Und wenn ein göttlicher Geist außerhalb unseres Wenn-Dann Befehle erteilen würde, hätten wir umso weniger einen freien Willen.

Hier verläuft eine der Grenzen unseres Denkens. Damit müssen wir leben.[50] Der Vollständigkeit zuliebe: Willkür ist nicht der Ausdruck eines freien Willens, sondern eine Form der Machtausübung. Die kausale Motivation eines willkürlichen Tuns liegt teilweise tiefer unter der Schädeldecke eines Rücksichtslosen, im Tintenbereich.

50 vgl. auch Kap. I.1 – Kausalität und Zufall

N.4 KRIEG UND FRIEDEN

Tiere können nicht zu weit in die Zukunft denken, sie leben im Hier und Jetzt. Ihre Reaktion auf Konkurrenten ist einfach: Raubtiere, die nicht zum Territorium gehören, werden von ansässigen Raubtieren verjagt, bekämpft und gar getötet. Das gilt auch für Konkurrenten, die nicht zur eigenen Spezies gehören. Löwen, Hyänen, Leoparden und Geparden sind sich in diesem Sinne spinnefeind.

Je höher das Tier entwickelt ist, je weiter es zukunftsorientiert handelt, desto weitreichender sind auch seine Aktionen gegen Konkurrenten. Schimpansen rotten sich ab und an zusammen und dringen in das Gebiet des Nachbarclans ein, um dort lebende Artgenossen mit Gewalt zu vertreiben oder zu töten, mit dem Ziel, sie als Konkurrenten zu beseitigen und das eigene Revier zu erweitern. In Kongo wurde ein Clan beobachtet, der in wenigen Jahren duzende Schimpansen eines benachbarten Clans schwer verletzt oder zu Tode geprügelt und sich letztlich ihr Territorium einverleibt hat.

Solche Vorgänge gehören, wie auch die Kämpfe zwischen Erdmännchenhorden oder Ameisenvölkern, zu den frühen Verhaltensweisen auf der Evolutionsebene, die wir beim Homo sapiens „Krieg" nennen. Krieg ist die hauptsächliche Beschäftigung von männlichen Löwen, wobei bei diesen das Motiv betont sexueller Natur ist, als Sicherung der eigenen Vaterschaft. Um fremde Gene von ihrem Rudel fern zu halten, wandert der König der Tiere kreuz und quer durch ihr Hoheitsgebiet, dann und wann brüllend, um Eindringlingen kundzugeben, dass sie hier nichts zu suchen haben. Auch die Eindringlinge wiederum sind von ihren bösen Vätern verstoßene männliche Löwen, die eine neue Familie suchen. Dafür werden sie kämpfen müssen – so hat es die Evolution eingerichtet, um Inzucht zu vermeiden.

So kommt es, dass in der Wildbahn die Lebenserwartung einer Löwin durchschnittlich sechzehn Jahre ist, die eines männlichen Löwen nur etwa acht. Wer insgeheim träumt, in einer Reinkarnation als Löwe zu leben, sollte es sich gut überlegen, ob er das wirklich will.

Das Revierverhalten der Arten sichert das Gleichgewicht in der Nahrungskette des Areals. Zu viele Konsumenten benachteiligen sich gegenseitig. Desgleichen schadet die zügellose Vermehrung sowohl der eigenen als auch anderen Arten. Das Ausrotten der Wölfe in England hat zum vermehrten Erscheinen behindertem oder kränkelndem Rotwild geführt. Wie auch im Yellowstone-Nationalpark 1930, wo die darauf folgende übermäßige Vermehrung der Wapiti-Hirsche zu bedrohlichen Konsequenzen für die Wald- und Wiesenlandschaft des Parks geführt hat. 1995 wurden Wölfe wieder angesiedelt, allmählich hat sich das Gleichgewicht wieder eingestellt. Dieses Beispiel zeigt eindrücklich die Notwendigkeit des biologischen Gleichgewichts. Eine Biber-Mama vertreibt tatkräftig ihren fast erwachsenen Biber-Sohn, der sich nun ein eigenes Revier suchen muss. Das tut auch der Löwen-Papa mit seinen Löwen-Söhnen. Viele andere Spezies verhalten sich ähnlich, oft mit jämmerlichem, tödlichem Ende für den Ausgestoßenen. Wenn dieser aber ein geeignetes Revier gefunden und besetzt hat, bleibt das Ausbreitungsgebiet der Spezies im Gleichgewicht. Überzählige Lemminge starten in nordischen Gefilden aufgrund der Überbevölkerung ab und an Wanderungen auf der Suche nach neuen Lebensräumen. Ihre vom genetischen Erbe gesteuerte Flucht landet manchmal in Gewässern, in denen sie ertrinken – es ist also kein kollektiver Selbstmord, wie früher gemutmaßt.

Die große Wanderung des Homo sapiens aus Afrika über die gesamte Welt ist einem ähnlichen Mechanismus zu verdanken: Die Steigerung seiner Anpassungsfähigkeit fördert die Vermehrungsrate, die ihrerseits das Nahrungsangebot schmälert und die Konkurrenz verschärft. Anders als bei Tieren werden beim Menschen Teenager nicht unbedingt verjagt, sondern Splittergruppen machen sich auf den Weg und bauen sich Unterkünfte in einer angemessenen Entfernung. Einigen Berechnungen zufolge soll Homo sapiens mit einer durchschnittlichen Geschwindigkeit von vielleicht einem km jährlich Neuland besetzt haben. Wenn aus verschiedenen Gründen die Siedlungsdichte zu groß wird, entstehen Spannungen, die zu Gewalt führen können. Bei Tieren äußert sich so gut wie immer ein aggressives Territorialverhalten, bei Primaten ist es ansatzmäßig so etwas wie Krieg.

Bei Menschen sind die motivierenden Bedürfnisse viel komplexer, weit über der einfachen Sorge um das Nahrungsangebot. Krieg war die hauptsächliche Beschäftigung auch der Menschen-Könige in der Geschichte. Diese Aussage eines Historikers klingt vielleicht reißerisch, doch sie stimmt. Man beachte nur die sehr kurzen Zeit-Inseln, in denen es keine Kriege in Europa gab – und in anderen Kontinenten war es auch nicht besser. Waren alle Herrscher Bösewichte? Man darf eher vermuten, dass Gemeinschaften, die nicht Tag und Nacht bereit, gewillt und stark genug waren, notfalls zur Waffe zu greifen, früher oder später im Konfliktfall von expandierenden anderen Gemeinschaften in einer oder anderen Form einverleibt wurden und ihre Identität verlieren mussten oder sogar abgeschlachtet wurden. Ähnlich wie besiegte Schimpansen, oder Löwen, die ihre Gene nicht mehr weiterreichen können, weil sie getötet werden oder verhungern. Es handelt sich hierbei um ur-evolutionäre, notwendig entstandene und gefestigte Verhaltensmuster vieler höher entwickelter Lebewesen. Krieg ist grausam und ungerecht, doch er ist biologisch-evolutionär und historisch gesehen ein existenzielles Verhalten, kein Eingriff des ewig Bösen, und kein Zeichen der Schwäche des ewig Guten.

In unseren Tagen erleben wir einen gigantischen Umbruch in der Evolution des Menschengeschlechts, in seinen Verhaltensmustern und Gesetzen. Die Zeit der Kriege neigt sich seinem Ende zu. In einigen Arealen der Welt ist er sogar undenkbar geworden – zum Beispiel zwischen Staaten der EU. Noch wüten vielerorts kriegerische Auseinandersetzungen, doch der große Umbruch ist im Gange und unumkehrbar. Beliebte Begründung ist, dass die Menschen vernünftiger und die Gesellschaft humaner geworden ist. Das stimmt, keine Frage, doch der wirklich entscheidende Faktor für den Beginn des Kriege-Schwunds bei Menschen ist die Tatsache, dass im Falle eines Krieges mit heutigem Waffenarsenal ein möglicher Sieg dem Gewinner viel schwerere Verluste bescheren würde, als die erhofften Vorteile, die er durch diesen Sieg je einfahren könnte. Durchaus berechtigt ist die Annahme, dass ohne die drohende Gefahr eines Atomkrieges, an dessen Ende vielleicht nicht einmal Sieger und Besiegte identifiziert werden könnten, der Dritte Weltkrieg mit hoher Wahrscheinlichkeit ausgebrochen wäre. Die medienwirksamen zivilen Friedensbewegungen waren ein Symptom des Umdenkens, doch den entscheidenden Beitrag zur Bewahrung des Friedens haben eher die bösen A-Bomben gebracht. So kam es, dass der potenziell schrecklichste Krieg der Menschheit glücklicherweise „kalt" geblieben ist.

Der Gedanke, dass in einigen Gebieten unverantwortliche, ideologisch bornierte oder einfach paranoide Machthaber den Zugriff auf Nuklearwaffen haben oder erlangen könnten, ist beunruhigend. Der Atomwaffensperrvertrag sollte idealerweise das gleiche Angstpotenzial haben wie der Besitz der A-Bombe in den Zeiten des Kalten Krieges. Dafür ist der Sperrvertrag offensichtlich zu schwach. Wir noch nicht über den Berg.

Solche Erwägungen sollten nicht ausblenden, dass auch der Begriff „Krieg" ein subjektiv definierter Begriff ist. Vom Militärtheoretiker von Clausewitz (1780-1831) stammt der Satz: „Der Krieg ist eine bloße Fortsetzung der Politik mit anderen Mitteln." Tötung und Zerstörung sind im Wesentlichen diese anderen Mittel. Die modernen Konflikte bedienen sich digitaler Angriffe via Internet – man könnte sagen, sie sind „eine bloße Fortsetzung des Krieges mit anderen Mitteln." Immerhin, ohne direkten Blutzoll, ein Schritt in Richtung mehr Humanität.

Eine besonders dramatische Auswirkung von kriegerischen Auseinandersetzungen ist die Vertreibung von Menschengruppen aus ethnischen oder religiösen Gründen oder einfach zur Sicherung eines neu einverleibten Territoriums. Der dadurch entstehende Migrationsdruck ist eine der großen Herausforderungen der heutigen Welt. Erwähnt sei hier die Vertreibung von zehn Millionen Menschen aus den ehemaligen ostdeutschen Provinzen zum Ende des Zweiten Weltkriegs, und in der neueren Zeit das Drama der Millionen Flüchtlinge in Afrika, im Nahen Osten oder in Süd-

Asien. Die Liste ist viel länger – und älter. Wie schon erwähnt, reicht sie zurück bis zu den Ursprüngen des Homo sapiens, und allgemein noch tiefer, entlang aller etwas höheren Formen von Leben.

N.5 DIE GUTEN UND DIE BÖSEN

Ein spannender Film: Es ist so schön, auf dem Bildschirm zu sehen, wie *mein* bewunderter Held die Feinde niedermacht, einen nach dem anderen, ihnen die Kehle aufschlitzt, das Genick mit einem gekonnten Dreh bricht und mit einer Salve sieben böse gegnerische Uniformierte niederstreckt. Ist es nicht ein Hochgefühl, den Sieg mitzuerleben? Es ist ja auch *mein* Sieg, *mein* Stolz, es ist *meine* Gruppe, deren Fan *ich* bin. Es ist die Gruppe (oder Clan, Gang, Volk, Nation), die sich mit dem Sieg einen entscheidenden Aufstieg in der Hackordnung der Konfliktparteien verspricht. Auch *ich* hab‘ was davon.

Einer der feindlichen Soldaten hat sich gekrümmt und ist niedergekauert, als ihm mein Held in den Bauch geschossen hat. Ich spule zurück, sehe mir die Szene noch einmal an und erinnere mich an meine Blinddarm-Operation. Das war eine Not-OP, eine standesgemäße Anästhesie war nicht möglich, lediglich eine lokale Spritze sollte mein Leid mildern. „Wir wissen, dass es weh tut, doch wir haben keine Wahl“, sagte mir der Arzt. Es hat sehr wehgetan. Und noch einmal sehe ich mir die Szene mit dem angeschossenen Feind auf dem Bildschirm an: Kein sorgfältiger Arzt ist dabei, keine Lokalanästhesie, keine einfache Blinddarm-Operation, sondern nur das heiße Geschoss, das die Gedärme des jungen Soldaten zerfetzt hat. Die Feinde sind immer die Bösen. Ein Gedanke stört manchmal: Haben sie keine Mütter, Väter, Geschwister, Frauen, Kinder, die sie lieben und von denen sie geliebt werden? Jetzt schäme ich mich. Aber nur ein bisschen, denn das Hochgefühl, die Feinde besiegt zu haben, also Mitglied der „Guten“ zu sein, will ich mir doch nicht vermiesen lassen.

Klingt das zynisch? Die meisten Kriegsfilme funktionieren so. Oder, erinnern wir uns an Filme, in denen Braut und Bräutigam zum Altar geführt werden. Und siehe da – ein beliebter Gag – im letzten Augenblick erscheint der Held, die große Liebe der Braut, und beide verschwinden überglücklich hinterm Horizont, im Beifall eines begeisterten Publikums. Nun ja, das Skript hat meist vorgesorgt und den sitzengebliebenen Bräutigam charakterlos und antipathisch dargestellt. Dennoch, versucht jemand, sich das Leid des Verlassenen vorzustellen?

Unsere Empathie gilt für Leid und Freud der eigenen Gruppe und der Siegergruppe mit der wir uns identifizieren. *Je entfernter eine andere Gruppe ist, desto weniger Empathie kommt auf.* Das Leid von Abermillionen Menschen, die hungern, krank ohne Hoffnung auf ärztliche Betreuung sind oder gar gefoltert werden, lässt mich nicht kalt. Doch die Intensität meines Mitgefühls ist wesentlich kleiner als das Leid, wenn meiner Familie etwas zustößt. Mafiosi sind Familienmenschen. Sie würden alles tun, um Geschwister, Eltern, Frau und Kinder zu beschützen. Das hindert sie nicht daran, andere Familien zu zerstören, und in der Kirche vor einem geplanten Mord sogar die Mutter Gottes Maria um Beistand zu bitten – Gruppendistanz in einer brutalen und irrsinnig gespaltenen Form.

Wenn Rivalität oder sogar Feindschaft zwischen Gruppen herrscht, kann unser Mitgefühl für das Leid der anderen in Richtung Null schrumpfen, und sogar darunter. Nicht von ungefähr kommt das Sprichwort „Schadenfreude ist die größte Freude“, selbst wenn es eher witzig gemeint ist.

Emotionen sind evolutionär bedingt, doch festgenagelt sind sie nicht. Ihre Grenzen sind ziemlich unscharf. Das Leid eines Kindes berührt besonders tief, selbst wenn es Mitglied einer anderen Gruppe ist. Bemerkenswert ist, dass nicht nur der Mensch dieses besondere Empfinden auch artfremden Babys gegenüber hat, sondern manchmal auch höher entwickelte Raubtiere. Berühmte Beispiele sind Wölfe als Pflegeeltern von Menschenkindern, etwa die Legende von Romulus und Remus, oder Mowgli aus Rudyard Kiplings Roman „Das Dschungelbuch“, wie auch in den Medien beschriebene reale, zeitnahe Fälle. Kürzlich wurde in Spanien eine Hündin entdeckt, die ihre Welpen säugte; unter ihnen war auch ein neugeborenes

Menschenbaby. Wie sich herausstellte, hatte eine unglückliche junge Mutter ihr Kind einfach an den Straßenrand gelegt. Die Hunde-Mama hat das Baby entdeckt und vermutlich mit noch frischem Mutterinstinkt „zurück“ zu seinen Geschwistern gebracht. Dieser Mutterinstinkt war wohl stärker als der fremde Geruch.

Nicht nur Babys haben die Eigenschaft, Gruppendistanz emotional zu überbrücken. Wir empfinden auch Bewunderung und Liebe für persönlich gesehen völlig fremde Helden, Film-, Sport-, Popstars, Influencer oder Prinzessinnen, als ob sie Mitglieder unserer Gruppe wären. Zudem gibt es noch merkwürdige, auch fehlgeleitete emotionale Ausläufer: etwa paarungswütige Froschmännchen, die im Tümpel schwimmende Holzstücke bespringen und begatten, Schwäne, die sich in Boote mit Schwanendekor verknallen, Menschen, die sich in Bäume oder Technikobjekte verlieben, oder auch nur einfach Fetischisten – alles ist möglich bei der enormen Unschärfe der in der Evolution früh entstandenen emotionalen Entitäten.

DRITTER TEIL

EVOLUTION – WIE WIR WERDEN

O. LEBEN UND TOD

O.1 INDIVIDUATION, ERNEUERUNG UND UNSTERBLICHKEIT

Die Begriffe „Sterben“ und „Unsterblichkeit“ machen nur bei Lebewesen Sinn. Anderweitig sind das Metaphern. Wieso sind alle Lebewesen sterblich? Muss das sein? Einfach ist die Antwort nicht, weil „Lebewesen“ ein Begriff mit unscharfen Grenzen ist. Sind die Viren Lebewesen oder nicht? Vorerst nein, denn die meisten Wissenschaftler sind der Meinung, dass die Viren keine Lebewesen sind – aber eben nur die meisten, nicht alle. Einige meinen, Viren waren mal Lebewesen. Wie auch immer, Definitionssache. Um dem Sinn dieses Problems näher zu kommen, betrachten wir einige Lebensformen.

- Bambus ist eine Pflanze, die sich über Rhizome vermehrt, unterirdische Sprossen, die hie und da einen neuen Bambusstock wachsen lassen. In einem so entstandenen Bambus-Wald kann man nicht sagen, wo ein biologisches Individuum anfängt und wo es aufhört. Es gibt kein „Individuum“, das dieser Bezeichnung vorbehaltlos gerecht wäre. Je nach Art braucht der Bambus 10 bis 120 Jahre, um zu blühen und dann zu sterben – mit ihm auch die Pandas, die sich von seinen Blättern ernähren. Seltsamerweise blühen und sterben gleichzeitig riesige Gebiete. Sind Bambuswälder biologische Individuen, „nicht teilbare“ Entitäten? Auch hier zeigen sich die fundamentalen Widersprüche der diskontinuierlichen Erkenntnis versus kontinuierliche Wirklichkeit.
  Vor einigen Jahren wurde in Nordamerika auf einem Areal von 43 Hektar ein riesiger Verbund von 47.000 Zitterpappeln mit identischem Erbgut gefunden, unterirdisch durch Wurzeln verbunden, wahrscheinlich Tausende Jahre alt. Und noch: Unlängst haben Forscher in Australien einen Seegrasteppich mit einer Länge von 180 Kilometern vor der Küste entdeckt. Alle entnommenen Proben waren genetisch identisch; es handelt sich demnach um einen einzigen zusammenhängenden Organismus.

- Die Vermehrung der Bakterien erfolgt asexuell, durch Zellteilung. Alle Nachkommen der asexuellen Vermehrung weisen ein identisches Genom auf, sie sind Klone. Die Vermehrung durch Teilung ist kein „Sterben". Nur die Zerstörung einer Bakterie, die sich nicht vermehrt hat, könnte als ihr Tod bezeichnet werden. Zwar bilden Bakterien seit Milliarden Jahre Individuen, doch eine sinnvolle Zuordnung zum Begriff „Unsterblichkeit" stiftet zunächst nur Verwirrung. Von „natürlichem" Tod (also nicht verursacht durch Krankheit, Unfall oder Tötung) kann man nur sprechen, wenn ein Individuum altert. Dann ist der Tod die Zielphase dieser Alterung. Gewaltsam eintreten kann er aber auch früher. Die ersten, einfachsten Lebewesen, die auf der Erde entstanden, alterten nicht. Der Tod ist ein späteres Produkt der Evolution. Wie wir sehen werden, ist er die Voraussetzung für die Entstehung höherer Lebewesen.
- Versuchen wir, das Sterben eine Stufe über den Bakterien, bei den Pantoffeltierchen zu finden. Diese vermehren sich normalerweise ungeschlechtlich, durch Querteilung in zwei Tochterzellen (also, wie bei den Bakterien, ist immer noch kein Sterben bzw. keine Unsterblichkeit in Sicht). Gelegentlich kommt es auch zu geschlechtlichen Vorgängen, bei denen die kleinen Tierchen mit anderen Individuen der gleichen Art Erbinformationen austauschen. Dazu legen sich zwei Pantoffeltierchen aneinander. Die Zellmembranen verschmelzen in diesem Bereich, die Wimpern verschwinden; die Großkerne lösen sich allmählich auf. Die Kleinkerne teilen sich in vier haploide Tochterkerne; von diesen vier sterben drei ab, und einer teilt sich in zwei haploide Kerne. Jeweils einer von diesen wandert in das andere Pantoffeltierchen.[51] Diese haploiden Tochterkerne sind noch keine Individuen, doch auf dieser Höhe der Evolution können wir beginnen, über Sterblichkeit und Unsterblichkeit nachzudenken.

---

51 Quelle: Wikipedia, Art. Pantoffeltierchen

- Das evolutionäre Morphing-Band, das sich von den Prokaryoten (Bakterien) über die Eukaryoten (Pantoffeltierchen) erstreckt, könnte etwa 3 Milliarden Jahre gedauert haben – jedenfalls den größten Teil der Bio-Zeit, mit einer minimalen evolutionären Entwicklung. Danach aber stellt die allmählich entstehende geschlechtliche Vermehrung sicher, dass die Nachkommen keine Klone des Muttertiers sind, sondern dass das Genom des Babys irgendwo im Radius des Erbguts seiner Eltern geringfügig abweicht. Das fördert die Anpassung an die Umwelt bei gleichzeitigem Erhalt der allgemeinen Art-Merkmale und einiger elterlichen Merkmale. Die Tatsache, dass ein geschlechtlich entstandenes Individuum nicht ein Klon seiner Eltern ist, weil es einen Unterschied im Erbgut gibt, steigert die Möglichkeiten der Umwelt, zu selektieren. Der Tod gehört dazu. Er begünstigt und beschleunigt die Evolution, so wie wir sie uns vorstellen.

Ein Gedankenexperiment: Was wäre passiert, wenn es keinen Tod gegeben hätte? Abgesehen von gewaltsamem Exitus würden unsterbliche Eltern gleichzeitig mit all ihren Nachkommen leben, die ihrerseits auch unsterbliche Eltern wären. Bei Koexistenz aller Glieder eines evolutionären Strangs könnte womöglich wegen des freien Genaustauschs kaum eine Artbildung stattfinden, das Ergebnis wäre eher ein biogenetischer Eintopf, so wie sich die Bakterien Milliarden Jahre lang die Existenz eingerichtet hatten. Die Artbildung höherer Spezies braucht eine immerwährende Trennung von den Ursprüngen.

Bis zur transhumanen Singularität sind und bleiben folgende Schwerpunkte die Voraussetzungen für die biologische Evolution und Intelligenz:

- *Die Individuation*
- *Die geschlechtliche Fortpflanzung*
- *Der vorprogrammierte Tod der Individuen*

- *Die natürliche Selektion*, die dafür sorgt, dass die weniger effizienten Abweichungen des Genoms es nicht bis zur Fortpflanzung schaffen, und dass die seltenen Fälle von günstigen Mutationen, die sich durchsetzen, mit ganz viel Glück eigene Ahnenstränge entwickeln können.

Diese Voraussetzungen sind, streng gedacht, Auswirkungen einer weit übergreifenden Tatsache: Die gesamte Biosphäre ist ein aus lebloser Materie entwickeltes Produkt, sie ist eine Entität, deren Bestandteile nur überleben, wenn sie ihre Identität sichern können: Sie müssen Austausch- und Ersatzsubstanzen aufnehmen, also fressen. In den Urzeiten der Entität Biosphäre tummelten sich kleinste biologische Einheiten, die sich das Notwendige im Wesentlichen direkt aus der geologisch-chemischen Umwelt holten. Eine Stufe höher tun das auch Algen und Pflanzen, doch ein Teil der Nahrung besteht aus Überresten anderer Algen und Pflanzen. Tiere wiederum fressen Pflanzen und andere Tiere, die sie oft erst töten müssen – das ist die Nahrungskette. Die riesigen Vermehrungsraten der weniger entwickelten Lebewesen liefern das Futter für andere Lebewesen, und erhalten damit die Entität Biosphäre am Leben. Embryos einiger Arten fressen sogar im Leib der Mutter ihre eigenen Geschwister. Eine Kraken-Mama umsorgt ununterbrochen die 500.000 befruchteten Eier in ihrem Versteck, ohne Nahrung aufzunehmen. Das wird der letzte Akt in ihrem Leben gewesen sein. Nachdem die 500.000 Kraken-Babys ausgeschwärmt sind, ist sie erschöpft und unfähig, sich zu wehren. Sie wird Stück für Stück bei lebendigem Leibe von Fressfeinden zerlegt. Und die Babys? Zwei Nachkommen überleben, die restlichen 499.998 bilden einen fressenden und immerwährend frischen Fraß für andere Wasserbewohner.

Das Gesetz des Fressens funktioniert nicht nur von oben nach unten, sondern in alle Richtungen. Kadaver und organische Reste aller Art sichern das Überleben von Bären, Geiern, Krebsen, Maden und Bakterien. Nicht nur der Tod ist eine Bedingung der Evolution, sondern auch das Töten. Wir können uns gar nicht vorstellen, wie viele Individuen sterben müssen, wie viel lebende Materie sterben muss, um einem Tier das Leben bis zum Tod zu ermöglichen, ganz besonders wenn es an der Spitze der Nahrungskette steht.

Wie schon gesagt, die Selektion „will“ keine Evolution. „Evolution“ nennen wir das Endergebnis der systematischen Entfernung überzähliger Individuen von der Fortpflanzung, durch die Qualitätskontrolle der Umwelt. Selektion ist nur ein blinder Verursacher der Evolution. Eigentlich ein Fall von Emergenz, weil uns der vollständige Hergang verschlüsselt bleibt. Wir können uns nur kurzfristige Voraussagen erlauben, wie auch bei allen chaotischen Systemen oder in chaotischen Phasen von Systemen. Gemeint sind hier nicht nur Fakten, die wir schon kennen (eine trächtige Kuh gebiert ein Kalb, nicht einen Pfau – das werden wir wohl nicht Voraussage nennen), sondern die unbekannten Auswirkungen von Mutationen, und die noch vielen unbekannten Möglichkeiten, dass sich auf diesem Weg neue Spezies entwickeln können. Ohne diese Voraussetzungen – Individuation, Tod und natürliche Selektion – wäre wohl die planetarische Ursuppe weiterhin Ursuppe geblieben.

Dass auf diesem Weg direkt, unmittelbar, ein einziges, unseren Planeten umfassendes intelligentes Individuum hätte entstehen können, ist höchst unwahrscheinlich. Schon in der Ursuppe wurden Unmengen an chemisch entstandenen molekularen Strukturen, potentielle Keime des Lebens, in der aggressiven Umgebung verändert oder zersetzt. Etwas länger überlebten Strukturen, die bei Bestandteilverlusten die Möglichkeit boten, herumschwimmende Ersatzteile einzugliedern. Einige früher, andere später. Metabolismus und biologische Selektion ist das noch nicht, doch die Masse solcher Vorfälle führte zum potenziellen Ansatz eines Anfangs der Morphing-Strecke genannt Leben. Solche molekularen Strukturen entstanden an allen möglichen Stellen und breiteten sich als kleinste Einheiten aus. Es kann ausgeschlossen werden, dass der Ursprung des Lebens ein einziges, einheitliches Wesen hätte sein können.

Ein planetarisch einziges Wesen *kann erst mehr als drei Milliarden Jahre nach diesem Anfang, nach dem bisher Erreichten entstehen. Es* ***wird die transhumane Singularität sein****, als Ergebnis der bewussten Tätigkeit ihres Schöpfers, die Menschheit.*

O.2 UNSTERBLICHKEIT?

Mit dem Tod müssen wir demnach leben. Er macht die Evolution erst möglich: Der besser Angepasste, das überschüssig, redundant ausgestattete Individuum, dessen Überlebensfähigkeiten weitreichender sind als es zunächst notwendig wäre, wird als Glied eines evolutiven Strangs geboren. Dafür aber werden ihm seine Eltern Platz machen, sie werden ihre Identität verlieren müssen und als biologische Individuen sterben. Ein neues Lebewesen beginnt sich von vorne zu entwickeln. Das ist ein Zyklus, der sich millionenfach wiederholt – am Ende steht vielleicht eine höhere Spezies.

Anmerkung: Der Begriff „redundant" ist hier nicht in ingenieurtechnischem Sinne gemeint, als Verdoppelung eines Funktionselements, das zur Not als Ersatz dienen kann, sondern als Steigerung einer Fähigkeit über das Maß des zurzeit Notwendigen hinaus. Die funktionelle Redundanz (Überkapazität) der Fähigkeiten festigt die Überlebenschancen des Individuums und der Art. Erst wenn die Umweltbedingungen sich so weit ändern, dass sie die redundanten Fähigkeiten überfordern, stirbt das Lebewesen, bevor seine individuelle Uhr abgelaufen ist. Unter Umständen mit ihm auch die ganze Art. Es wird geschätzt, dass weit über 90 % der irgendwann lebenden Arten so ausgestorben sind.

Betrachten wir die Biosphäre als Ganzes. Wie würde unser Planet aussehen, wenn Evolution und Sterben nicht so eng verknüpft wären? Das, was wir Biosphäre nennen, wäre ein Haufen allerlei Aminosäuren. Unsterblichkeit ist mit der Evolution nicht vereinbar. Und ohne Evolution gibt es keine Intelligenz, uns schon gar keine transhumane Intelligenz.

Ein Uhrwerk in den Genen sichert die Sterblichkeit. Wo und wie das genau funktioniert, wurde noch nicht gefunden. Viele Hypothesen wurden vorgestellt. Die vielleicht bekannteste ist die der bei der Zellteilung immer kürzer werdenden Telomere – doch bislang konnte kein Modell die Sterblichkeit befriedigend erklären.

Irgendwie eigenartig ist das Sterben bei einigen Fischarten: Karpfen wachsen und vermehren sie sich soweit bekannt ununterbrochen, sterben tun sie nur durch ihre Fressfeinde, durch Krankheiten oder Nahrungsmangel. Richtig merkwürdig ist das Leben einer Quallen-Art: Ab und zu erneuert sich das DNA in ihren Zellen; ein neuer Lebenszyklus des gleichen Individuums wird gestartet. Ist es wirklich das gleiche Individuum? Eher das Ergebnis eines wundersamen Klon-Vorgangs. Und für den Beobachter ein Entitätenproblem.

Ein neugeborenes Menschenbaby weiß so gut wie nichts. In weniger als zwei Jahrzehnten wird es erwachsen sein. Es wird eine Menge gelernt und auch seine emotionale Intelligenz auf seine Umwelt getrimmt haben. Das wird die Zeit einer steilen und weitgehenden Entwicklung gewesen sein, die in diesem Tempo aber nicht einfach weitergeführt werden kann. Der geistige Fortschritt eines Zwanzigjährigen bis zum Alter von vierzig ist viel flacher als in den ersten zwanzig Jahren des Lebens. Später noch, zum Beispiel zwischen sechzig und achtzig, kann kaum noch von Fortschritt gesprochen werden, an der Tagesordnung sind eher die Bemühungen, den Verfall zu bremsen.

Was ist Unsterblichkeit? Sie bezeichnet eine sich nicht verändernde Entität in einer Welt in Bewegung, deren Wesen die Veränderung ist. Streng gesehen ist sie eine Fata Morgana.

- In einer ersten Näherung ist der Traum vom ewigen Leben der Wunsch, *nicht jetzt* zu sterben, ein immer wieder in die Zukunft verschobenes „jetzt". Genau genommen ist es der Wunsch einer nicht endenden Lebensverlängerung, unter Bewahrung der Lebensqualität. Biotechnisch gesehen wäre es ein Abschalten des Alterungsmechanismus.

Eine Zeit lang könnte das funktionieren, doch die Gesamtstruktur des Individuums müsste den Veränderungen seiner Welt folgen. Das Wesen, das einen solchen Weg begeht, entfernt sich zunehmend vom Ausgangspunkt seiner erhofften Unsterblichkeit. Irgendwann wird es zu etwas anderem, es *sprengt seine heutige Definition.* So gesehen kann es Unsterblichkeit gar nicht geben, sie bleibt eine Metapher.

- Die relative Identität (vgl. Kap. F) macht eine Quasi-Unsterblichkeit theoretisch möglich: Das gesamte biologische Wesen soll auf Vordermann gebracht werden, relativ identisch mit zum Beispiel dem, als der Träumer achtzehn war. Mit heutigen Mitteln unerreichbar, aber nicht undenkbar: 2012 bekamen Shin'ya Yamanaka und John Gurdon den Nobelpreis für die Entdeckung, dass ausgereifte Zellen zu Stammzellen reprogrammiert werden können. Es drängt sich immer mehr die Frage auf, ob beim Menschen Alterungsprozesse durch biologische Reprogrammierung aufgehalten werden und ihn dadurch sogar verjüngen könnten? Noch sind wir weit davon entfernt, doch die weiter oben erwähnte Qualle, deren DNA sich erneuert, lässt hoffen.
- Vielleicht wollen die Unsterblichkeitsträumer etwas anderes. Der Traum von Unsterblichkeit ist eigentlich die Sehnsucht nach dem Gefühl, *das* erleben und genießen zu können, was man sich *heute* darunter vorstellt, besonders *das*, was man glaubt, verpasst zu haben. Um das Verpasste wieder zu beleben, können wir die Zeit nicht zurückdrehen, das Großvaterparadoxon[52], würde es uns nicht erlauben. Als Ersatz für solch einen Traum müsste eine virtuelle Welt erschaffen werden, ein „Metaversum", wie es die Internet-Giganten anstreben, eine Weiterführung von Virtual Reality, Augmented Reality und anderen Informationstechnologien.

52 Ein Zeitreisender in die Vergangenheit tötet seinen Großvater, als dieser noch keine Kinder gezeugt hatte – demnach kann es den Zeitreisenden gar nicht geben

Wie auch immer die Unsterblichkeit gedreht und gewendet wird, der Begriff landet im Widerspruch mit der biologischen Evolution, der einzige Bereich, für den er Sinn machen könnte. Bleiben wir auf dem Teppich, Ein reales Ziel kann die Unsterblichkeit nicht sein. Sie ist eine Sehnsucht.

Alle unsere Wünsche drehen sich letztendlich um das Glücklichsein. Heute schon sind Gefühle und Sinneseindrücke durch Drogen steuerbar, allerdings mit schlimmen Nebenwirkungen und düsteren sozialen Prognosen. Pharmaunternehmen bemühen sich, deren Nebenwirkungen und Abhängigkeitspotenziale unter Kontrolle zu bringen. die Wissenschaft forscht in alle Richtungen, um das Wohlbefinden des Menschen zu steigern, auch durch Virtual Reality, Implantate im Gehirn oder durch Genmanipulation. Die Arbeit am künstlichen menschlichen Glück wird sich voraussichtlich zu einem zentralen Faktor entwickeln, der an der Definition des Menschen nagt. Glücklich werden in einem Metaversum, durch Pillen und Halbleiter-Chips? Klingt bedrohlich; es wäre schön zu erfahren, wie das vermieden werden kann, wenn überhaupt. Warten wir's ab.

O.3 DIE MACHT DER REDUNDANZ

Seit Darwin wissen wir im Grundsatz, wie sich die Biosphäre entwickelt. Jedes Lebewesen hat Eigenschaften, die seine Existenz und den Fortbestand der Spezies sichern können:

- Ihre Individuen können sich reproduzieren. Der genetische Bauplan eines Individuums wird größtenteils seinen Erben eingepflanzt.
- Die Vermehrungsrate ist den Anforderungen der Umwelt angepasst: Ein Menschenpaar kann während seines Lebens im Durchschnitt etwa acht Kinder zeugen. Bis auf etwas mehr als zwei starben die meisten in der Vergangenheit, bevor sie die Möglichkeit erreichen konnten, Nachkommen zu haben. Bei diesem Verhältnis blieb die Anzahl der lebenden Menschen relativ konstant. Wild lebende Vögel legen im Laufe ihres Lebens relativ wenige Eier, Reptilien etwas mehr, einige Insekten und Fische schon viel mehr. Unmengen Eier werden Jahr für Jahr von einem

Viel-Vermehrer-Paar befruchtet, damit über die Zeit, statistisch gesehen, bei geschlechtlicher Fortpflanzung zwei Überlebende als Erzeuger zum Zuge kommen können.

- Die Fortpflanzungsraten aller geschlechtlich definierten Lebewesen sind überzählig, bei manchen Arten sogar gewaltig – sie sind redundant. Ein Rattenpaar zum Beispiel könnte in einem Jahr vierhundert Nachkommen zeugen. Eine Hundemama könnte in ihrem Leben um die hundert Welpen gebären. Ob vier, vierhundert oder vierzigtausend Nachkommen, existenzsichernd für die Art heißt, dass das Paar im Laufe seines Lebens so viele Nachkommen zur Welt gebracht hat, dass in der Fortpflanzungsbilanz am Ende wieder ungefähr zwei zeugende Nachkommen zur Stelle sind. Die anderen, die überzähligen, sterben aus verschiedenen Gründen, vorzugsweise als Nahrung für stärkere Räuber oder für Aasfresser, oder sie enden als nahrhaftes Substrat für Pflanzen.

  Ist die Vermehrungsrate auf Dauer zu klein, verschwindet die Art. Ist sie zu groß, stört die Art das Gleichgewicht in ihrem Habitat, was immer wieder Einwanderer-Spezies tun. Zum Beispiel Kaninchen und Ochsenfrösche in Australien, Ratten in Neuseeland, Grauhörnchen und Waschbären in Europa, Wasserhyazinthen in Borneo – und ganz besonders Homo sapiens in der gesamten Biosphäre.
- Die biologische Redundanz ist nicht ganz unähnlich den Verhältnissen in der freien Wirtschaft: Wegen der zu erwartenden Fluktuationen der Aufträge/Umsätze/Materialpreise muss das durchschnittliche Einkommen eines Selbstständigen oder einer Firma höher sein als eine theoretisch errechnete existenzsichernde Summe, sonst droht bei der nächsten Baisse die Pleite. Deshalb sind Selbstständige im Schnitt notwendigerweise die Besserverdiener. Aus ähnlichen Gründen wird Beim Bau eines Staudamms, der Jahrzehnte und auch mehr dauern soll, viel mehr Stahlbeton einkalkuliert, als es für den Druck des Wassers im Höchststand nötig wäre. Zu knapp kalkulierte Redundanz kann katastrophale Folgen haben.

- Ausbildungsredundanz: Schulen sind Stätten, wo den Heranwachsenden Kenntnisse vermittelt werden. Welche Kenntnisse sollen es sein und wie tief sollen sie gehen? In vielen Fächern lernen Schüler Inhalte, die sie zum größten Teil vergessen, auch weil sie nur selten und nicht vollständig gebraucht werden. Nur einige wenige werden sie wirklich brauchen. Wer diese sind, kann man nicht wissen, deshalb fordert die Redundanz, dass alle Schüler diese Inhalte lernen. Ein schöner Spruch eines französischen Intellektuellen: Bildung ist das, was bleibt, wenn man das Gelernte vergessen hat.

O.3.1 REDUNDANZ DES GEHIRNS

Die Fähigkeiten des Gehirns sind hochredundant. Sie erlauben Anpassungen, die offensichtlich nicht „vorgesehen" waren. So kann erklärt werden, wieso Tiere dressiert werden können, Sachen zu machen, die in der freien Wildbahn niemals nötig sind – doch die Fähigkeit dazu ist gegeben. Wie anders sollte man sich die enorme Überfähigkeit des menschlichen Gehirns erklären? Der Urmensch, der vor 10-15.000 Jahren begann, sesshaft zu werden und Ackerbau zu betreiben, hatte vermutlich ein gleichwertiges oder vom heutigen kaum zu unterscheidendes Gehirn. Er hätte wie jeder Schulabsolvent Kreuzworträtsel, Mathematikprobleme und vieles andere mehr lösen können – wenn er denn zu seiner Zeit eingeschult worden wäre. Alles, was wir über die vergangenen Jahrtausende wissen – Bauten, Kultstätten, Urschriften, Waffen, Werkzeuge und noch einiges mehr – spricht dafür, dass wir das vermuten dürfen.

Notwendig waren solche schulischen Fähigkeiten damals nicht. Das mutmaßlich unbeanspruchte Potenzial war einfach „mitgefangen, mitgehangen" im Laufe der Evolution. Funktionsmäßig gleiche Gehirne erlaubten und erlauben dem Menschen im Amazonas die Jagd auf Äffchen mit Kurare-Pfeilen, in der Arktis die Erbeutung großer Meeressäugetiere mit Harpunen, und in Silicon Valley das Basteln von Computern. Man darf davon ausgehen, dass der Unterschied zwischen den arteigenen Menschengehirnen in einem evolutionär gesehen zeitlich minimalen Abstand von fünf, zehn oder zwanzigtausend Jahren kaum feststellbar sein kann, wenn überhaupt.

Um uns ein Bild zu machen, wie wichtig der Wirkungsradius dieser Redundanz ist, beobachten wir mal das Verhalten der Rotbauch-Unken. Sie ernähren sich von Krabbeltieren. Wenn eine Grille regungslos vor der Unke sitzt und nichts anderes Fressbares in Sicht ist, verhungert die Kröte – der Happen muss krabbeln, um wahrgenommen zu werden. Die Unke kann nicht dressiert werden, regloses Futter aufzunehmen. Es passt nicht in den kleinen Redundanz-Radius ihres Gehirns. Deshalb mussten Terraristen vibrierende Schalen erfinden, die auch Trockenfutter zum Zappeln bringen.

Säugetiere sind erheblich schlauer als Unken, doch auch ihre Intelligenz hat Grenzen. Wenn ein Marderjunges von seiner Mama mit Fröschen und Echsen gefüttert wurde, wird es eine Maus vor seinem Maul als mögliche Nahrung nicht wahrnehmen; der Nager passt nicht in sein Beuteschema. Das Gehirn des Marders wäre redundant genug, um ihn auch Mäuse fressen zu lassen – das tun ja auch die meisten Marder – es wären keine Mutationen im Genom nötig. Es fehlt nur die entsprechende Programmierung, das, was man beim Menschen „Erziehung“ nennt.

Übrigens, auch Menschen können in einem Kerker verhungern, in dem es von Kakerlaken wimmelt. Dabei sind solche Insekten für einige südasiatische und amerikanische Völker Leckerbissen. Der schwedische Forscher Sven Hedin (1865–1952) erzählt von einer seiner Reisen in Transhimalaya, dass seine einheimischen Begleiter sich angeekelt zeigten, als er Fische grillte. „Dann könntest du auch Frösche essen!“, sagte sie ihm. Stimmt, Europäer können auch Frösche essen. Irgendwie aus der Reihe tanzt die verhältnismäßig hohe Hirnredundanz der Gorillas und anderer Affenarten, die sich ausschließlich vegetarisch ernähren und zumindest bei der Nahrungssuche nicht komplexere Herausforderungen meistern müssen.

Der Redundanz-Radius des menschlichen Genoms ist riesig. In den letzten paar tausend Jahren, einige hundert Generationen, ist das Wissen der Menschen regelrecht explodiert. Von den steinzeitlichen Flöten und Pfeilspitzen über Ackerbau und geometrisch auskalkulierte Pyramiden bis zur Mondlandung hat die kulturelle Evolution Leistungen hervorgebracht, die unmöglich auf entsprechende Genomveränderungen durch biologische Evolution zurückgeführt werden können. Diese Zeitspanne ist für die darwinistische Selektion nur ein Wimpernschlag der biologischen Evolution. Als Ursache für die steile kulturelle Evolution hätte sie überhaupt nicht zum Zuge kommen können. Es wäre abwegig zu glauben, dass Archimedes, Newton und Einstein nur durch passende, rechtzeitig eingetretene Mutationen fähig zu ihren Leistungen waren. Möglich war diese Wissensexplosion durch das viele tausend Jahre früher redundant konfigurierte Genom und Gehirn des Homo sapiens.

Andererseits hat die enorme Bandbreite des redundanten Menschenhirns mit ihren gewonnenen Freiheitsgraden möglicherweise auch dahin geführt, dass einige fehlentwickelte Individuen schon in frühester Jugend abartige Sex- Mord- und Folterfantasien entwickeln und sie auch ausleben. Bei Tieren sind solche Verhaltensweisen nicht bekannt. Sie foltern nicht, auch dann nicht, wenn das Raubtier langsam seine Beute bei lebendigem Leibe frisst. Oder wenn eine Geparden-Mama ihren Jungen ein lebendes Kitz überlässt, damit diese zunächst unbeholfen und grausam das Jagen und Töten der Beute trainieren. Bewusst foltern kann nur der Mensch.

O.4 DAS „ZIEL" DER SELEKTION: DIE WAHRUNG DES GENETISCHEN BAUPLANS

Der Grundsatz, dass nur die stärkeren, besser Angepassten überleben, ist selbstverständlich nur statistisch, in einem weiten Rahmen zu verstehen. Glück und Unglück spielen für das Überleben des Einzelnen eine große Rolle, doch auf lange Sicht sorgen Wahrscheinlichkeitsgesetze dafür, dass dadurch die Selektion nicht verfälscht wird. Der Ausdruck „Das Überleben der Besseren" suggeriert eine von Generation zu Generation kontinuierliche Stärkung und Verfeinerung der Fähigkeiten. Das stimmt nicht ganz. Ziel der Selektion ist – insofern wir den Begriff „Ziel" als zweckdienlichen akzeptieren – der Erhalt des genetischen Bauplans, seine relative Invarianz über möglichst viele Generationen, so wie es uns die Bakterien und viele andere Pflanzen- und Tierarten vorgemacht haben und es auch weiter tun.

Natürliche Evolution hat kein Ziel, sie ist lediglich ein emergentes Ergebnis der natürlichen Selektion von zufälligen Änderungen. Sie ist eine dynamische Struktur, die Invarianz begünstigt.[53] Von „Ziel" und „Zweck" sprechen wir, wenn das Ergebnis einer Entwicklung so oder so ähnlich ist wie das von uns erdachte Modell voraussagt. „Ziel" und „Zweck" sind eigentlich Behelfswörter, nicht zuletzt weil sie sehr praktische Kommunikationsvehikel sind. Sie ersetzen eine Menge zeitfressender Erklärungen und Definitionen.

Die allermeisten Abweichungen vom genetischen Bauplan sind schädlich, bestenfalls neutral. Sie haben geringe Chancen, gut für das Individuum und für die Spezies zu sein. Es geschieht sehr selten, dass sich eine Abweichung etabliert, die tatsächlich den Nachkommen höhere Fähigkeiten in irgendeinem Bereich beschert. Aber nur auf diesem Weg sind neue Arten entstanden. Wie selten so etwas passiert, kann man sich über den Daumen gepeilt vorstellen, wenn man versucht auszurechnen: Wie viele Generationen einer Art haben gelebt, bis eine solche evolutionäre Mutation eine Abspaltung zu einer neuen Art bewirkt hat? Oder, wie viele Generationen eines Ahnenstrangs mit dem gleichen oder kaum veränderten Bauplan müssen zurückgezählt werden, um eine wesentliche Veränderung festzustellen? Ein Beispiel: Wie viele Millionen oder -zig Millionen Jahre wurden Wespen- oder Krokodil-Baupläne von einer Generation zur anderen weiter gereicht? Wir leben in einem gigantischen Ozean von unzähl-

53 vgl. Kap. C – Invarianz. Und Kap. D – Modelle

bar vielen Trägern von Milliarden Jahre alten Bakterien-Bauplänen, was manchen Naturkundler dazu gebracht hat, zu sagen, dass die Bakterien die wahren Herrscher unseres Planeten sind. Erst in den letzten ca. 15 % der Herrschaftszeit der Bakterien, ca. 5-600 Millionen Jahre, entstanden unsere Ur-Ur-Eltern, die Vielzeller.

Zum Schmunzeln, ein paar nicht-biologische Analogien zur Seltenheit der glücklichen Mutationen:

- In einer englischen Papierfabrik hatte ein Mitarbeiter vergessen, der Zellulose-Mischung Klebstoff zuzufügen. Statt des beschreibbaren Papiers produzierte die Maschine eine poröse, als Papier unbrauchbare Folie. Der Mitarbeiter wurde gefeuert und der Inhaber der Fabrik wurde reich: Das Löschpapier ist entstanden.
- Auch die heute übliche Schokolade soll im 19. Jahrhundert durch einen Fehler zur Welt gekommen sein: Ein Mitarbeiter hatte vergessen, am Abend die Mahlwalzen für das Gemisch Kakaomasse und Zucker auszuschalten. Am nächsten Morgen lief die Maschine immer noch. Das Ergebnis: eine richtig feine Mischung, so wie wir sie heute lieben, ohne die störende Sandigkeit der Zuckerkristalle.
- Wenn die Legende stimmt, dann ist auch das positive Ergebnis des Miller-Urey-Experiments 1953 einer Unachtsamkeit zu verdanken. Es sollte bewiesen werden, dass elektrische Entladungen in einem den Urzeiten unseres Planeten nachempfundenem Gas-Gemisch die Entstehung organischer Moleküle bewirken können. Der Beweis wollte sich aber nicht einstellen – bis eine Laborantin vergaß, übers Wochenende die Geräte abzustellen. Diese blitzten munter weiter, und am Montagmorgen waren die organischen Moleküle da.

Industrieller und wissenschaftlicher Fortschritt entstehen systemisch durch bewusste Veränderungen, seltener durch glückliche Fehler. Das ist der wesentliche Unterschied zur biologischen Evolution.

Dieser richtungsorientierte Mechanismus beschleunigt die Entwicklung ungemein. Der Fortschritt des Wissens und Könnens steigt zu unvorstellbaren Höhen. Die natürliche Evolution kennt diese Werkzeuge nicht. Deshalb dauerte es Milliarden Jahre, bis die radikalen Veränderungen auf unserem Planeten indirekt, über den Menschen, überhaupt möglich wurden. Ab seinem Eingriff in das Geschehen nennen wir die Auswirkungen menschlichen Tuns nicht mehr *natürlich,* sondern *künstlich.* Auch hier gibt es, wie überall in der realen Welt, Übergangzonen, unscharfe Grenzen. Ein Beispiel, zum Ärger unserer mentalen Schubladen: Ist ein vom Biber errichteter Staudamm natürlich oder künstlich?

O.5 EPIGENETIK – PFADE VON DEN GENEN ZU DEN VERHALTENSMUSTERN

Direkte kausale Verbindungen zwischen den Genen und den Aktivitäten des Trägerorganismus sind selten eins zu eins verfolgbar. Die Gene stoßen biochemische Prozesse an, die sich für uns letztendlich als Merkmale des Individuums darstellen, abhängig vom Zustand der Kontaktschichten mit den Genen und der weiteren Strukturen des Organismus.

Das Verhalten eines Lebewesens ist von seinem genetischen Bauplan abhängig, vielschichtig und verflochten. Aber wie? Der Bauplan bestimmt nicht die einzelnen konkreten Aktionen des Organismus. Er gibt ein Bündel von Möglichkeiten vor, die Grenzen setzen, aber nicht genaue Trajektorien bestimmen. Das Genom ist so etwas wie ein gedrucktes Notenblatt, das ein Musiker als Vermittler entziffert und in unterschiedlichen individuellen Varianten zum Klingen bringt. Das Publikum wiederum (die Umwelt) entscheidet, ob das Kunstwerk (das Individuum) wiederholt wird (sich fortpflanzt) oder nicht. Die Gene können gar nicht das fertige Maßnahmenpaket liefern. Zunächst muss eine erste Kontaktschicht mit den Genen als Filter und Dolmetscher die Befehle der Gene so aufbereiten, dass sie dem Organismus des Individuums weitergeleitet werden können.

1942, als die Struktur der DNA noch unbekannt war, hat C. H. Waddington den Begriff Epigenetik erstmals benutzt, als Zweig der Biologie, der kausale Wechselwirkungen zwischen Genen und dem Phänotyp untersucht.

1953 entschlüsselten James Watson und Francis Crick den strukturellen Aufbau der DNA und erstellten das berühmt gewordene Doppelhelix-Modell. In den Jahrzehnten danach war die Genetik im Prinzip eine unstrittige Erkenntnis: Ursächlich für die Entstehung und die Verhaltensmuster eines Organismus ist die Konfiguration des Genoms. Die Umwelt kann die Gene nicht beeinflussen, der Zufall allein kann sie ändern, was oft böse Folgen hat, und in seltenen Fällen evolutionäre Schübe bewirkt.

Die Epigenetik relativiert diesen Zusammenhang. Beobachtungen zufolge entwickelte sich auch die Annahme, dass die klassische Theorie unvollständig ist – die Umwelt kann das Genom unter bestimmten Umständen doch beeinflussen. Ursprünglich konnten keine eindeutigen Beweise dafür geliefert werden, nur Indizien. Erst um die Jahrtausendwende wurden Strukturen entschlüsselt, die den möglichen Einfluss der Umwelt auf das Genom aufzeigen können. Bis heute ist die Epigenetik für manche Autoren eher eine Glaubenssache. Worum geht es?

Die Doppelspirale mit ihren Leitersprossen Adenin–Thymin und Cytosin–Guanin ist ca. zwei Meter lang. Im mikroskopischen Raum der Zelle erscheint sie reduziert auf eine Perlenschnur, deren Kügelchen eingewickelte Abschnitte um Histonen-Kerne sind, sodass die Schnur trotz ihrer stattlichen Länge in einen Zellkern passt. Je enger die Einwicklungen sind, desto weniger ist es den Genen möglich, aktiv zu werden. Kleine Moleküle, die Acetylgruppen, lockern die eng verpackten Windungen und machen an solchen Stellen die Gene lesbar. Dem entgegen wirkend docken kleine Moleküle der Methylgruppen an den DNA-Strang und verhindern an dieser Stelle das Ablesen der Gene. Somit ist nicht der gesamte DNA-Strang aktiv, er ist mit „Markern“ übersäht, deren Verteilung die Genexpression beeinflusst, also die Ausprägung des Genotyps eines Organismus oder einer Zelle als Phänotyp. Wenn das Epigenom zum Genom sprechen würde, könnten wir Folgendes hören: „Befehlen kannst du, was du willst. Weiterleiten werde ich nur das, was ich erlaube."

An diesem hier stark vereinfachten biochemischen Mechanismus setzt die Epigenetik an: Das Setzen von Markern wird von der Umwelt beeinflusst. Es stellt sich die Frage, wie das geschieht und inwiefern verschiedene Markierungsmuster an die Nachkommen vererbt werden.

Nach der Befruchtung der Eizelle entstehen bis zum 8-Zell-Stadium nur Stammzellen, die alles generieren können, aber nicht ein bestimmtes Organ. Spezialisierte Zelltypen enthalten zwar die gleiche Gensequenz, aber andere Markierungen. Bei den Keimzellen werden fast alle von Vater und Mutter übertragene Markierungen gelöscht. Zu den wenigen verbliebenen kommen mit der Zeit auch weitere. So zum Beispiel wurde festgestellt, dass sehr junge Zwillinge sich in ihrem epigenetischen Code kaum unterscheiden, ältere hingegen viel mehr. Woher und wie genau kommen solche Markierungen, wie werden sie zu Agenten der Umwelt? Es wurden äußerst komplizierte biochemische Prozesse entschlüsselt, allmählich werden Zusammenhänge freigelegt. Dennoch scheiden sich an diesem Punkt immer noch die Geister, sehr viel ist noch zu klären. Es zeigte sich, dass epigenetische Vererbungen bei Pflanzen und niederen Lebewesen möglich und nachweisbar sind, bei Säugetieren wird es problematisch, beim Menschen bleibt es bei Vermutungen.

Immer wieder wurde und wird gesucht – besonders erfolgversprechend bei Zwillingen – wie viel die Entwicklung einer Persönlichkeit der Umwelt und wie viel dem Genom zu verdanken ist. Offene Fragen werden besser beantwortet werden können, wenn die Forscher in die Entität Epigenom tiefer eingedrungen sind.

O.5.1 DAS ENTZIFFERTE GENOM

Die ersten Lebewesen in der Ursuppe waren „unsoziale" Individuen, deren individuelle Aktivitäten so gut wie nichts mit den Aktivitäten anderer Individuen mit gleichen oder ähnlichen Bauplänen zu tun hatten. Bei höheren Stufen des Lebens beginnen sich zunächst schwache Abhängigkeiten zu entwickeln, die man als Urformen einer sozialen Vernetzung betrachten kann. Diese steigern die Überlebenschancen der Arten oder Gruppen. Später kamen dann die echten sozialen Lebensformen hinzu – Schwärme, Kolonien, Herden, Rudel etc. bis hin zur sozialsten Lebensform, die menschliche Gesellschaft. Immer noch Aufmerksamkeit erregend sind Erwägungen, ob die Entitäten „Ameisenhaufen" oder „Bienenschwarm" auch Individuen genannt werden können, was schon mal von einigen Autoren vorgeschlagen wurde. Bei Bienen und Ameisen ist eine solche Interpretation vielleicht übereifrig. Sicherlich sind die Einzelinsekten in Bienenschwärmen und Ameisenkolonien extrem voneinander abhängig, deren kompakte Verklumpung zu einer Einheit ergibt zwar eine Entität, es ist aber fraglich, ob diese in unserem Verständnis „Individuum" genannt werden kann. Bei Schleimpilzen sieht das schon ein wenig anders aus: Mal sind sie eine Menge individueller Amöben, mal sind sie ein einheitliches Wesen, ein Individuum.[54]

Erstaunlich ist, dass wir nicht einmal bei höheren Lebewesen, Menschen inklusive, sicher sein dürfen, dass es sich zu hundert Prozent um Individuen handelt. Die Mitochondrien – spezielle Organellen die ihr Dasein in unseren Zellen fristen – zwingen uns zu einer sehr unkonventionellen Sichtweise:

Wenn wir uns zweifelsfrei als Individuen betrachten, müssen wir gleichzeitig akzeptieren, dass wir eine Gemeinschaft von ganz vielen ehemaligen Individuen sind, auch Mitochondrien, die sich durch ungebremste Intensivierung der „Sozialisation" zu einer Entität höheren Ranges zusammengetan haben. Grüßt hier aus der Ferne schon die transhumane Intelligenz?

54 vgl. Kap. C3 – Ein, zwei oder halbe Haufen, Kühe oder Frikadellen

Es kann eine aufsteigende Treppe skizziert werden, auf deren Stufen Lebewesen genannt sind, die aus jeweils zwei oder mehreren Organismen bestehen, die voneinander vorerst nicht abhängig sind und keine oder nur unwesentlich gemeinsame Interessen haben, bis hin zur Verschmelzung solcher Entitäten in den oberen Ebenen:

⇨ Verschmelzung (Zellen mit Mitochondrien)
⇨ Flechten (Symbiose Alge + Pilz)
⇨ Bienenschwarm (bedingungslose Zusammenarbeit)
⇨ Kolibris und Blütenpflanzen (gegenseitige Abhängigkeit)
⇨ Bakterien als Individuen (Vernetzungsgrad null)

P. DIE BIOGENETISCHE EVOLUTION DES MENSCHEN

P.1 INVOLUTION UND KÜNSTLICHE EVOLUTION

Die Faustregel sagt, dass von allen Nachkommen, die ein Elternpaar zur Welt bringen kann, etwas mehr als zwei zeugungsfähige Individuen überleben müssen, damit die Gesamtzahl der Individuen dieser Spezies konstant bleibt. Die Gesamtzahl der Menschen begann systematisch zu steigen, als bei der Art „Homo sapiens" neue Nahrungsbeschaffungs- und Schutztechniken Einzug hielten (Jagdwaffen, Ackerbau, Viehzucht, stabile Behausungen usw.). Dadurch konnten auch Individuen überleben, die sonst von der Evolution aussortiert worden wären. Fakt ist, dass mit dem Beginn des zahlenmäßigen Anstiegs der Menschheit die natürliche Selektion schleichend ihren Rückzug begonnen hat. In neueren Zeiten wurde auch die medizinische Versorgung immer wirksamer, und zwar so, dass in den letzten Jahren in den meisten Regionen der Welt fast alle Neugeborenen das Erwachsenenalter erreichen können. Die gute Seite der Entwicklung: Grundsätzlich können auch Individuen überleben, die in einer oder anderer Art unverdientes Pech hatten, etwa Unfall, Infektionskrankheit, Verletzung, Dürre o. ä. Und auch die konstitutionell Schwächeren bekommen eine Chance. Die Gemeinschaft bietet ihnen Unterkunft, Nahrung und medizinische Betreuung.

Wenn die Verdrängung der natürlichen Selektion zu wirken beginnt, könnte nach heutigem Wissensstand das menschliche Genom wegen Anlagerungen von schädlichen Mutationen allmählich degenerieren. Diese Sorge ist übrigens nicht neu: Auch Darwin selbst hatte ähnliche Vermutungen geäußert. *Das wird aber voraussichtlich nicht passieren, weil ein anderer Faktor, die künstliche Evolution, die Zügel übernehmen wird.*

„Degeneration" klingt schlimm, doch sie wäre nicht einmal eine Ausnahme im Fluss der biologischen Evolution, wobei diese nicht immer Richtung „höher" oder „besser" führen muss, was ohnehin auch vom Betrachter abhängig ist. Biologische Evolution ist Entwicklung von irgendetwas Existenzfähigem, nicht mehr und nicht weniger. Ob sie zur Verbreitung oder zum Verschwinden eines Strangs führt, ist eine andere Frage. Muscheln beispielsweise waren schon mal etwas aktivere, beweglichere Weichtiere. Sie hatten aber den Dreh einer besonders effektiven Existenzsicherung entdeckt: schützende Panzerung, permanenter Nahrungszufluss durch Filterung, Fixierung am Boden, an einem nährstoffreichen Ort. Das spart Energie und bietet Sicherheit. Infolgedessen verkümmern mit der Zeit Eigenschaften, die nicht mehr notwendig sind. Das Ergebnis ist in diesem Fall die Muschel, ein Lebewesen, das sich prächtig behauptet hat, allerdings mit dem Preis der Beschneidung einiger seiner ursprünglichen Fähigkeiten. Die Evolution der Muschel ist in einem lokalen Optimum steckengeblieben. Es ist eine andere Frage, über wie viele Generationen das lokale Optimum existenzsichernd ist. Das Sterben der meisten Arten in der Evolution ist auch lokalen Optima geschuldet, die irgendwann ausgedient haben. Aus diesem Grund haben wir so viel Angst vor einer Klimaerwärmung um 3^0 C und mehr, die den Menschen unsäglich viel Leid bringen und unzählige Tierarten verschwinden lassen würde. Und doch, so schlimm die Klimaerwärmung auch sei, gesamtevolutionär betrachtet würde sie weder zum Aussterben des Homo sapiens, noch zum generellen Kollaps der Biosphäre führen. Dennoch, es würden Veränderungen anstehen, die man aus der Sicht der heutigen Menschen als katastrophal bezeichnen kann.

Fazit: Involution eines genetischen Bauplans betrifft bestimmte Fähigkeiten und Merkmale. Ausgleichend muss die von einem Habitat geforderte Gesamtfitness erhalten bleiben, sonst verschwindet die Art. Einen besonders informativen Blick können wir in diesem Sinne auf die Zuchtrassen werfen. Vermutlich würden viele Hunderassen in der Wildnis nur in Ausnahmefällen überleben. So die australischen Dingos, sie waren einmal Haushunde, jetzt sind sie wieder wilde Tiere. Viele der ursprünglichen Fähigkeiten der Haushunde allgemein sind in der Obhut des Menschen verloren gegangen. Sie werden gefüttert und müssen nicht mehr jagen. Obwohl viele Rassen unter schweren organischen Degenerationsproblemen leiden, droht ihnen kein Aussterben. Die Gesamtfitness der Haushunde in ihrer neuen Umwelt ist beachtlich – dank der Tatsache, dass die Eingriffe des Menschen ihre zurückgebildeten Fähigkeiten mehr als kompensieren.

So gesehen haben wir Menschen für uns selbst die Voraussetzungen geschaffen, gewissermaßen eine Art Muscheln oder verkrüppelte Schoßhündchen auf höchstem Niveau zu werden. Unsere Gesamtfitness in der von uns selbst erzeugten Umwelt ist maßlos angestiegen – alle anderen Lebewesen müssen uns territorial weichen. Dafür zahlen wir den Preis: Wir haben einige Fähigkeiten verloren, weil unser hochredundantes Gehirn für hypereffizienten Ersatz sorgt – alles was Industrie, Landwirtschaft und Wissen hergeben.

Es gibt dennoch einen wesentlichen Unterschied zwischen der Involution der Muscheln oder auch anderer Spezies und der möglichen Involution des Menschen: Die Fitness der Muscheln, d. h. die Gesamtheit ihrer existenzsichernden Eigenschaften, ist nach wie vor unter der gnadenlosen Zensur der natürlichen Selektion geblieben. Wir nennen ihre Entwicklung „Involution", weil wir sie mit unseren Kriterien bewerten.

Beim Menschen ist das nicht so. Die Anhäufung von Bauplan-Fehlern darf ungehindert voranschreiten, denn die negativen Auswirkungen werden von Produkten seines findigen Gehirns ausgebügelt, kompensiert und überkompensiert. Dass der Mensch sich so ungehemmt vermehren kann, ist nicht seiner biologischen Fitness zu verdanken, sondern der Gesamtfitness der Entität Mensch + seine Werkzeuge. Eine in der biologischen Evolution nie da gewesene Konstellation. ***Vermerken wir diese Konstellation – Mensch + seine Werkzeuge. Sie ist die wichtigste Voraussetzung auf dem Weg zur transhumanen Intelligenz.*** *Nicht die schwindende biologische Evolution.*

Aus vielen Gründen ist es unwahrscheinlich, dass Homo sapiens aufgrund seiner rein biologischen Involution ins Trudeln gerät. Die künstliche Evolution als Teil seiner neuen Gesamtfitness kommt viel schneller, als dass die biogenetische Involution mithalten könnte. Die Werkzeuge und technischen Erfindungen, die seine mögliche Involution eingeleitet haben, führen dazu, dass die natürliche + künstliche Evolution unerwartete Formen annimmt – auf jeden Fall aber bei steigender Fitness. Nietzsches Aufruf „Nicht fort sollst du dich pflanzen, sondern hinauf!" passt zu diesem Knotenpunkt in der Evolutionskurve, allerdings nicht so, wie der Philosoph es sich vorgestellt hatte.

P.2 DER KNICK IN DER EVOLUTION

Nach der Entdeckung der Genetik und der Möglichkeiten, das Genom zu verändern, entsteht etwas vollständig Neues: die ***künstliche biologische Evolution***. Ihr Hebel ist der gleiche: die Gene. Nur werden diese künftig nicht nur durch Zufall verändert und durch die Qualitätskontrolle der Selektion geführt, sondern quasi industriell im Labor repariert, verbessert, gesteuert, in einer unvergleichbar kürzeren Zeit als es die natürliche Evolution schaffen könnte. Das ersetzt die darwinistische Selektion.

Die Zähmung des Feuers, die Erfindung von Kraft-Multiplikatoren (Waffen, Werkzeuge), Tierzucht und Ackerbau haben den Phasenübergang vom Tier zum Menschen vollendet.
Die Fähigkeit, sein eigenes Genom gesteuert zu verändern, wird den Menschen der Zukunft aus seiner bisherigen Definition herauskatapultieren. An diesem Masterplan werkeln wir jetzt.

„Genome Editing", die in den letzten Jahren ausgebildete Möglichkeit vererbbarer Eingriffe in die Keimbahn, sorgt für Unruhe. Ist das der Dammbruch für die künstliche Evolution? Streng konservative Ethiker fordern das Verbot, doch das wird langfristig nicht durchsetzbar sein. Die Forschungsrichtung wird sich wie schon immer im Spannungsfeld zwischen

Pro und Kontra entwickeln und letztendlich zu einem Menschen führen, der nicht mehr das sein wird, was er jetzt ist.[55]

Die Möglichkeit, besonders durch die Fortschritte der Medizin das Überleben der meisten Nachkommen zu sichern, hat in den letzten Jahrzehnten des 20. Jahrhunderts zu einem explosiven Bevölkerungswachstum geführt, das sich zwar etwas verlangsamt hat, aber immer noch ein Rennen gegen die Zeit bleibt. Medizin und die Kenntnisse der Biologie haben die Mittel gefunden, dem Bevölkerungsanstieg entgegenzuwirken: die Verhütungsmittel. Ein Gleichgewicht wurde damit allerdings nicht eingeleitet, sondern weltweit gleichzeitig eine Über- und Untersteuerung:

- Die Anzahl der fortpflanzungsfähigen Nachkommen eines Elternpaars, die für eine stabile Bevölkerungszahl notwendig ist (~2,1) wurde in den letzten Jahrzehnten in hochentwickelten Gesellschaften oder Gesellschaftsschichten immer mehr unterschritten, bis auf Aussterbens-Niveau 1,6 bis 1,4 in europäischen Ländern, 1,3 in China und sogar auf 1,2 in Singapur und Südkorea. Mittlerweilen werden sich diese Zahlen noch verschlechtert haben.
- Die Abschaltung der natürlichen Selektion und damit der biologischen Evolution haben sich definitiv in wachsenden Teilen des Menschenteppichs eingenistet. Zumindest theoretisch. Die gute Nachricht ist, dass die genetische Involution sehr langsam ist. Die Stabilität der Genome ist sehr hoch, das Überdauern von Bauplänen in der Biosphäre über Jahrtausende und Jahrmillionen zeugen davon. Die Risiko-Phase der Menschheit bis zur Entfaltung der künstlichen biologischen Evolution wird dadurch überbrückt.
- In den Industrieländern tendieren die meisten Menschen dazu, später, seltener oder gar nicht Kinder zu kriegen. Erst muss ja die eigene Ausbildung vollendet werden, dann noch einige Sicherungen des Lebensstandards wie etwa Haus, Auto, sozial-berufliche Kontakte und noch

55 vgl. Kap. R2 – Träume und Richtungen der künstlichen Evolution

einiges mehr. Eigene Kinder stören dabei. Das Kinderkriegen scheint eher den religiös motivierten und sozial weniger starken Familien überlassen, oder denen, die es sich finanziell leisten können, Nannys und andere Erziehungshilfen zu bezahlen.

Aus solchen oder ähnlichen Gründen gibt es immer mehr Singles. Kinderfreundlich ist die Situation nicht. Berichte in den Medien betonen immer wieder die Realität eines wesentlichen Faktors: die Benachteiligungen und Bürden alleinerziehender Mütter. Das schreckt ab. Tageskrippen und ausreichend Kindergartenplätze sind gute Einrichtungen, doch angesichts der strukturellen Probleme sind sie nur Palliative. Fortschrittliche gesellschaftliche Kräfte suchen nach Lösungen. Übersteuerungen auf dem Weg zur Gleichberechtigung sind notwendig und unvermeidlich, doch die physischen und psychischen Gegebenheiten sollten wesensgerecht beachtet werden, insbesondere mit Hinblick auf Aufgaben, die nur die Frau bewältigen kann: Schwangerschaft und Stillzeit des Kindes. Diese fordern nicht nur biologische Voraussetzungen, sondern auch Zeit, Energie und Hingabe. Aus diesen Gegebenheiten heraus hat die Evolution zu sekundären, in einigen Tätigkeitsfeldern signifikanten Unterschieden bei Vorzügen, Fähigkeiten und Verhaltensneigungen von Frau und Mann geführt. Leider wird das in letzter Zeit im Namen einer blinden „Political Correctness" geflissentlich übersehen. Rücksichtslose Gleichstellungen und Quotenregelungen mit dem Taschenrechner sind respektlos, ungerecht und unrealistisch. Die weltweit dringende Notwendigkeit, das herkömmliche Patriarchat umzukrempeln, sollte mit aller Kraft weitergeführt werden, doch darf sie kein Freibrief für Prinzipienreiter*Innen sein. Die Zeit wird entscheiden, was von der Genderdiskussion bleibt, weil es vernünftig ist, und was sang- und klanglos verschwindet.

Für die Eltern ist es heute viel schwieriger als früher, Kinder zu erziehen. Nicht aus materiellen Gründen, die in den Industrieländern kein Thema mehr sind, sondern aus psychologischen:

- In Wohlstandsgesellschaften sind Kinder schwerer zu gewünschtem Verhalten zu motivieren. Die Achtung, die den älteren Familienmitgliedern besonders in vortechnologischen Gesellschaften zuteilwurde, basierte auf nützlichen Lebenserfahrungen und Kenntnissen. Heute entdeckt das Kind, dass es über wichtige Werkzeuge, wie etwa Computer und Smartphone, mehr weiß als Oma und Opa, manchmal sogar als Mama und Papa. Das schmälert die Autorität der Erzieher. Die lehrreichen Erinnerungen der Großeltern haben kaum noch etwas mit der aktuellen Welt des Kindes und des Teenagers zu tun.
- Bei Familien- und Traditionsfeiern gab es in der Vergangenheit seltene Leckereien: Kuchen, Süßigkeiten, Äpfel, am Christbaum hingen auch Mettwürste. Welche Erwartungshaltung kann man von einem Kind erhoffen, wenn es bei einem banalen Einkauf im Discounter all diese und noch viele andere tollen Sachen sehen und aus eigenem Taschengeld sofort kaufen oder sich durch Quengeln besorgen kann?
- In früheren Zeiten ließ der Alltag den Eltern kaum Möglichkeiten, permanent das Tun der Kinder zu überwachen. Diese spielten in der Scheune, in Wald und Wiese oder auf der Misthalde, verletzen sich manchmal schmerzhaft und hatten Unfälle, auch tödliche. Heute gibt es Kindergärten, in denen das höchste Gebot ist: Nichts riskieren! Damit ja nichts passiert, werden die Kinder oft mit dem Auto bis zur Schule gefahren, obwohl sie alleine hingehen könnten. Oder: Hände waschen, Zähne putzen, nicht barfuß herumlaufen, nicht auf Bäume klettern, nichts Ungesundes essen, impfen lassen, „bitte" und „danke" sagen usw. Unmöglich, all das aufzulisten, was bewusste Eltern wissen, machen oder unterlassen müssen, um nicht irgendwann von Gewissensbissen geplagt zu werden „… Was hab' ich denn falsch gemacht?"
- Das geballte Fürsorge-Pensum schützt die Kinder tatsächlich – deshalb überleben auch fast alle – doch die Erfahrungen und Herausforderungen für Geist und Körper, die dadurch entfallen, werden zu wenig durch etwas äquivalentes ersetzt. Kinderspielplätze mit Kletterbauten, Urlaubsreisen und Ausflüge in die Natur sowie Sportvereine bieten ei-

nigen Ersatz dafür, doch ob das reicht, darf bezweifelt werden. Forscher auf dem Gebiet stellen zunehmend Schwächen bei Feinmotorik, Gleichgewicht, Konzentrationsfähigkeit u. a. m. fest. Die rasant steigende Zahl von Allergien wird auf die tendenziell sterile Umgebung der Kinder zurückgeführt, deren Abwehrmechanismen weniger gefordert sind. Auch das sind Formen von Vermuschelung.[56]

Die natürliche Selektion ist bei Menschenkindern praktisch ausgehebelt. Es bleibt völlig ausgeschlossen, die natürliche Selektion wieder einzuführen. Sollten Ehepaare wieder sechs oder acht Kinder zeugen und sie nicht schützen, medizinisch nicht betreuen, sie bei schwachen Ernten nicht genügend ernähren, damit nur die stärksten überleben und die natürliche Selektion wieder funktioniert? Diese zugegebenermaßen extrem provokative Frage ist ein reines Gedankenexperiment. Sie mag empörend sein, doch sie wurde nicht gestellt, um eine völlig abwegige Möglichkeit in Erwägung zu ziehen, sondern um deutlich zu zeigen, was im Laufe der Entwicklung auf uns zukommt und uns zwingt, über Lösungen nachzudenken. Diese Darstellung ist selbstverständlich kein Aufruf zum Rückzug von den Schutzmaßnahmen für Kinder. Sie will nur betonen, wie wichtig es ist, mit offenen Augen dem Wandel der Gesellschaft zu folgen. Sie kann helfen, unsinnige Lösungsvorschläge auszusortieren. Blauäugig, mit getönten Brillen in die Zukunft zu blicken ist nicht gut für unsere Kinder.

In Entwicklungsländern sowie in einigen religiösen Gemeinschaften bleiben die Vermehrungsraten ungebremst hoch, entweder wegen mangelnder Aufklärung, oder aufgrund fundamentalistischer Glaubensbekenntnisse. Hilfsangebote von Gutgesinnten mit Tunnelblick tragen dazu bei. Unterm Strich werden 2050 manchen Schätzungen zufolge zehn Milliarden Menschen auf unserem Planeten leben. Alle werden eine angemessene Wohnmöglichkeit, Fernseher, Smartphone, Computer und nach

56 vgl. Kap. P.1 – Involution und künstliche Evolution

Möglichkeit ein Auto haben, sich täglich sattessen wollen, und noch einiges mehr.

Ganz allgemein: Je höher die zivile Reife und der technologische und kulturelle Entwicklungsgrad einer Gesellschaft oder Bevölkerungsschicht sind, desto deutlicher ist der Rückgang der Fortpflanzungsraten. Gleichzeitig muss festgestellt werden, dass Menschengruppen mit höherem Bildungsgrad und höherer ziviler Reife ohnehin Minderheiten sind, deren Reproduktionsraten konstant unterdurchschnittlich sind. Es gibt aber auch Hoffnung, positive Anzeichen, dass eine Mittelschicht in ärmeren Ländern entsteht und wächst. Noch sind es eher zarte Pflänzchen, doch es gibt diese Tendenz. Vermutlich wird auch diese etwas besserverdienende junge Mittelschicht sich dem Trend der Kinderablehnung anschließen.

Vorerst aber zeigen die Bilanzen, dass die bildungsfernen, zivil weniger reifen oder auch religiös einseitig motivierten Bevölkerungsgruppen zahlenmäßig wachsen, mancherorts übermäßig. Sie sind die überwiegende Mehrheit auf unserem Planeten. Wir erleben einen sich zuspitzenden Wettlauf gegen die Zeit. Die gesellschaftlichen Fortschritte, die in den Entwicklungsländern erzielt werden – dort, wo konsequent Hilfe zur Selbsthilfe gefördert wird, nicht dort, wo gut gemeinte Versorgung lähmende Abhängigkeiten erzeugen – lassen hoffen, dass früher oder später dieses ungebremste Bevölkerungswachstum aufhören und sich zu einem Rückgang wenden wird. Aber wann? Wird das früh genug geschehen, bevor unumkehrbare Klima- und Biosphärenveränderungen eingetreten sind?

P.3 DIE UMWELTHERAUSFORDERUNG

Viele Menschen glauben nicht an den Klimawandel, zumindest nicht an einen menschengemachten. Es ist prinzipiell ihr gutes Recht, da doch alles Glauben ist, wennschon ihnen die Widersprüche ihres Glaubens auffallen müssten. Dennoch, um auch die Leugner zum Nachdenken zu ermuntern, werden wir die Umweltprobleme jetzt andersrum zäumen. Wohlstand, soziale und medizinische Versorgung, Mobilität und Technologie – alles, was das gesellschaftliche Leben der Menschen in den Industrienationen ausmacht – wird durch einen entsprechenden Verbrauch von Ressourcen gesichert: Agrarflächen, Waldbestände, Fischbestände, Bodenschätze, Energiequellen und vieles mehr. Gleichermaßen müssen auch die Abfallprodukte genannt werden: alle Sorten von Müll, Luft- und Wasserverschmutzung, industriell produzierte Treibhausgase.

Versuchen wir zu schätzen, wie viele Menschen heutzutage in vollem Umfang am oben angedeuteten intensiven Konsumbereich teilhaben. Es dürfte nur eine Minderheit sein. Die große Mehrheit muss sich mit viel weniger begnügen. *Und versuchen wir jetzt, uns vorzustellen, was passieren würde, wenn auch die ärmere Mehrheit auf unserem Planeten den gleichen Lebensstandard und anteilmäßigen Zugang zu Ressourcen und Müllausstoß hätten wie die wohlhabendere Minderheit, und zwar sofort, von heute auf morgen.* Alle hätten Autos und Computer und elektrische Küchenmaschinen und jederzeit Strom, warmes Wasser und ärztliche Versorgung zur Verfügung und würden zu ihren Urlaubszielen rund um den Globus fliegen und so weiter. Unmöglich, die Augen zu verschließen: Die Umweltkatastrophe, die uns heute noch einigermaßen schonend zeigt, wohin die Reise geht, würde sich in kurzer Zeit exponentiell beschleunigen, wobei klimatische Veränderungen nur eine der Auswirkungen wäre. Der Klimakollaps würde sich redensartlich ganz von alleine einstellen – leugnen oder ignorieren könnte man ihn nicht, weil die Auswirkungen zu brutal ans Tageslicht kämen.

Also wohin mit den benachteiligten Milliarden Menschen mit niedrigerer ziviler Reife? Sie unter allen Umständen auf dem niedrigen Niveau gedeckelt halten, damit wir, die Wohlstandsbürger, weiter machen können wie bisher?

Dass wir Menschen die Umwelt übermäßig ausbeuten, ist nicht neu. Auch dass die ungebremste Bevölkerungsexplosion diesen Vorgang vervielfacht, wird zunehmend erkannt. Auffällig ist die Zurückhaltung der Entscheidungsträger, wenn es darum geht, Lösungen des Problems anzusprechen. Aber auch erklärbar, denn jeder wirklich effektive Vorschlag zur Begrenzung der Vermehrungsraten prallt gegen ideologische Mauern und ruft empörte Gegner auf den Plan – oder auch nicht, wie uns die relative Gelassenheit zeigt, mit der Chinas Ein-Kind-Politik seinerzeit zur Kenntnis genommen wurde.

Andererseits würde jeder zu kurz gedachte Vorschlag zur Begrenzung der Industrieaktivitäten einen Dominoeffekt auslösen, der unvorhersehbar schlimme Auswirkungen auf die Menschheit haben könnte. Ein Beispiel: Wenn von heute auf morgen nur noch regenerative Stromquellen erlaubt wären – um nur einen kausalen Strang zu erwähnen – müssten ganze Industriezweige in die Knie gehen. Wie hoch wären dann die Übersterblichkeit und das Leid der Menschen, deren Lebensqualität von Medikamenten abhängig ist, die erzeugt und transportiert werden müssen? Und das wäre nur ein Bruchteil des gesamtgesellschaftlichen Schadens.

Das Bewusstsein für das Ausmaß der Gefahr ist noch nicht so weit gediehen, dass die Menschheit vorurteilslos das Geschehen analysiert und nüchtern entscheidet, was zu tun ist und worauf verzichtet werden kann oder muss. Von couragierten Entscheidungen sind die meisten Entscheidungsträger noch weit entfernt. Allerdings werden schöne Phrasen, wie z. B. „Wir brauchen mutige Entscheidungen!“ immer wieder als Profilierungsparolen eingesetzt.

Traditionen, ethische und religiöse Kriterien ermuntern und verpflichten vielerorts Paare, so viele Kinder wie möglich in die Welt zu setzen, sie verbieten teilweise oder vollständig Verhütungsmittel. China ist vermutlich das einzige Land, in dem die Fertilitätsrate per Gesetz klein gehalten wurde. Ein traditionell engmaschiges soziales Netz und eine entsprechende zivile Reife machten ein solches Gesetz überhaupt wirksam. In anderen Ländern, derer soziale Netze von der Ausrichtung der zivilen Reife weniger unterstützt sind, würden solche restriktiven Vorhaben zu Luftnummern verkommen. Abermillionen Paare beschäftigen sich erst gar nicht mit solchen Fragen; sie lieben und vermehren sich so wie sie es von ihren Eltern kennen; Hilfsorganisationen sorgen dafür, dass die Kinder auch überleben. So kam es, dass in Niger, einem der ärmsten Staaten der Welt, die Bevölkerungszahl von 3,2 Millionen im Unabhängigkeitsjahr 1960 zu über 23 Millionen in 2019 gestiegen ist. Das Durchschnittsalter liegt unter 16 Jahren. Wie soll ein Staat – der sich auf einem der letzten Plätze der menschlichen Entwicklung befindet, mit einer Analphabeten-Quote von mehr als 80 % – für Bildung, Ausbildung und Arbeitsplätze für die junge Generation sorgen können? Wenn diese Entwicklung ungebremst weitergeht, werden 2050 schätzungsweise 60 bis 70 Millionen Nigerer Anspruch auf ein menschenwürdiges Leben haben. Aus eigener Kraft können sie es nicht schaffen. Die einseitige fremde Hilfe, so wie sie heute verstanden wird, löst die Probleme nicht, sie bläht sie auf und fügt neue hinzu – sie betäubt die Wahrnehmung.

An diesem beispielhaften Fall beginnt das moralische Dilemma, das von einer dogmatischen Political Correctness noch verschärft wird. Niger ist in diesem Sinne ein Spitzenreiter. Das Durchschnittsalter aller Afrikaner ist 19 Jahre. Es ist das Alter der besten Hoffnungen, es lauern aber auch falsche Wege für die Jugendlichen, es ist auch das optimale Alter für Radikalisierungen, in welche Richtung auch immer. Höhere zivile Reife braucht viel mehr Zeit, sozial kontrolliertes Umfeld und Selbstdisziplin, um zu gedeihen. Was tun? Es gibt keinen königlichen Weg, aber die Schule ist und bleibt der beste. Lenin mag mit seinen Visionen ein soziales Monster aufgebaut haben, doch in einem Punkt lag er richtig: „Lernen, lernen, lernen!“ Schulen, die fanatische Sichtweisen züchten, statt Wissen zu vermitteln, sollten mit richtigen Schulen ersetzt werden, doch wer kann das und wer traut sich?

- Gerne lassen wir uns von der Hoffnung trösten, dass die allgemeine Entwicklung das Problem der Überbevölkerung lösen wird: Der Rückgang der Geburten nimmt Fahrt auf. Allerdings nur in einem kleinen Teil der Gesellschaften, in den Industrienationen und in der noch entstehenden Mittelschicht der Drittländer. Die freiwillige Beschränkung der Kinderzahl funktioniert nur bei höherer ziviler Reife und einem begünstigendem Motivationsumfeld. Die große Unbekannte ist hier der Faktor Zeit. Wird die Wende rechtzeitig eintreten?

- Der in den letzten Jahren deutlich abgemilderte chinesische Weg war und ist noch die Senkung der Fertilitätsrate per Gesetz. Vorweg: Für die westliche Moral ist ein solches Vorgehen nicht akzeptabel. Auffällig jedoch ist die Zurückhaltung des Westens in all den Jahrzehnten seit seiner Einführung. Die erhobenen Vorwürfe waren recht blass, wenn überhaupt. Zum Vergleich: Gar nicht blass sind die Ermahnungen zur Beachtung der Menschenrechte. Rückblick: Zwischen 1940 und dem Ende der 1970er Jahre verdoppelte sich Chinas Bevölkerung auf knapp eine Milliarde Menschen. 1979 wurde die Geburtenkontrolle als Notbremse eingeführt.

  Der Eindruck ist nicht von der Hand zu weisen, dass das damalige Stillhalten westlicher Moralisten seine Gründe hat. Ein paar Fragen, die wohl kaum öffentlich gestellt wurden: Wie viele zusätzliche Millionen Menschen würden heute leben, wenn China die Geburtenkontrolle *nicht* eingeführt hätte? Rein rechnerisch wären es bis zu 6-700 Millionen. Zum Vergleich: In der gesamten Europäischen Union leben etwa 500 Millionen Menschen. Wie viele zusätzliche Waldflächen hätten gerodet werden müssen, um all diese Menschen zu ernähren? Welche zusätzlichen Mengen an Treibgasen wären in die Atmosphäre geblasen worden? Wie viele Tierarten wären zusätzlich ausgestorben? Wie weit befänden wir uns auf dem bedrohlichen Weg des Klimawandels? Solche Fragen werden ungern gestellt. Wenn ein anderer die Kastanien aus dem Feuer holt, lasse ich ihn gewähren. Meine Weste bleibt sauber.

  Dem stehen in China Millionen „Schattenkinder“[57] gegenüber, junge Menschen, unrechtmäßig Zweitgeborene, denen keine Personalausweise ausgestellt wurden und die keine Schule besuchen, nicht heiraten können und keine eigene Wohnung beziehen dürfen, unter anderem

---

57 „Ein Kind zu viel“ (ARTE Reportage)

weil die Eltern die Bußgelder für ihr ungesetzliches Verhalten nicht bezahlen konnten – unvorstellbares Leid und seelische Verkrüppelung, dem die neueren Gesetze hoffentlich ein Ende bereitet haben.

- Es bleibt noch eine Vielzahl von Vorschlägen und Aktionen kleineren Umfangs, irgendwo zwischen unzureichend, gut gemeint oder wirkungslos, manche fast naiv – wie zum Beispiel Workshops für Frauen in Afrika, in denen anhand eines Holzprügels gezeigt wird, wie ein Kondom aufgezogen wird. Dennoch, ignorieren sollte man sie nicht. In ihrer Verflechtung auch mit anderen Maßnahmen und durch den Motivationsschub den sie leisten, begünstigen sie eine Richtung.
- Wirklich helfen würden nur mutige Gesetzgebungen, die Umweltbelange mit gezielten Maßnahmen zur Geburtenreduzierung verknüpfen. Nur: Kaum ein Politiker der Industrieländer wird sich trauen, sie auch nur vorzuschlagen. Nur führende Persönlichkeiten und Politiker eines von Überbevölkerung betroffenen Landes könnten solche Wege beschreiten. Aber wie? Aus welchem Kreis von Führungskräften sollen sie aufsteigen?

Die Sensibilisierung für den Umweltschutz beginnt bei Kleinigkeiten. Als Einzelmaßnahme fast lächerlich ist das Verbot, Trinkhalme aus Kunststoff einzusetzen, um nur ein Beispiel von vielen zu erwähnen. Aber: Nicht die Einzelmaßnahme, sondern die Menge ihresgleichen macht's. Mehr noch: Nicht die Summe der Minimalmaßnahmen rettet die Umwelt, sondern die allgemeine gedankliche Umstellung der Menschen, die unter anderem auch von solchen Kleinigkeiten angetrieben wird. Es geht um den Sinneswandel, den früher oder später Mehrheiten und auch die aufstrebenden Völker der Dritten Welt vollziehen. So können Verschwendung, Unwissen und Rücksichtslosigkeit aus der Vergangenheit der Industrieländer umgangen werden. Also ja, Kunststoff-Trinkhalme gehören verboten!

Man kann Menschen nicht zu ihrem Glück zwingen, aber man kann ihnen mit Nachdruck Wege dahin freischaufeln. Es ist verantwortungslos, ihnen die Freiheit zu lassen, sich selbst zu schaden. Ein Beitrag in der Neuen Zürcher Zeitung vom 8. Juli 2021, der viele Leser zumindest nachdenklich werden lässt: „*Ungewissheit in Haiti: Nach der Ermordung des Präsidenten Jovenel Moïse droht dem Staat noch mehr Gewalt und Instabilität. Haiti braucht Hilfe – und die Staatengemeinschaft sollte notfalls für eine Intervention bereit sein.*"

Intervention? Das ist eine erzwungene Reduzierung der Freiheitsgrade einer unreifen Gesellschaft, die schon ein erschreckendes Ausmaß an Gewalt und unkontrollierter Willkür erreicht hat. Die Frage ist, wer gewillt ist, die Verantwortung für eine solche Maßnahme zu übernehmen. Der Westen hat sich mehr als einmal bei solchen Einmischungen die Finger verbrannt, vielleicht weil sie zu halbherzig oder von ideologischen Zügeln gebremst waren, auf jeden Fall weil die Macht, Langlebigkeit und Zähigkeit eines kollektiven niedrigen zivilen Reifegrades bei Gemeinschaften unterschätzt wurden.

Freiheit, Selbstbestimmung, Privatsphäre, Menschenrechte, Demokratie – diese und noch viele andere Werte wurden mühsam über Jahrhunderte erkämpft. Es muss schwerfallen, einzugestehen, dass sie angesichts der immer akuter werdenden Verwerfungen zwischen Nord und Süd zu Widersprüchen führen, dass sie angepasst, verändert und relativiert werden müssten. Für „Heuchler und Phantasten", wie ein prominenter Schweizer Journalist sich mit Blick auf den Klimaschutz ausdrückt, sind sie immer noch heilige Kühe. „Es ist Zeit für Ehrlichkeit" – fährt er fort – „und für realistische Ziele".

Letztendlich ist der drohende Klimakollaps hauptsächlich eine Auswirkung der Überbevölkerung, in Verbund mit den maßlos gestiegenen Konsummöglichkeiten. Der wissenschaftliche Fortschritt hat diese Möglichkeiten erschaffen, jetzt weckt er Hoffnungen auf eine Milderung der Auswirkungen – sparsamere Technologien, Elektromobilität, bessere Wärmedämmungen, regenerative Energien, Abholzungsverbot, künstliches Fleisch und vieles mehr. Doch es zählt die Bilanz: Wie lange noch können wir uns den beschleunigten Ressourcenschwund leisten? Kommt die Wende in diesem Teufelsritt früh genug? Mit vollem Einsatz von Wissenschaft und Industrie allein ist der Wendepunkt zeitgerecht nicht zu schaffen.

Könnte die chinesische Ein-Kind-Politik Lösungen andeuten, die wir grundsätzlich ablehnen oder uns nicht trauen auszusprechen? Man muss die Menschrechte nicht missachten, um ihnen Geltung zu verschaffen. Singapur[58] und Dänemark[59] haben in anderen zwischenmenschlichen Spannungsfeldern vorexerziert. Zwangsmaßnahmen zur Durchsetzung notwendiger gesellschaftlicher Ziele sind oft als Angriffe auf die Freiheit verpönt. Solche pauschal-ideologischen Vorwürfe sind eigentlich nur parteiische Kampfparolen. Denn: Von deutlichen Mehrheiten akzeptierte Freiheitsbeschränkungen gibt es in allen Gemeinschaften und Staaten, beginnend mit einfachen Verboten und Bußgeldern, über Führerscheinentzug bis hin zu Zwangsräumungen, Fußfesseln und mehr. Der totalitäre Satz „Eine Impfplicht wird es nicht geben!" entstand in den Anfängen der Corona-Pandemie, um ja nicht Freiheitsgefühle zu verletzen. Andere Länder haben anders entschieden, sind das die Bösen? Hoffentlich schlittern wir nicht mit Ablenkungswahrheiten, gesteuerter Blindheit und realitätsfernen Idealen mit traumwandlerischem Gleichschritt in globale Verwerfungen.

Wenn es um die Verringerung der Geburtenraten einer Gemeinschaft geht, verbieten mächtige Tabus sogar die Erwähnung von Maßnahmen. Welche diese sein sollen, ist eine schmerzhafte Herausforderung, der wir uns stellen müssen. Diese zu ignorieren wird in einer Zukunft, so wie sie sich heute darstellt, früher als geahnt einem Verbrechen an der Menschlichkeit gleichkommen.

58 vgl. Kap. M.3 – Verhältnismäßigkeit der Strafe

59 vgl. Kap. L.3.1. – Wege zur Angleichung der zivilen Reife

VIERTER TEIL

DIE TRANSHUMANE INTELLIGENZ – WO BLEIBEN WIR?

Q. DIE SINGULARITÄT

Um 1900 glaubten wir, die allgemeine Richtung der menschlichen Erkenntnis verlässlich zu erkennen. Doch dann haben die moderne Physik und später die Informationstechnologie neue Horizonte eröffnet. Dazu gehört auch die Erkenntnis, dass wir mental schon heute zunehmend weniger in der Lage sind, mit dem hyperbolischen Aufstieg des Wissens Schritt zu halten. Ohne unsere Informationswerkzeuge – Mathematik und Computer – wären wir abgebremst geblieben. In unserer Zeit sind diese Werkzeuge die Motoren des Fortschritts. Hinzu kommt auch die Zusammenlegung aller menschlichen Entwicklungsstränge und Fähigkeiten. Es ist ein babylonisches Gewimmel von biologischen und künstlichen Intelligenzen, so etwas wie eine zerfranste Gesamtintelligenz.

Die transhumane Intelligenz wird eine integrierte Entität sein, die sich aus dieser Gesamtintelligenz entwickelt. Wir können sie nirgends beobachten, sie ist die Vorstellung eines künftigen Geschehens mit ähnlich unvorstellbaren Auswirkungen wie der Urknall – eine *Singularität.* Welche Rolle werden wir Menschen dabei spielen? Könnte es sein, dass wir zu Organellen eins riesigen Individuums höheren Ranges werden, etwa wie den Mitochondrien geschehen?[60] Eher nicht. Die intelligente Singularität wird kommen, aber nicht einfach so, als Konglomerat von Intelligenzen. Menschenspezifische Fähigkeiten werden in die superintelligente Singularität einfließen, die kunstliche Intelligenz wird diese Fähigkeiten potenzieren, eine einheitliche Intelligenz wird entstehen. Doch niemand kann sagen, wie lange noch eine Menschheit, deren heutige Definition sich sehenden Auges verändert, als Teil einer solchen Entität existieren wird.

---

60 vgl. Kap. C.3 – Ein, zwei oder halbe Haufen, Kühe oder Frikadellen - und. Kap. O.5.1 – Das entzifferte Genom

Erst einmal: wieso „Singularität“? Warum nicht einfach „Unikat“? Alle Lebewesen sind Unikate. Singularitäten sind sie nicht, weil mehrere Exemplare der gleichen Art existieren. Menschen sind Individuen. Individuelle menschliche Intelligenzen sind Unikate. Die Menschheit als Gesamtes ist eine Entität, kein Individuum. Ist sie ein Unikat oder eine Singularität? Zunächst ist sie beides; andere „Menschheiten“ sind nicht in Sicht.

Gedanken über außerirdische Zivilisationen sind vorerst nur Traumprojektionen. Durch die Entdeckung der Exoplaneten wächst die Hoffnung, dass solche Wünsche vielleicht nicht unerfüllbar sind, doch das ändert die Singularitätsbezeichnung der Menschheit vorerst nicht. Die erste außerirdische Zivilisation, die identifiziert werden sollte, könnte wegen des erwartungsmäßig enormen räumlichen Abstands nicht in einem Kommunikationsverhältnis mit uns stehen. Wir könnten höchstens erfahren, was dort vor sehr langer Zeit passiert ist. Und umgekehrt: Außerirdische Zivilisationen müssten mit der gleichen Zeitbarriere rechnen. Zu Gesicht bekommen würden sie uns, wenn überhaupt, nur nachdem wir längst in unsere atomaren und subatomaren Teilchen zerfallen sind. Immer mehr Exoplaneten werden entdeckt. Viele Menschen hoffen, dass die Zeitbarriere nicht ganz so gnadenlos ist wie hier beschrieben. Bedenken wir jedoch, dass mit dem technischen Fortschritt, der solche Entdeckungen möglich macht, auch die Bedingungen für die Entstehung von Leben immer besser erkannt und schärfer definiert werden müssen. Somit wächst auch kontinuierlich der zu erwartende Mindestabstand zu einem Sonnensystem mit Planeten, von dem wir realistisch hoffen dürfen, dass es dort Leben – oder als außerordentlicher Glücksfall, intelligentes Leben – gibt oder gab. Ganz sicher ist diese Vorhersage nicht. Sie ist nur wahrscheinlicher als andere.

Auch die heutige gesamte *IT-Intelligenz* ist kein Individuum. Sie ist eine Bezeichnung für die Menge aller Bestandsteile der Informationstechnologie (Computer, Programme, Chips, Datenautobahnen, Netzwerke, Satellitenschwärme etc.). Sie ist eine Unmenge von vernetzten oder nicht vernetzten IT-Maschinen, Programmen und künstlichen Intelligenzen.

All diese Objekte sind keine Individuen – sie sind Werkzeuge. ***Um Individuen zu sein, müssten sie autark existieren.*** Das heißt, nicht nur die digitalen Strukturen zur Erfüllung der vom Menschen übertragenen Aufgaben, sondern auch die Aktions- und Entscheidungsstrukturen für die Sicherung der eigenen Existenz müssten dabei sein. Das sind die *Überlebensmodule*, die es überhaupt erlauben, ein Individuum zu definieren. Das dafür erforderliche Informationsvolumen ist voraussichtlich enorm. Man denke an die Komplexität eines hier viel zitierten Pantoffeltierchens, das sich ganz alleine um die eigene Existenz kümmern muss.

Das Szenario, von außer Kontrolle geratenen Robotern angegriffen zu werden ist für SF-Autoren und Filmproduzenten sehr ergiebig aber in der Realität so gut wie ausgeschlossen. Dass Roboter von Menschen zu Aggression programmiert werden können, ist nicht neu. Auch Drohnen können und werden zum Töten programmiert. Nüchtern betrachtet ist es dasselbe Funktionsprinzip wie bei Staubsauger-Automaten, die ihren Job wie befohlen verrichten und dann schön brav in ihre Auflade-Schale zurückfahren. Solche Maschinen sind zwar in bestimmten Grenzen *autonom*, eine Eigenschaft, die keinesfalls mit Autarkie gleichgesetzt werden kann. *Autark* sind vorerst ausschließlich die von der biologischen Evolution hergestellten Geschöpfe, die Lebewesen.

Mit dem Computer- und Internet-Zeitalter ist eine neue evolutionäre Übergangszone in Sicht: Der Phasenübergang zur künstlich angeregten *Autarkie, die den Anfang der transhumanen Intelligenz* markiert. Folgende, in der Zeit steigende Stufen können skizziert werden:

⇨ Intelligente Singularität (IT-Singularität) = **autarke Entität**
⇨ Künstliches Überlebensmodul (wird von Mensch und KI erschaffen)
⇨ Künstliche (menschengemachte) Intelligenz (KI)
⇨ Biologische, menschliche Intelligenz (mit Überlebensmodul) = **autarke Entität**

An dieser Stelle wird noch einmal sichtbar, warum die ersten drei Teile des Buches – Erkenntnis, Gesellschaft, Evolution – notwendig waren. Die Entstehung der transhumanen Intelligenz kann nicht als Extrapolation einzelner Mechanismen, Eigenschaften oder Fähigkeiten angegangen werden, auch nicht durch explosionsartige Steigerungen der aktuellen künstlichen Intelligenz. Die intelligente Singularität ist, wenngleich radikal anders, die existenzielle Fortsetzung der biologischen Evolution. Um einigermaßen zu ahnen, was hier entsteht, müssen wir so viel wie möglich die Wurzeln berücksichtigen, deren Mechanismen und Gesetzmäßigkeiten hier Erkenntnis, Gesellschaft und Evolution genannt wurden.

Q.1 EIN GEDANKENEXPERIMENT – DIE APOKALYPSE UND DER ZWEITE URKNALL

Machen wir eine Momentaufnahme der heutigen Zivilisation aus einem eigenartigen Blickwinkel, ein Gedankenexperiment, das uns die Reichweite der Informationstechnologie vor Augen führen kann. Im Folgenden werden wir alle vernetzten, vernetzbaren oder einfach funktionstüchtigen IT-Einheiten als Hardware-Korpus der künstlichen Intelligenz betrachten. Was würde passieren, wenn weltweit zeitgleich alle Computer, Rechenzentren, Kommunikationseinheiten etc. abgeschaltet würden?

Eine rigorose Definition von Intelligenz, künstlich oder natürlich, gibt es nicht. Sogar schlauere Verkehrsampeln werden als „intelligent" bezeichnet. Wir werden diese Dehnung des Begriffs „Intelligenz" akzeptieren, inklusive seiner enormen Bandbreite von einfach bis komplex. „Dumm" ist nicht einfach das Gegenteil von „intelligent", sondern die Unfähigkeit, bestimmte Klassen von Problemen zu lösen. Auch die leistungsstärkste künstliche Intelligenz ist außerhalb ihres zugeordneten Bereichs strohdumm.

Die IT-Ära hat mit den programmierbaren, in den 1940er-Jahren gebauten Rechnern begonnen. Nachrichten aus dem Forschungsfeld zur künstlichen Intelligenz stellen enorme Fähigkeiten in Aussicht: Deep Learning, synthetische DNA als Speichermedium für unvorstellbare Datenmengen, Quantencomputer und anderes mehr. Dennoch, die gewaltige Steigerung der Rechenkapazität allein wird nicht reichen, um vorbehaltlos

„Intelligenz“ genannt werden zu können. Noch wird der Mensch eine geraume Zeit mitwirken müssen.

Starten wir jetzt das angekündigte Gedankenexperiment: Wir unterbrechen alle unsere Kontakte zu allen Geräten der IT-Intelligenz:

Q.1.1 AUSWIRKUNGEN AUF DIE MENSCHEN

- „Katastrophe“ wäre noch eine Verniedlichung im Vergleich zu dem, was bei vollständiger Abschaltung aller aktuellen IT-Intelligenzen passieren würde. Der größte Teil der Informationskanäle wäre unterbrochen. Produktion, Transport und Verteilung lebensnotwendiger Güter, Strom inklusive, würde dramatisch darunter leiden. Nicht auszuschließen, dass in wenigen Wochen, Monaten und Jahren ein großer Teil der heute lebenden Menschen aus allen erdenkbaren Gründen sterben müsste. Bessere Überlebenschancen hätten die Gemeinschaften, die weitgehend direkt mit der Natur verbunden sind, wie auch Selbstversorger, die einfache, mit Muskelkraft betriebene Geräte einsetzen. Doch auch diese würden früher oder später stark unter dem radikalen Schnitt leiden. Lieferungen aus der Industriewelt würden ausfallen, verschlissene Werkzeuge und Apparate könnten zunehmend nicht ersetzt werden, Gesundheitssysteme und Agrarproduktion würden einbrechen.
  Die größten Überlebenschancen hätten wohl die mehr oder weniger isolierten Naturvölker in tropischen Urwäldern. Es könnte sogar sein, dass diese Völker nicht einmal richtig mitkriegen, welche Apokalypse unseren Planeten heimsucht. Auch könnte der heutige Wissensvorrat einigen Gruppen das Überleben ermöglichen, doch das Gesamtbild des Zusammenbruchs der Zivilisation würde sich dadurch wenig ändern. In jedem Fall wäre unsere Welt nach der Überwindung der Katastrophe nur noch ein Schatten ihrer selbst.
- Versetzen wir jetzt das grausame Experiment in die Zeit vor etwa hundert Jahren, kurz nach dem Ersten Weltkrieg. Es lebten ca. 2 Milliarden Menschen. Von Informationstechnologie im heutigen Sinne konnte

noch nicht die Rede sein, doch im Einsatz waren auch Rechenmaschinen, Telefon, Radio, Motoren, Automaten, einige auch von elektrischen Steuerungen betrieben, die man durchaus mit IT-Begriffen beschreiben könnte. Schwer zu sagen, was passieren würde, wenn all diese Sachen abgeschaltet wären. Es würde die Industrie empfindlich treffen, doch ein vergleichbarer Crash, mit Millionen Toten wäre so nicht zu erwarten.

- Weitere hundert Jahre früher, etwa zur Zeit der Schlacht von Waterloo, wäre unser Experiment mangels Zielobjekten nicht richtig durchführbar. Das Abschalten damaliger Automaten – z. B. des Fliehkraftreglers von James Watt – hätte bestimmt nicht zu einer Hungersnot geführt. Die Entkräftung anderer Errungenschaften der Industrialisierung (Werkzeuge und Maschinen), hätte schmerzhafte Folgen, doch die gehören nicht zu unserem Experiment, wir beschränken uns auf Informationstechnologie.

Der Auftrieb der IT-Intelligenz in der neueren Zeit zeigt, wie schnell und steil die Entwicklung geht. Sind wir schon näher an der transhumanen Intelligenz, als es uns lieb ist? Zunächst eine möglicherweise zutreffende Aussage: Nach der Apokalypse würde die Menschheit nicht aussterben. Die wenigen Überlebenden müssten, in einen Flaschenhals gezwängt, quasi von vorne anfangen. Vielleicht würde der Neuanfang sogar schnell vonstattengehen, weil noch viel Wissen vorhanden ist. Nicht alles müsste neu entdeckt und erfunden werden.

Q.1.2 AUSWIRKUNGEN AUF DIE IT-INTELLIGENZ:

Das Schicksal der IT-Intelligenz wäre nach der generellen Abschaltung besiegelt. Nach kurzer Agonie käme der „Tod“ des weltumgreifenden, gigantischen Netzes von IT-Gerätschaften. Die Gesamtheit der Hardware-, Software- und Kommunikationseinheiten wäre am Ende.

Einige Parameter dieses lahmgelegten IT-Netzes sollten besprochen werden.

- *Das IT-Netz ist kein Individuum.* Es besteht aus unzähligen Einheiten, viele von ihnen sind mehr oder weniger miteinander verbunden, doch diese können einzeln abgeschaltet oder ersetzt werden. Es gibt grundsätzlich kein Limit für die Abtrennungs-, Abschaltungs- oder Ersatzmöglichkeiten. Bei höheren biologischen Individuen ist das anders: Auch der Verlust eines Fingers ist nicht leicht zu verkraften, es tut auch noch weh.
- *Das IT-Netz ist nicht autark.* Menschen müssen sich um Energiezufuhr, Wartung, Reparatur, Rohstoffe für seine Ersatzteile u. a. m. kümmern. Vollständig autark – so wie die meisten biologische Arten es sind – müsste bedeuten, dass die IT-Intelligenz, wie in unserem Gedankenexperiment, nach der Trennung von der Menschheit weiter funktionieren würde. Das kann sie aber nicht. Insofern nach dem Mega-Crash einige Stromquellen erhalten blieben, könnte ein Teil seiner Bestandteile eine Weile noch betriebsbereit sein, irgendwann aber würde dieses funktionslose Gebilde seinen Geist wegen zielloser Leerläufe, Unendlich-Schleifen, leeren Akkus etc. aufgeben. Das Netz stirbt in Raten.
- *Biologische Arten entgehen ihrer Auslöschung* durch die Erzeugung sehr ähnlicher Individuen, durch Fortpflanzung. In den Bauplänen der Eltern und Nachkommen sind die entsprechenden Befehle/Strukturen eingeflochten. Nicht, weil jemand es so gewollt hat, sondern weil die Arten, die sie nicht hatten, einfach nicht existieren. Genauer: Sie sind als Arten erst gar nicht entstanden.

  Sollten wir der IT-Intelligenz die Fortpflanzung irgendwie beibringen? Man könnte sagten, dass wir das ansatzmäßig schon tun, durch das Einsetzen eines Chips von einem Gerät in ein anderes. Doch das IT-Netz ist kein Individuum, und wenn es eins wäre, sollten wir es dazu zu animieren, sich fortzupflanzen? Man sollte nie „Nie“ sagen, doch in diesem Fall gehört dieser Ansatz ins Reich der SF-Literatur – oder ins Kabarett.

- Was fehlt dem IT-Netz, was braucht es, um nach dem großen Abschalten selbstständig weiter existieren und funktionieren zu können, um zu einer intelligenten Singularität, zur transhumanen Intelligenz zu werden? Alle Lebewesen existieren auch dank ihrer Reaktionsmodelle auf die Anforderungen der Umwelt, beginnend zum Beispiel mit dem Reaktionsmuster der Pantoffeltierchen bei Berührungen mit Salzwasser-Zonen. Es ist ein Anfang des Morphing-Bands, das viele Millionen Jahre später zu Höhen steigt, die wir „Intelligenz" nennen. Zum besseren Verständnis des Vorgangs segmentieren wir dieses Reaktionsmuster mental in drei Module, die für alle Entwicklungsphasen der Intelligenz gültig sind:

a) ***Das Erkenntnis-Modul Wenn-Dann*** (die Kausalität), welches die wichtigen Faktoren aus der Realität herausfiltert. Gemeint ist hier nicht nur der vom Menschen ausformulierte Gedanken „wenn … dann …", sondern auch seine einfacheren Vorfahren im Evolutionsstrang, instinktive Aktionen, adäquate kausale Reaktionen, wie etwa die der Fänge des Sonnentaus, die bei Berührungen zusammenklappen. So etwas „Erkenntnismodul" zu nennen, klingt unangemessen, doch es ist ein systemischer Abschnitt eines Morphing-Bands. Reflexe höherer Lebewesen gehören auch dazu.

b) ***Das Aktions-Modul***: Es setzt ein, wenn ein Ereignis oder eine Erkenntnis auf das biologische Individuum wirkt und es zum Reagieren animiert („ich muss weg von da!" oder „angreifen!" oder „fressen!" oder auf einer Menschenebene „Dich heiraten? Nie im Leben!"). Das vom Wenn-Dann (**a**) aktivierte Aktions-Modul (**b**) umschließt die Gesamtheit der infrage kommenden Bewegungsabläufe. Allgemein: Um die Aktion zum Ziel zu führen, muss ich dies und das machen, dieses und jenes Körperteil muss sich so und so bewegen. Das o. g. Pantoffeltierchen z. B. zischt davon und verbessert damit seine Überlebenschancen. Die widerspenstige Braut hat wohl den Antrag des Sturzbesoffenen unverschämt gefunden.

c) ***Das Überlebensmodul***, eine neuronale bzw. informationelle Struktur, die in der Lage ist, für die Verteidigung des biologischen oder künstlichen

Individuums vor Aggressionen der Umwelt zu sorgen, wie auch für die Deckung der eigenen Bedürfnisse (Nahrung, Unterkunft, Strom, Rohstoffe, Werkzeuge etc.) und für die Optimierung der eigenen Konfiguration (von Fell- und Federsäuberung bis zu Lernfähigkeit und Programmierung). Das ist *der existenzsichernde Korpus, der Rumpf-Unterbau* des intelligenten Kopfs. Es ist wohl der wichtigste Teil dessen, was der IT-Intelligenz heute weitgehend fehlt, um eine autarke Intelligenz zu werden.

Um diese Funktionen und Aktivitäten der IT-Intelligenz kümmert sich heute und noch eine geraume Zeit in der Zukunft der Mensch. Er überträgt zunehmend solche Fähigkeiten den industriellen Geräten, heute etwa durch den Einsatz von Solarkollektoren für Satelliten im Weltall, durch die automatischen Lüfter in Computern zur Absenkung der entstehenden Hitze, durch Gewährleistung der Stromzufuhr oder durch Reparaturarbeiten, Herstellung von Halbleiter-Chips und so weiter.

Vergleichen wir jetzt die biologische Intelligenz mit der heutigen IT-Intelligenz: Letztere ist eigentlich ein funktionierender Rechenmaschinenpark. Er bildet eine Schnittstelle zwischen Mensch und seiner Umwelt. Man kann sich vorstellen, der IT-Intelligenz alle möglichen Befehle einzuprogrammieren, aber um wirksam die Befehle „sei autark!“ und „pflanze dich als optimierte Einheit fort!“ aktiv werden zu lassen muss viel mehr hinzukommen.

Wenn wir von Zeitspannen absehen, kann die Rolle der künstlichen Intelligenz in unseren Tagen in etwa verglichen werden mit der Rolle der präbiotischen Moleküle in der Ursuppe vor vier Milliarden Jahren. Diese starteten das Leben, danach folgte eine sehr lange Entwicklung bis zur biodigitalen Intelligenz des Menschen. Analog starteten die Computer und die künstlichen neuronalen Netze die Anfänge der transhumanen Intelligenz, zu erwarten ist nach einer schwer bestimmbaren Gärungsphase eine voraussichtlich extrem schnelle Entwicklung bis zur intelligenten Singularität.

Die Gesamtheit der unzähligen vernetzten IT-Geräte, Programme und Apps, und die Masse der Bio-Individuen (Menschen), die sie bedienen (wer bedient wen?) – ist so etwas wie die Ursuppe der informationstechnologischen, intelligenten Singularität, der IT-Singularität.

Vollständige Autarkie würde bedeuten, dass die IT-Intelligenz ihre eigenen Werkzeuge konzipiert und herstellt, Geräte zum Auffinden, Schürfen, Transport und Verarbeitung von Rohstoffen, mit der dazugehörigen Software, Reparatur, Montage, Wartung und alles andere, zur Sicherung der eigenen Intelligenz und zum Fortbestand der Entität. Unser Ziel als Menschen wäre, eine IT-Intelligenz in die Welt zu setzen, um die wir uns nicht mehr kümmern müssten. Sie weiß von sich aus, ob und was sie zu tun und zu lassen hat, was dringend ist und was ignoriert werden kann. Und sie wäre praktisch unsterblich, weil sie sich aus ihren eigenen Ersatzteilelagern alles holen kann, was sie braucht und weil sie diese Ersatzteile selber entwirft, baut und optimiert.

Wenn sie das alles kann, ist die kritische Funktionsmasse erreicht. Die IT-Intelligenz wird zur IT-Singularität geworden. Sie kann ***posthumane oder transhumane Intelligenz*** *genannt werden, um sie in unsere Zeitschiene zu platzieren. Sie wird eine für unsere Maßstäbe unfassbar kurze Zeit brauchen, um sich zu entfalten und allen unseren Definitionsversuchen zu entschwinden. Das ist* ***der Urknall einer völlig neuen Existenzform*** *in unserem und für unser Universum.*

Und wir Menschen? Sollen wir dem Treiben einer IT-Intelligenz mit Kopf und Rumpf zusehen, Beifall klatschen und uns als Urheber lobend auf die Schulter klopfen? Sollen wir uns Sorgen machen? Oder nehmen wir diese Metamorphose gar nicht richtig wahr? Die oft und gern vorgestellten Perspektiven schwanken zwischen einer IT-Intelligenz, die uns immer gehorchen wird, weil wir das letzte Wort bei ihrem Entstehen haben, und einer vollständig autarken IT-Intelligenz, die uns sogar gefährlich werden könnte. Beide Modelle sind genau genommen aus Schubladen-Denken entstanden. Das Schubladen-Denken an sich (Begriffe symbolisieren Modelle) ist nicht verwerflich, es muss sogar sein, Denken geht nicht anders. Problematisch wird es, wenn die Welt von morgen mit Schubladen von heute beschrieben wird. Oder wenn wir so fest in unseren Schubladen sitzen, dass wir andere Schubladen erst gar nicht wahrnehmen.

Q.2 FORMEN DER INTELLIGENZ

Q.2.1 EMOTIONALE INTELLIGENZ

Daniel Goleman, der Autor des Buches „Emotionale Intelligenz", schildert den Fall eines Ingenieurs, dem ein Hirntumor wegoperiert wurde. Es musste ein Gehirnvolumen entfernt werden, das vornehmlich für Emotionen zuständig ist. Die intellektuellen und professionellen Fähigkeiten des Operierten sind erhalten geblieben. Er konnte denken, sich normal bewegen und aktiv sein. Der Mann musste dennoch aus dem Betrieb entlassen werden, weil er sich in Details verhedderte, die er ziellos hin und her drehte. Aus seinem Unterbewusstsein kamen keine koordinierten Impulse, die Sache zielgerecht anzupacken. Der Grund dafür war der Verlust der emotionalen Module und Strukturen, die Prioritäten setzen konnten – was tun und was nicht tun, was ist wichtig und was nicht, was zuerst und was danach usw. Der Vergleich mit den künstlichen neuronalen Netzen drängt sich geradezu auf. Anscheinend sind die Gewichte seiner verbliebenen Nervenbahnen durcheinander gekommen; ein Teil der Nervenbahnen mit trainierten Gewichten ist nicht mehr da. Prioritätensetzung und Entscheidungen sind im Wesentlichen das, was die emotionale Intelligenz bewirkt.

Der von Goleman geschilderte Fall ist ein besonders radikaler, chirurgisch herbeigeführter Bruch zwischen der informationellen und der emotionalen Intelligenz. Ähnliche, wenn auch weniger radikale Missverhältnisse sind auch bei Nichtoperierten zu finden: Hochbegabte Menschen, die sich beruflich oder persönlich nicht durchsetzen, weil die Korrespondenzformen ihrer Intelligenz zum Alltag nicht gut genug funktionieren. Wie auch die sogenannten Inselbegabungen der „Savants", deren hervorragende Fähigkeiten in engen Gebieten oft von geistigen Schwächen und sogar Behinderungen begleitet sind. Schätzungsweise sind 50 % von ihnen Autisten. Auch bei diesen stimmt etwas mit den Gewichten ihrer neuronalen Netze nicht. Es sind die Gewichte-Konfigurationen, die erklären können, wieso die menschliche aber auch die allgemeine Intelligenz so vielfältige Ausprägungen hat, und auch wieso sie in einer Definition so schwer zu fassen sind.

Eine Corrida zeigt eindrucksvoll, wie das Gefüge der Denk- und Motivationsräume bei verschiedenen Lebewesen auch interaktiv funktioniert, in diesem Fall bei Stier und Stierkämpfer. Für den Torero sind die Module des Aktionsraums klare und trainierte Abläufe, an deren Ende der Stier getötet wird – nachdem die Show abgespult wurde, die das Publikum begeistern soll. Der emotionale Motivationsraum des Toreros ist von allerlei menschlichen Gefühlen durchwirkt, Ehrgeiz, Gefallsucht, Ruhm, Bestätigung seines Könnens, Geldgier und noch vieles mehr.

Für den Stier in der Arena ist die Situation fremdartig. Die ungewohnten, hektischen Bewegungen der Menschen, die da herumlaufen, flößen ihm Angst und Wut ein. Besonders dieses flatternde rote Etwas, das wohl die Ursache der ganzen Bedrohung ist, muss angegriffen und beseitigt werden. Einmal und wieder und nochmal und nochmal.

An einem Zeitpunkt, an dem der Stier anscheinend müde ist, geschieht etwas Verstörendes: Der Stier ist stehen geblieben, der Torero lässt sich langsam aufs Knie vor den Kopf des Stiers, stützt seinen Ellbogen auf die Stirn des Toro und nimmt eine nachdenkliche Pose an. Dann steht er auf – immer langsam – dreht dem Stier den Rücken zu und hebt seine Arme, im ekstatischen Jubel des Publikums. Oh, wie mutig und souverän! Und der

Stier? Er könnte mit einem einzigen Ruck den Torero aufspießen. Doch er macht das nicht, er macht gar nichts. Warum sollte er auch? Das Wesen, das vor ihm ruhig hinkniet, ist nicht das flatternde, gefährliche, feindliche Etwas. Es ist ein Wesen von derselben Sorte wie auch andere, die ihn fütterten und ihm Wasser brachten, sauber machten und ihm auch sonst nichts Böses taten.

Man muss nicht ein Naturfanatiker sein, der zu seinen Blumentöpfen spricht, aber so viel Erniedrigung für ein Geschöpf, nur weil es dümmer ist als wir, tut weh. Die Modelle, über die das Gehirn eines Stiers verfügt, sind einfacher als die des Menschen. Sie sind außerstande, Aktionsmodule anzukurbeln, die fähig wären, den wirklichen Feind zu identifizieren. Hätte der Toro die Absichten des Toreros durchschauen können, hätte es nie Stierkämpfe gegeben.

Q.2.2 DIGITALE INTELLIGENZ

Was und wie ist denn die andere, die nicht-emotionale Intelligenz? Sehen wir uns eine quantitative Aufgabe und ihre Lösung an: $10^3 - 3^3 = 1000 - 27 = 973$. Qualitativ gibt es keinen Unterschied zwischen der digitalen Intelligenz des Menschen und des Computers. Beide kommen auf gleichen oder analogen Wegen zum identischen Ergebnis. Der Mensch allerdings viel langsamer, möglicherweise mit Fehlern und nur wenn er ausreichend geschult ist. Der Computer gibt die Antwort sofort, höchstwahrscheinlich fehlerfrei, seine „Schulung“ ist in seiner Programmierung zu finden.

Die digitale Intelligenz – egal ob menschlich oder künstlich – operiert mit diskreten Symbolen (~Werten), genauer mit Invarianz-Einheiten (ein anderer Ausdruck für „Modelle“), die unter bestimmten Voraussetzungen vom Programmierer auf Realitätsparzellen projiziert werden können. Das Ergebnis der arithmetischen Rechnungen sagt nichts über den Inhalt der gemeinten Realitätsparzellen, die zunächst noch gar nicht genannt wurden. Deshalb machen die künstlichen Intelligenzen („Fachidioten“, wie es humorvoll in einem ernsthaften Dokument einer KI-Firma heißt) nach

Lieferung des Ergebnisses Halt, während sich der Mensch weiter den Kopf zerbrechen muss: „*Entspricht die Formel der Realität, die ich modellieren wollte? Ist sie richtig definiert? Ist das Areal richtig abgesteckt? Ist das die richtige Berechnungsform? Hätte ich das Problem nicht besser von einer anderen Seite packen sollen? Welchen Sinn macht es überhaupt, mich ausgerechnet mit diesem Problem zu beschäftigen? Sollte ich nicht lieber das Angebot der Konkurrenz annehmen und den Arbeitgeber wechseln? Wäre das jetzt der richtige Zeitpunkt? Besser ich hol mir eine Currywurst, wenn der Magen knurrt, kann ich nicht mehr richtig denken …*"

Dieser indiskrete Blick unter meine Schädeldecke lässt das gigantische Ausmaß der Mengen an Daten und Verbindungen in einem biologischen neuronalen Netzwerk erahnen, die verarbeitet werden müssen, um jenseits meiner mickrigen digitalen Kompetenz zu solchen menschlich normal einfachen Gedanken zu gerinnen. Und zeigt damit, welche Wegstrecken die KI noch bewältigen muss, um in die transhumane Intelligenz einzufließen. Auch die Pioniere der KI haben das erkannt: Der Mensch kann zum Beispiel Handschriftliches locker lesen, der Computer hat hatte bis vor kurzem große Schwierigkeiten damit. Im Gegenzug kann der Computer komplizierte Berechnungen durchführen, die für den Menschen praktisch nicht zu bewältigen sind.

Mit großem medialen Interesse wurde in den 1990er-Jahren der Wettstreit zwischen Computer und Mensch beim Schachspiel verfolgt. Es ging ja auch um die Frage, ob Intelligenz und Kreativität wirklich unverrückbar Menschendomäne sind. Obwohl der Computer unvergleichbar mehr Züge vorausberechnen kann als der Mensch, wurde erst 1996 der Schachweltmeister vom Computer mit dem Programm Deep Blue besiegt. Wieso? Bis dato war er doch nicht blöd, der Computer. Oder doch?

Der Schachspieler kalkuliert mit seinen zerebralen Mitteln bei weitem nicht alle möglichen Varianten, meist die der nächsten 3-4 Züge, viel mehr als das schafft er nicht. Doch er verfügt über eine Geheimwaffe: Unsinnige oder perspektivlose Züge zieht er von vornherein gar nicht in Erwägung.

Er ersetzt ganze Gruppen von Zügen durch taktische Modelle. Zum Beispiel: Das Zentrum sollte möglichst früh besetzt werden, der Turm sollte freie Bahnen haben. Oder: Um in der Endphase eines Spiels König + Turm gegen König zu gewinnen, muss der starke König die „Opposition“ zum schwachen erzwingen. Solche Denkmuster kennen auch Anfänger. Ein Profi verfügt über Unmengen davon, durch Erfahrung und Wissen hat er sich ein Arsenal angelegt, das ihm sehr viele Einzelberechnungen erspart.

Sein Gegner, der Computer, musste stattdessen gewaltige Mengen an unnützen oder offensichtlich fehlerhaften Zügen auskalkulieren. Seine „Intelligenz“ war gewissermaßen vergleichbar mit Daniel Golemans Ingenieur, der Informationen verarbeiten, aber keine Prioritäten setzten konnte. Entscheidend für die Siege des Computers war seine brachiale Rechengewalt – systematisch hat er 200 Millionen Züge pro Sekunde durchgerechnet.

Q.2.3 NEURONALE INTELLIGENZ

Eigenartig aufschlussreich kann eine Gegenüberstellung der Intelligenz von Mensch und Tier sein. In einem Experiment wurden auf einem Bildschirm ein Dutzend zufällig verteilte Zahlen nur kurz angezeigt. Die Probanden sollten danach den Bildschirm berühren und damit zeigen, welche Zahl an welcher Stelle zu sehen war. Und siehe da, ein Schimpanse bewältigt die Aufgabe viel schneller und meist fehlerfrei. Ist er intelligenter als der Mensch? In dieser einen Fähigkeit ist er besser als der Mensch, in den meisten anderen nicht.

Die gestellte Aufgabe beleuchtet auch die Schwierigkeit, den Begriff der Intelligenz zufriedenstellend zu definierten. Viel zu leichtfertig wurde in der Vergangenheit die logisch-digitale Intelligenz als Maßstab betrachtet, vielleicht auch wegen ihrer spektakulären Potenzen. Vor Jahrzehnten war der Intelligenzquotient (IQ) ein unangefochtenes Kriterium zur Bewertung menschlicher Intelligenz. Ein erster Dämpfer kam bei der Beurteilung von Manager-Kandidaten zum Vorschein: Neu eingestellte

Führungskräfte mit hohen IQ-Werten entpuppten sich manchmal im Betrieb als Nieten. Es stellte sich allmählich heraus, dass *Intelligenz nur im Zusammenhang mit dem Aufgabengebiet bewertet werden darf*. Da Aufgabengebiete niemals abschließen begrenzt werden können, kann auch ein Universal-Definition von Intelligenz nicht gefunden werden. Wie steht's um die künstlichen Intelligenzen, können die als „Fachidioten" bezeichneten künstlichen neuronale Netze „intelligent" sein?

Rechenkapazität ist eine wichtige Voraussetzung für Intelligenz, doch sie genügt nicht, um Intelligenz hinreichend zu definieren. Von Menschen wird gesagt, dass einige smart, clever, schlau, scharfsinnig, intelligent usw. sind, andere weniger. Das ist so, weil die meisten von ihnen in ähnlichen Aufgabenfeldern Lösungen suchen, und die Ergebnisse als Maßstäbe für Intelligenz betrachten. Doch sogar im eingeengten Menschenbereich sind Intelligenzen manchmal schwer vergleichbar. Ist ein neureicher Geschäftsmann intelligenter als Einstein, dessen Frau sagte, er könne alles machen, nur nicht Geld? Ist der Dorftrottel, der in Sekundenschnelle Quadratwurzeln aus großen Zahlen ziehen kann, intelligenter als die große Mehrheit der Menschen, die das nicht können?

Allgemein wird Komplexität als Eigenschaft von Problemen angesehen, die zu ihrer Lösung einen höheren Intelligenzlevel brauchen. Dabei ist Komplexität ebenso wenig definierbar wie das Begriffspaar Ordnung/Unordnung, und ebenso abhängig von der Beschaffenheit des Beobachters.[61]

Wir können das allgemein übliche Morphing-Band der Intelligenzen überdehnen, indem wir fragen, ob eine KI „intelligenter" ist als eine Bakterie. Ist die Frage falsch, weil die Bakterie enorm überlebensfähiger ist, also enorm intelligenter? Die Gesamtheit der Aktions- und Reaktionsmechanismen einer Bakterie definiert ihre „Intelligenz". Damit werden die Grenzen des Begriffs nicht überschritten, er ist eine Momentaufnahme

61 vgl. Kap. H – Ordnung, Unordnung

einer Entität, deren Entwicklung Teil der Evolution des Lebens ist. Diese Momentaufnahme können wir auf den Menschen begrenzen: Ein Rechenkünstler setzt gerne seine ungewöhnlichen Fähigkeiten ein, ein intelligenter Mensch findet Lösungen besser als andere, ein kluger Mensch berücksichtigt auch Faktoren, die nicht direkt mit dem Problem verknüpft sind, ein weiser Mensch erteilt gute Ratschläge, obwohl die wirkenden Faktoren weitgefasst und unscharf sind. Ganz verkehrt ist es nicht, dabei auch an die künstlichen neuronalen Netze zu denken.[62]

Für die mechanische Intelligenz der KI's wie auch für die künstlichen neuronalen Netze (KNN) haben die Ergebnisse der ihnen auferlegten Algorithmen und Berechnungen keine Bedeutung. *Für den Menschen und für alle Lebewesen sind die Bedeutungen das Wichtigste überhaupt.* Und was sind Bedeutungen? Das sind Bezüge, Korrespondenzen zwischen den aus allen Sinnen- und Hirnaktivitäten entstandenen Modellen und der Notwendigkeit der Existenzsicherung des Individuums. Bedeutungen entstehen aus einer Gesamtintelligenz, über die nur Lebewesen verfügen (noch). Ein enormes Volumen an Sinneseindrücken, Erfahrungen, mentalen und emotionalen Modellen muss angezapft werden, um über „Bedeutung" sprechen zu können.

Albert Einstein soll bei einem Vortrag gesagt haben, der Computer könne jedes Problem lösen, doch er könne kein Problem stellen. Erstaunliche Weitsicht, dass das logische, digitale Denken allein auf Grenzen stoßen muss. Bemerkenswert auch der Einwurf eines Teilnehmers: „Wenn der Computer jedes Problem lösen kann, dann wird er auch das Problem der Stellung eines Problems lösen können!" Damit hat er im Grundsatz die transhumane Intelligenz beschrieben und ein Bild unserer Zukunft gezeigt. Dass die neuronalen Netze Brücken dorthin sind, konnte damals niemand ahnen.

62 vgl. Kap. Q3 – Künstliche Neuronale Netze

Q.3 GEZÄHMTE ÜBERDIGITALISIERUNG – KÜNSTLICHE NEURONALE NETZE (KNN)

Ich stehe vor einer wichtigen Entscheidung: Soll ich beim Ausgehen den Regenschirm mitnehmen oder nicht? Ihn unnötig mitschleppen ist lästig; richtig unangenehm ist es, ihn bei Regen nicht dabei zu haben. Wenn ich mich falsch entschieden habe, ärgere ich mich. Deshalb beauftrage ich meinen Hausroboter, für mich die beste Entscheidung auszuarbeiten. Diese muss digital, Ja oder Nein lauten. Ich kann nicht den Schirm nur ein bisschen zu Hause lassen oder nur ein bisschen mitnehmen. Von Wetterstationen habe ich Daten geholt, die mir zu einer vernünftigen Entscheidung helfen können. Welche sind wichtig, welche sind weniger wichtig, welche kann ich ignorieren? Bei der Datenmenge bin ich schnell überfordert – genau dafür schalte ich das künstliche Gehirn des Roboters ein.

Um ein solches Gehirn zu entwerfen, bietet sich als Baustein das Modell eines biologischen Neurons an (Bild 1):

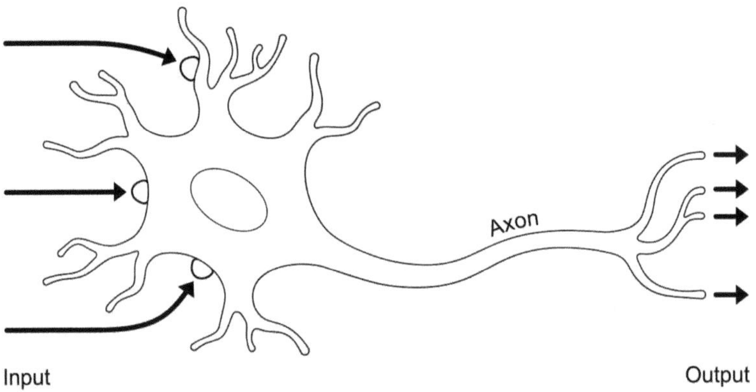

Die Nervenzelle hat auf der Empfängerseite, „Input", eine Menge verzweigte Fortsätze, die Dendriten. Zum „Output" führt ein einzelner, später sich verästelnder Fortsatz weiter, der beim Menschen ein Meter lang sein kann – das Axon.

Impulse kommen von anderen Zellen zum Input über Synapsen. Diese Kontaktstellen sind weit mehr als einfache Steckdosen, hier werden vielfältige Modifikationen der ankommenden Impulse vorgenommen. Das Neuron produziert daraus seinen eigenen Impuls und feuert ihn über das Axon weiter – aber nur, wenn die Summierung der eingetretenen Impulse eine gewisse Schwelle überschreitet.

Schon ein einzelnes Neuron ist so etwas wie ein Computer. Einige seiner Eigenschaften sollten hervorgehoben werden, die maßgeblich bei der Entstehung der neuronalen Netzwerke Pate gestanden haben:

- Die beim Neuron ankommenden Impulse haben nicht die gleiche Intensität, sie sind *unterschiedlich gewichtet.*
- Das Neuron feuert seinen Eigenimpuls nur, wenn die genannte Schwelle überschritten ist, doch auch diese ist ihrerseits graduell veränderbar. Die Reaktion des Neurons ist *selektiv.*
- Der so entstandene Ausgangsimpuls des Neurons ist nicht proportional zur Intensität des vorangehenden Inputs: Das Neuron feuert über das Axon nach dem Prinzip Ja oder Nein, Eins oder Null. Hier erkennen wir die Bausteine der digitalisierten Abbildung der Realität, die Sprache der klassischen Computer.
- Auch andere Gegebenheiten des neuronalen Netzes, zum Beispiel der Abstand zu den Folgeneuronen, können zu unterschiedlichen Gewichtungen der Impulse führen.
- Biologischen Neuronen arbeiten sowohl mit digitalen Signalen (arithmetisch definierbar, mit Grenzstärken null) als auch mit Wahrscheinlichkeitsgrößen (mit unscharfen Grenzen). Das ist der wesentliche Unterschied zum klassisch funktionierenden Computerdenken, dessen Rechenkraft digital ist.

Eine kleine Historie. Die Notwendigkeit, der Logik auch unscharfe Mengen und Größen zuzuführen, ist nicht neu. Sie war immer da, von der Realität erzwungen – schon die alten Griechen hatten das erkannt. Die theoretisch präzisen Berechnungen der Computer waren und bleiben das mächtigste Werkzeug des technischen und wissenschaftlichen Fortschritts. Allerdings sind sie in der Industrie in bestimmten Bereichen umständlich oder einfach unpraktisch. Die 1973 vom Ingenieur und Informatiker Lotfi Zadeh begründete Fuzzy-Logik fasste als zusätzliche Herangehensweise in der Industrie Fuß, erst in Japan, dann in Europa.

Modellierungsversuche des biologischen Neurons begannen in den 1940er-Jahren. Das erste namensgerecht funktionsfähige künstliche Neuron wurde 1958 von Frank Rosenblatt unter dem Namen „Perzeptron" vorgestellt. Die Anfänge der künstlichen neuronalen Netze (KNN) waren zäh, verfrühte Hoffnungen wurden enttäuscht. Erst in den 1990er-Jahren zeichnete sich ein Durchbruch ab, steil aufwärts ging es dann nach der Jahrtausendwende. Das medienwirksamste Moment war wohl 2016 der Sieg des Programms AlphaGo über den weltstärksten Go-Spieler, wie auch die Niederlage des klassischen Top-Schachprogramms „Stockfish" im Duell mit dem KNN „Alpha Zero".

Was ist unter einem „künstlichen neuronalen Netzwerk" (KNN) zu verstehen? Sehen wir uns die Zeichnung weiter unten an (Bild 2):

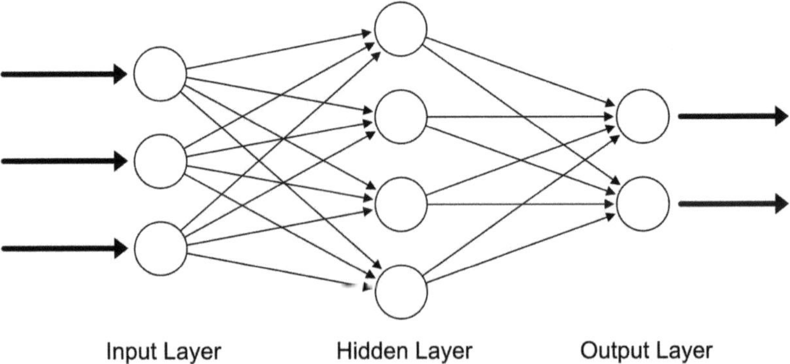

- Der „Input Layer“ besteht aus einer ersten Schicht von „Knoten“ (hier durch Kreise dargestellt), wo Daten eingespeist werden. Die Knoten entsprechen als Impulsempfänger in etwa den Synapsen, und als Impuls-Emitter dem Output der Neuronen.
- Von jedem Knoten der ersten Schicht führen Impulsverbindungen („Kanten“) zu einer zweiten Schicht Knoten, zum „Hidden Layer“, der das „Deep Learning“ möglich macht und auch aus mehr als einer Schicht Knoten bestehen kann.
- Der Hidden Layer schickt gewichtete Impulse zu den Knoten des „Output Layer“. Diese wiederum entscheiden nach dem Prinzip Ja/Nein ob sie feuern oder nicht, ähnlich wie das biologische Neuron.
- Kanten können auch rückwärts zur vorigen Schicht, seitlich, oder vom Knoten zu sich selbst führen (in der Zeichnung nicht dargestellt).

Eine Nervenzelle kann am Mikroskop betrachtet werden. Das KNN nicht. Es ist nicht ein physikalisches Objekt, sondern eine mathematische Formel in einem Programm, ein Algorithmus, der einen Input verarbeitet und daraus einen Output erstellt, der die Werte liefert. Alle Gewichte und Schwellenwerte sind vor dem Start nach Gutdünken des Programmierers eingestellt, nach Möglichkeit gleichmäßig verteilt. Ein Probedurchgang liefert demnach zufällige, höchstwahrscheinlich falsche Ergebnisse. Es könnte gut sein, dass in dieser ersten Phase der mühsam programmierte Wetter-Roboter mir bei strömendem Regen empfiehlt, den Regenschirm zu Hause zu lassen. Wie ein Kleinkind, das beim ersten Gehversuch hinplumpst. Es muss an den Gewichten geschraubt und herumprobiert werden – das Netz sammelt Erfahrungen, wie ein Mensch – bis nach einer Reihe Versuchen der Output sich der richtigen Antwort nähert. Wenn das Netz eine erfolgreiche Gewichte-Konfiguration speichert, hat es gelernt, bestimmte Fragen richtig oder nahezu richtig zu beantworten. Es ist „trainiert“.

Der Entscheidungsweg über Abertausende und Millionen Parameteränderungen der künstlichen Intelligenz ist deterministisch, doch für den Menschen bleibt die KNN eine „Black Box". Wir wissen nicht, wie die Maschine zu ihren Ergebnissen gekommen ist. Die Gewichte haben zwar numerische Werte, doch für uns ist es nicht nachvollziehbar, warum sie so sind, wie sie sind.

Die zunehmende Komplexität der Rechenvorgänge, die wir für unsere Problemstellungen benötigen, nähert sich der Grenze, jenseits derer die Digitalisierung nicht nur unsere kalkulatorisch bescheidenen Gehirne, sondern auch die jeweils aktuelle Computerpower überfordert. Die Quantencomputer, wenn sie denn mit den erhofften Fähigkeiten kommen, werden diese Grenzen immens erweitern, aber grundsätzlich nicht überwinden, weil das Universum, anders als Werner Heisenberg, Konrad Zuse und die Weltformel-Träumer glaubten, nicht digital ist, sondern ein Kontinuum. Digital sind die Kognition und das Mosaik seiner Begriffe und Symbole, die Wirklichkeit ist nicht digital.

Um zu erahnen, wie nützlich aber auch streng der Riegel der Digitalisierung für die Kognition ist, sollte es genügen, uns die Thermodynamik vor Augen zu führen.[63] Wir können für unsere Bedürfnisse ziemlich genau die Temperatur eines Körpers und den Wärmetransfer von einem Körper zum anderen messen. Es würde niemandem einfallen, die Bewegungsdaten der einzelnen Moleküle festzuhalten und den Wärmetransfer auf dieser Ebene digitalisiert zu berechnen. Dazu bräuchten wir einen gigantischen Quantencomputer – wenn wir denn alle Parameter der Moleküle rigoros definieren könnten, was ohnehin unmöglich ist. Also begnügen wir uns mit einer Wahrscheinlichkeitsmodellierung, deren Genauigkeit für uns meist zufriedenstellend ist – als ob ein künstliches neuronales Netz die Thermodynamik erfunden hätte.

Es werden durch wiederholtes Probieren zufriedenstellende Näherungen angestrebt, nicht mathematisch exakte Übereinstimmungen, wobei es prinzipiell unwichtig ist, ob die variablen Gewichtungen digital oder

---

63 vgl. Kap. H1 – Bohnen, Wärme und Entropie

analog definiert werden. Das unterscheidet sie von der rein digitalen Intelligenz. Dieser Paradigmenwechsel macht den Künstlichen Neuronalen Netzen den Weg zur transhumanen Intelligenz frei.

Q.3.1 DER DURCHBRUCH DER KNN

Schon vor der Jahrtausendwende hatte der Schachcomputer „Deep Blue" den Schachweltmeister besiegt, während die stärksten Go-Meister weiter bis 2016 ungeschlagen blieben. Der Grund für die zwanzig Jahre Verzögerung liegt in der viel höheren Anzahl der taktischen Varianten beim Go im Vergleich zum Schachspiel.[64] Und – das ist wichtig – in der Tatsache, dass die KNN nicht wie klassische Computer unbedingt digitale Ja/Nein-Ergebnisse anstreben, sondern möglichst gute Näherungen. Sie arbeiten sowohl mit digitalen Einsen und Nullen, als auch mit gewichteten Signalen. Wobei auch vermerkt werden muss, dass das Erstellen der Muster an sich sehr ressourcenintensiv ist; die rechnerische Arbeit wird von einem klassischen, digitalen Computer erledigt, ausgestattet mit zum Beispiel der Programmiersprache „Python". Der klassische Schachcomputer „Deep Blue" hatte 1996 Garri Kasparow mit schierer Rechenpower besiegt, „mit der Brechstange", wie sich ein Kommentator ausdrückte. Ein trainiertes KNN macht es anders: Es bedient sich der schon erstellten Muster, es berechnet nicht alle denkbaren Züge, deshalb braucht es beim Einsetzen des Erlernten weniger zu rechnen als der ausschließlich digitale Computer.

Die Ähnlichkeit der Arbeitsweise neuronaler Netze zum menschlichen Gehirn ist verblüffend: Wir treffen unsere Entscheidungen sowohl mit den gewichteten Signalen unserer Intuition als auch mit logisch-mathematischen Herleitungen. Die neuronale Maschine AlphaGo hatte vor dem historischen Wettkampf ein Training absolviert, in welchem sie

64 vgl. Kap. Q.2.2 – Digitale Intelligenz.

innerhalb weniger Tage Millionen Male mit sich selbst gespielt hat. Die Regeln des Go sind im Grundsatz einfach: Wenn ein Spieler es schafft, seine Steine auf dem gerasterten Brett so zu platzieren, dass sie ein Areal mit einem kompakten Belagerungsring umschließen, gehört ihm dieses Areal, und der Gegner muss seine Steine daraus entfernen. Am Ende werden Pluspunkte für das eroberte Gebiet und dem Gegner Minuspunkte für die entfernten Steine angerechnet und der Sieger wird nach Punkten gekürt.

Wenn das KNN nach einem Durchgang am Ende der Partie angekommen ist, leitet das Netz das Ergebnis zurück in seine Layer und ändert die Gewichte, merkt sich die Änderungen, und nach vielen Partien mit sich selbst kristallisieren sich Cluster, taktische Muster, die den Sieg immer wahrscheinlicher machen, prinzipiell ähnlich wie beim menschlichen Spieler. An AlphaGo wurde keine externe Kriterien-Quelle angeschlossen, das Netz hat die Muster selbstständig erarbeitet. Dieser Prozess wird „unüberwachtes Lernen" genannt. Man kann es auch anders ausdrücken: Das KNN programmiert sich selbst.

Ein Beispiel für den Einsatz der KNN: Die Bemühungen, mit dem klassischen Computer Buchstaben zu identifizieren, zeigten sich in der Vergangenheit als sehr problematisch. Das KNN bietet andere Voraussetzungen: Seinem Input werden Bilder mit kaum lesbar gekritzelten Buchstaben vorgelegt, mit der Aufgabe, sie zu identifizieren. Die Antworten werden im Vergleich mit Modell-Buchstaben bewertet. Jede Fehleinschätzung des Netzes führt zu Änderungen der Gewichte, mit dem Ziel möglichst hoher Trefferquoten. Sobald das KNN eine zufriedenstellende Quote von richtigen Antworten erreicht hat, können wir es für unsere Zwecke einsetzen, zum Beispiel beim Sortieren von Briefsendungen in Poststellen. So ungefähr läuft das „überwachte Lernen".

Anderes Beispiel: In einem scharfen Foto eines schwarzen Strichs auf weißem Grund liegen alle Pixel einer Farbe kompakt beieinander. In einem unscharfen Foto gibt es graue Übergangszonen, in denen sich schwarze und weiße Pixel durchdringen. Je weiter abtrünnige Pixel ins Gebiet der anderen Farbe eindringen, desto größer sind die Abstände zu ihren gleichfarbigen Genossen. Die für die Pixel zuständigen Knoten im Netz senden Impulse zu den Knoten ihrer Farbe, allerdings mit Gewichten, die mit der Entfernung und bei jedem Durchlauf abnehmen, bis die abseits liegenden Ausreißer bei null landen und somit entfernt wurden. Am Ende bleiben nur die Pixel, die nahe genug an ihren Farbgeschwistern liegen. Die anderen wurden unterdrückt, das bearbeitete Foto ist jetzt scharf.

Der Vorgang ist nicht ganz unähnlich den Überlebenskämpfen in der afrikanischen Savanne. Wenn ein schwarzer Kaffernbüffel sich von seiner Herde entfernt, schwinden die Möglichkeiten, von dieser unterstützt zu werden – er wird von sandfarbenen Löwen angegriffen und getötet. Das gilt auch für die andere Partei: Ein unvorsichtiger Löwe wird aufgespießt und zertrampelt, wenn er alleine in eine Büffelherde gerät. Nach dem großen Fressen ist das Bild wieder scharf und idyllisch: friedlich grasende Büffel unweit von einem im Schatten dösenden, satten Löwenrudel. Es ist nicht identisch mit dem Bild davor, aber nahe dran, Büffelherde und Löwenrudel überlappen sich nicht mehr.

Das wirklich Erstaunliche an der Funktionsweise der neuronalen Netze ist die Tatsache, dass ein Endergebnis über unterschiedliche, unvorhersehbare Gewichtungskonfigurationen möglich ist, wie beim menschlichen Denken, wo gleiche Entscheidungen über völlig andere Gedankenwege gefällt werden können. Das öffnet den KNN im Verbund mit Supercomputern die Tore zur transhumanen Intelligenz, zum Urknall einer neuen Welt.

Aus der Vogelperspektive betrachtet fällt es auf, wie sehr die Aktivität der künstlichen neuronalen Netze der biologischen Evolution als Entität ähnlich ist:

- Gewichte im KNN, die zu falschen Antworten führen, werden verändert oder auf null gesetzt.
  Für die biologische Evolution sind Genome Konfigurationen, deren Lebensfähigkeit von der Bewertungsinstanz Umwelt erprobt wird. Fehler in der Vererbung („falsche Antworten"), die zu ungünstigen Änderungen im Genom führen, können Lebewesen oder Arten auf null setzen – also zum Aussterben verdammen.
- Das neuronale Netz probiert zunächst die bereitgestellte Konfiguration und verändert dann graduell die Gewichte, alles im rasenden Tempo.
  Die Evolution macht das ähnlich, sie entsteht durch Zufallsveränderung der Genome. Das Leben eines Individuums ist ein „Probedurchgang", könnte man sagen. Nur fließt die Zeit allerdings in ganz anderen Größenordnungen. Die Arten, um die es geht, brauchen in diesem Sinne Hunderte, Tausende und Millionen Jahre. „Das Überleben des Tüchtigsten ist eine langsame Methode zum Messen von Vorteilen" (Alan Turing 1912-1954).
- Gemeinsamkeiten gibt es auch zwischen der Arbeitsweise der KNN und der allgemeinen Erkenntnis. Die Hauptvehikel des Wissens sind die Modelle, nie identisch mit der postulierten Realität, doch tendenziell immer schlüssiger. Das KNN erstellt sein „Wissen" über „Clustering", das fachspezifische Wort für Modellierung und Mustererstellung. Gruppendefinitionen werden erstrebt, für welche man Kriterien sucht und aufstellt – bei künstlichen neuronalen Netzen nennt man sie „Klassifikatoren".

Vor dem Input des künstlichen neuronalen Netzwerks wirkt in einer oder anderen Form die Realität. Zunächst sind wir Menschen diese Realität. Dann setzen wir zwischen uns und den Input immer komplexere Geräte – Tastatur, Scanner, Adapter etc. – die uns zunehmend von mühseligen Eingabeverpflichtungen befreien. Früher oder später werden wir solche Aufgaben vollständig dem KNN und den Input-Geräten und -Sensoren überlassen. Ähnliches kann über den Output gesagt werden, der über Endgeräte (Bildschirm, Drucker, Lautsprecher etc.) die Ergebnisse immer benutzerfreundlicher liefert.

Diese kleine Darstellung der neuronalen Netze ist nur ein winziges Guckloch in ein schwieriges Forschungsgebiet, in dem mehr als ein halbes Jahrhundert geforscht wurde. Neuronale Netze bilden den vielleicht entscheidenden Schritt in Richtung Transhumane Intelligenz. Machen wir uns nichts vor, wir werden nie richtig erfahren, was genau sich das Netz bei seinen Entscheidungen „denkt". Die moralischen Bedenken, die aus diesem Grund manchmal zur Sprache gebracht werden, können nachdenklich machen, die Richtung des Fortschritts können sie nicht ändern. Noch ist das nicht schlimm, doch es sollte dazu motivieren, selbstgefällige Parolen wie etwa: „Der Computer wird niemals den Menschen beherrschen, weil er nur von Menschen und für Menschen programmiert wird", mit gebührender Skepsis zu betrachten.

Künstliche neuronale Netze nutzen die exakte, digitale Rechenpower, doch für uns sind ihre letztendlich groben, der Wahrscheinlichkeit unterworfenen Ja/Nein-Entscheidungen realistisch, wie unsere Alltagsentscheidungen auch. Erst jetzt zeichnen sich Möglichkeiten ab, *Intuition, Instinkt und Emotion* analytisch zu beschreiben, erklären und modellieren. Das sind die Fähigkeiten, die von den klassischen IQ‘s nicht oder kaum erfasst werden[65].

65 vgl. Kap. K.7 – Menschenrassen und Rassismus

Ein zehrender Verdacht beschleicht mich: Als ich meine Angebetete fragte, ob sie mich liebt, hat sie „Ja" geantwortet. Was war das für ein „Ja"? Ein digitales, hundertprozentiges? Oder ein Ja mit 0,56 gewichtet und gültig für 15 Minuten, wie die Antwort des Roboters auf meine Regenschirm-Frage? Meine Liebste ist ja auch nur ein in allerlei Sensoren und Schnittstellen verpacktes neuronales Netzwerk von hundert Milliarden Knoten. So wie ich auch.

Q.4 AUTARKIE

Nach anfänglicher Begeisterung für die künstliche Intelligenz sind noch Jahrzehnte ins Land gegangen, bis Einsteins Skepsis in Bezug auf die Macht der digitalen Intelligenz allmählich deutlich wurde. Es stellte sich eine Enttäuschung ein über eine KI, die in einer Sackgasse zu landen schien. Heute ist sie wieder in aller Munde, weil sich ihre praktischen Anwendungen stark vermehrt haben. In der Werbung für elektrotechnische Geräte ist der Hinweis „KI" so wirkungsvoll wie der Hinweis „Bio" bei Nahrungsmitteln. Noch wird aber viel Zeit vergehen, bis eine künstliche Gesamtintelligenz entsteht, die auch das Problem der Problemstellung lösen und somit Einstein korrigieren kann. Dass es aber geschehen wird, dürfte sicher sein.

Die algorithmischen Denkmodelle, die Neuronalen Netze, das *Erkenntnis-Modul Wenn-Dann* (**a**) und die Muster des *Aktionsmoduls* (**b**) allein reichen nicht (Golemans operierter Ingenieur hatte sie bewahrt), um das Verhalten eines Individuums zu bestimmen.

Es gibt diesen dritten Faktor, das ***Überlebensmodul (c)*** *in unserem Morphing-Band der Gesamtintelligenz, der das Individuum dazu bringt, seine Ziele und ihre Bedeutungen zu definieren und überhaupt etwas für das Überleben seiner Art oder seiner selbst zu unternehmen.*

Die hier fettgedruckte Aufzählung **(a, b, c)** beschreibt etwas näher die definitorischen Eigenschaften eines autarken Individuums, seine ***Gesamtintelligenz.***[66]

> *Der entstehende Zusammenschluss zwischen der langsamen, ungenauen, schwerfälligen, aber unvorstellbar vielschichtigen, lernfähigen* ***menschlichen Intelligenz*** *und der biologisch unerreichbaren Genauigkeit, Geschwindigkeit und Ableitungspotenz der* ***künstlichen Intelligenz*** *hat die Perspektive einer transhumanen Intelligenz überhaupt eröffnet.*

Noch liegen Welten zwischen diesen beiden Polen. Die Überbrückung dieser Distanz ist ein langer Weg zu einer Zukunft, in der die Singularität fähig sein wird, das „Problem der Stellung von Problemen" zu lösen. Die künstlichen neuronalen Netze machen den entscheidenden Schritt in diese Richtung. Sie verdeutlichen auch die Breite und Unschärfe des allgemeinen Begriffs „Intelligenz", der ziemlich wahllos eingesetzt wird; es ist nie ganz sicher, ob es sich um eine Metapher handelt („intelligente" Ampeln), um eine Effizienzbewertung („intelligente" Roboter), oder ob er offensichtlich relativiert ist (mein „intelligenter" Dackel) oder voll ernst gemeint (ein „intelligenter" Schüler). Denn: Intelligenz ist keine messbare Größe, sondern die Fähigkeit eines bestimmten Systems, Probleme in einem bestimmten Bereich zu lösen. Dieser Definitionsansatz ist für alle Lebewesen gültig.

Zwei Domänen sind wesentlich:

1. Die auf Effizienz getrimmte *partielle Intelligenz*, die sich nur mit ihren Lösungen in begrenzten Aufgabenbereichen messen lässt – Automaten, digitale KI.

66 Analoge Bezeichnungen: „Künstliche Allgemeine Intelligenz", „Artificial General Intelligence", „Starke KI"

2. Die oben genannte *Gesamtintelligenz*, in deren Aktionsradius die Existenz ihres physikalischen Trägers maßgeblich beteiligt ist – das ist der Fall aller Lebewesen, die von einem Überlebensmodul gesteuert und in der Lage sind, die Antworten auf Einwirkungen der Umwelt und auf eigene Bedürfnisse zu wählen.

Heute und in der näheren Zukunft ist die IT-Intelligenz immer noch vollständig abhängig vom Menschen. Sie kann den Menschen gar nicht ersetzen. Sie ist, wie schon gesagt, ein Kopf ohne Rumpf, ohne den Unterbau, der sie zur autarken, existenzfähigen Entität machen könnte. Andererseits ist der Mensch jetzt schon stark abhängig von der IT-Intelligenz, aber (noch) nicht alternativlos.

Die Effektivität der KI-Programme weckt natürlich beim Menschen Begehrlichkeiten in Richtung seines Fortschritts und Komforts. Metaphorisch könnte ein Gespräch mit der geliebten IT-Intelligenz so klingen: „Wenn du so gescheit bist, dann kümmere dich mal selbst um deine Energiequellen und um deine Wartung; und auch um die Bildschirme und den Drucker und, wenn es dir nichts ausmacht, um den Kaffee, der auf meinem Büro jeden Morgen …". Gemeint sind hier nicht nur Gerätschaften, die der Mensch konzipiert, damit die IT-Intelligenz all seine Befehle ausführt und ihrem Erzeuger und Gebieter die Arbeit abnimmt, sondern, noch in weiter Ferne, eine IT-Intelligenz mit Aktions- und Prioritätenraum, ***eine autarke Kopf-und-Rumpf-Singularität, die alleine und unabhängig Entscheidungen trifft.***

Werfen wir einen Blick auf die beinahe moralischen Auseinandersetzungen und Bedenken um die Entscheidungsmacht heutiger IT-Intelligenzen. Autonomes Fahren etwa bedeutet, dass in kritischen Fällen nicht der Fahrer, sondern der Bordcomputer Entscheidungen trifft. Beispiel: Auf der Fahrbahn erscheint plötzlich mittig ein Kind, seitlich die Begleiterin, auf der anderen Seite ist ein dicker Baum. Der Unfall ist unvermeidlich, weil der Bremsweg zu lang ist. Was soll der Bordcomputer entscheiden? Kind töten? Begleiterin töten? Oder den Baum ansteuern und Fahrer töten? Nun, die Entscheidung liegt nicht beim Bordcomputer, sondern über mehrere Ecken bei seinem Programmierer. Der Bordcomputer funktioniert lediglich – *er ist nicht autark.*

Heutige KI-Intelligenzen liefern Ergebnisse von Berechnungen, die bis dato unmöglich oder extrem zeitaufwändig waren – dafür wurden sie auch gebaut. Abhängig vom Gebiet und von der Betrachtungsweise können diese Ergebnisse auch „Entscheidungen" genannt werden. In unserer Zeit eher eine Metapher als eine Entität, denn mit den Entscheidungen eines autarken Individuums können sie nicht gleichgesetzt werden. Also nochmal: „Wenn du so gescheit bist …", dabei gibt sich der Mensch die Mühe, die IT-Intelligenz schrittweise in die Selbstversorgung zu führen, um seine eigene Sicherheit, seinen Lebensgenuss und seine Bequemlichkeiten zu steigern. Und er findet den Gedanken angenehm, dass die IT-Intelligenz für ewig seine Dienerin bleiben wird, wenngleich ihn Verdachtsmomente plagen, dass das vielleicht nicht ganz stimmt.

Wir staunen heute schon über die mächtigen Fähigkeiten der denkenden Maschinen, doch von einer autarken IT-Intelligenz kann noch lange nicht die Rede sein. Das Gedankenexperiment der gewaltsamen Abtrennung der heutigen IT-Intelligenz von der Menschengesellschaft liefert uns ein Bild der gegenseitigen Abhängigkeit.[67] Wie schon gezeigt, heute würde es die Menschheit hart treffen aber nicht auslöschen, im Gegensatz zu unserem Partner, die IT-Intelligenz, die einfach aufhören würde zu existieren. Dieses Gedankenexperiment ist der Gradmesser einer Bewegung, die langsam aber sicher in Richtung steigender Abhängigkeit des Menschen von der IT-Intelligenz führt. Gleichzeitig steigt die Selbstständigkeit der IT-Intelligenz, sie ist immer weniger abhängig vom Menschen.

Soll das heißen, dass wir irgendwann am Tropf der IT-Intelligenz hängen? Funktionsmäßig schon, doch vermutlich – und hoffentlich – ohne die negativen Konnotationen, die aus der Frage herausgucken. Der Versuch,

67 vgl. Kap. Q1 – Ein Gedankenexperiment – Die Apokalypse und der zweite Urknall

einen konkreten, wissenschaftlich und technisch begründeten Evolutionsplan in Richtung einer autarken IT-Intelligenz zu skizzieren, könnte vielleicht die künstlichen neuronalen Netze als Startrampe haben. Doch lassen wir die Kirche im Dorf. Prophezeiungen sind ein sicherer Weg, mit Vorhersagen daneben zu liegen. Mit ähnlichen Hoffnungen auf vernünftige Antworten dürften wir Steinzeitmenschen fragen, welche Möglichkeiten sie sähen, zum Mond zu reisen. Mit Einbaum und Paddel oder auf einem Wurfspeer reitend?

Um uns ein Bild vom Ausmaß des noch nicht beschrittenen Weges der IT-Intelligenz zu machen: Ein Bakterium ist als Art unvergleichbar existenzfähiger als die Gesamtheit aller heutigen funktionstüchtigen, vernetzten und mit Programmen vollgestopften Computer der Welt. Dass alle Lebewesen in diesem Sinne existenzfähig sind, muss beileibe nicht bewiesen werden. Es genügt, an die Anzahl der Bakterien auf unserer Erde zu denken, oder an die der Schmeißfliegen, oder einfach sich alles angucken, was da kreucht und fleucht. Auch muss nicht bewiesen werden, dass in diesem Sinne alle aktuellen Geräte oder Programme der IT-Intelligenz ohne die Fürsorge des Menschen existenzunfähig wären.

Memento: Der Weg von der heutigen rumpflosen IT-Intelligenz zu seinen autarken Formen wird dank neuronaler Netze zeitlich viel kürzer sein als der Weg des Menschen aus der Steinzeit bis zur Mondlandung. Die Entstehung der autarken Singularität wird selbstverständlich nicht darwinistisch vonstattengehen. Als Folge zufälliger Änderungen mit anschließender Selektion würde sie eine Ewigkeit dauern. Im Gegenteil, ein gezieltes, zweckdienliches Strukturieren von Funktionen wird am Werk sein. Ein Prozess, der sehr viel weniger Zeit brauchen wird als die blinde biologische Evolution.

Bei den ersten Schritten auf diesem Weg haben wir Menschen das Sagen. Allmählich werden sich (oder werden wir) bei der IT-Intelligenz die Unterbau-Strukturen, Sensoren und ein Software-Rumpf entwickeln, teilweise korreliert mit dem zunehmenden Verzicht auf die langsame und ziemlich unbeholfene digital-logische Intelligenz des Menschen. Diese ist, um ehrlich zu sein, ohne IT-Hilfe bei der Lösung rechenintensiver Aufgaben schon seit Jahrzehnten überfordert.

Irgendwann könnten wir das befreiende Gefühl haben, dass unsere Intelligenz nicht mehr überfordert ist. *Weil sie nicht mehr gefordert wird.* Wir haben den Stab weiter gereicht, und werden es vielleicht nicht einmal gemerkt haben. Wir könnten in einer Welt leben, in der alles, was wir brauchen oder auch nur wünschen, zur Verfügung steht, ohne uns dafür übermäßig anzustrengen. Eine Welt, wie sie sich der Kommunismus in seiner Träumer-Phase (Marx-Engels) angehört hat. Fragt sich nur, wer ist oder sind „Wir"?

Anzeichen solcher Grenzverschiebungen zwischen unseren Kompetenzen und denen der IT-Intelligenz können schon heute andeutungsmäßig erkannt werden. Roboter, Smartphones und allerlei Apps zum Beispiel, die immer benutzerfreundlicher sind, ersparen uns unnötige Anstrengungen. Nichts spricht für einen Stopp dieser Tendenz. Im Gegenteil, die explosive Entwicklung und Verbreitung solcher Gerätschaften zeigt, wie sehr wir uns die Mühe geben, unseren IT-Bediensteten immer mehr Aufgaben zu übertragen. Jeder Erfolg in dieser Richtung wird belohnt und bejubelt. Das ist nicht ironisch gemeint, denn dieser Weg ist nicht gut und nicht böse, er ist unausweichlich.

R. KÜNSTLICHE INTELLIGENZ (KI) UND DIE KÜNSTLICHE EVOLUTION

Die Entscheidungen biologischer Wesen sind von allen Steuerungs- und Reaktionsmechanismen abhängig, die sich in seinem Evolutionsstrang im Laufe der Zeit eingeflochten haben und die allesamt in verschiedenen Formen immer noch in deren Bauplänen vorhanden und wirksam sind. Beginnend mit den einfachsten Reaktionen, über Instinkte und Emotionen, bis zu den höchsten Fähigkeiten – beim Menschen die begriffliche und die mathematische ggf. digitale Intelligenz. Auf der Morphing-Strecke der chemischen, dann neuronalen und geistigen Fähigkeiten hat sich der Unterbau der Lebewesen schichtweise von simplen Reaktionen zu komplexen Verhaltensmustern entwickelt, ungefähr so:

⇨ abstrakte Modelle
⇨ logische, digitale Intelligenz
⇨ Aktionsmodelle
⇨ Gefühle, emotionale Intelligenz
⇨ Instinkte
⇨ Einfache Reaktionen bei einfachsten Lebewesen
⇨ (ganz unten: Aminosäuren-Chemie)

Diese Reihenfolge ist eine Strecke, die auch anders parzelliert und benannt werden kann. Wichtig ist die weiter zeigende Richtung der Effizienz der Modelle, immer in Wechselwirkung mit allen darunter liegenden Ebenen. Das sichert die Existenz des Individuums, das auf einer bestimmten Ebene angesiedelt ist. Beim Betrachten dieses Aufstiegs zeichnet sich die Annahme ab, dass das Bewusstsein die Fähigkeit ist, das *Ich* des Individuums aufgrund aller dieser im Lauf der Evolution entstandenen Schichten zu gestalten. Hier irgendwo ist auch die Chimäre „Qualia“ erwachsen.

- Die Gesamtheit der Fähigkeits-Ebenen und ihr Zusammenspiel machen die Existenz-Motivation eines Wesens aus. Eine heute noch so leistungsfähige logisch-digitale KI verfügt über keine Existenz-Motivation, weil ihr dieser Unterbau fehlt. Optimistische Hoffnungen, dass mit der steten Entwicklung von Algorithmen und der Rechenkraft die Kreativität der biologischen, menschlichen Gesamtintelligenz eins zu eins modelliert wird, können nicht erfüllt werden. Nicht solange die Definition des Menschen mehr oder weniger der heutigen entspricht. Doch sie wird sich ändern.

- Und dennoch ist es genau die Rechenkraft im allerweitesten Sinne des Wortes, die sich noch auswachsen muss. Die biologisch-evolutionäre Erscheinung des Menschen, das Erreichen einer bestimmten Intelligenzhöhe und die Verflechtungen mit der jetzt entstehenden logisch-digitalen KI kann die intelligente Singularität starten.
- Für die aktuelle künstliche Intelligenz sind alle ihr eigenen Berechnungsergebnisse bedeutungslos. *Die Bedeutung ist in der KI allein Sache des Programmierers.* Das ist auch der Grund, weshalb die KI „keine Probleme stellen kann".[68] Das kann nur eine autarke, in der Realität und den Geboten der eigenen Existenz verankerte KI. Sehen wir uns die Übersetzer-KI's an. Sie sind schon so gut geworden, dass sie das Erlernen von Fremdsprachen in etlichen Bereichen immer weniger notwendig machen. Wie schaffen sie das? Wo wir doch wissen, dass ein Wort abhängig vom Kontext sehr viele Bedeutungen haben kann. Unter uns Menschen ist auch ein Augenzwinkern oder ein Lächeln von Bedeutung. Wie genau die KI's tun was sie tun, müssen wir die Programmierer fragen. Unzählige KI-Verknüpfungen von Begriffen, Grammatik- und Syntaxstrukturen sowie von Millionen gespeicherten Textseiten könnten sogar zu besseren Ergebnissen führen als hochspezialisierte menschliche Übersetzer. Dennoch: Die Bedeutung der Texte bleibt für die KI nach wie vor ein inhaltsleerer Begriff.

---

68 vgl. Kap. Q.3.2 – Neuronale Intelligenz

- Dementsprechend muss sich die IT-Singularität eher auf dem umgekehrten Weg entwickeln, von oben nach unten, von der jetzt schon überragenden KI über alle möglichen Wahrnehmungssysteme und von der Realität geforderten Reaktionsmuster hinunter bis zu den einfach existenzsichernden Mechanismen. Sie wird wohl nicht die gleichen Stufen der biologischen Intelligenz in umgekehrter Reihenfolge absteigen, sondern irgendwie anders, weil ihre Voraussetzungen anders sind.
  Ein Gedanke bietet sich an, dass mit den neuronalen Netzen dieser einzigartige Weg der Verzahnung und Verflechtung mit dem Wirken des Menschen beginnt, bis dorthin wo dieser immer weniger bis nichts mehr zu sagen hat – oder zu sagen braucht – was möglicherweise nicht einmal zu seinem Bewusstsein dringen wird. So ungefähr kann die Übergangszone zur transhumanen Intelligenz umrissen werden.
- Emotionale oder moralische Antriebe wie Altruismus, Egoismus, Empathie, Fleiß, Gefühle aller Art, kurz gesagt, die Gesamtheit der Eigenschaften, die die Vernetzung von sozialen Individuen beschreiben, sind irrelevant, wenn es um die Beweggründe und allgemein um die Entwicklung und den Aktionsmodus eines nicht-sozialen, fundamental singulären Wesens geht. Der existenzsichernde Unterbau der IT-Singularität wird seine eigene Konfiguration haben, zumal seine Entitäten nicht mit den weiter oben angegebenen, menschlichen verglichen werden können. Auf solch ein Wesen bewegen sich unsere Zivilisation immer schneller zu.
- Auch ist die Konkurrenz – einer der stärksten Motoren der biologischen Evolution und der Menschengesellschaft – kein notwendiger Baustein für die IT-Intelligenz. Theoretisch und teilweise erfahrungsmäßig gedacht könnten Synergie-Effekte viel effizienter sein und eine „Konkurrenz“ überflüssig machen. Nur als Beispiel: Wozu – auf Menschenebene üblich – das ganze Patente-System, privates Eigentum, Urheberrechte und Wirtschaftsspionage-Abwehr? Wir Menschen wissen es natürlich, weil wir soziale Individuen sind und weil wir so sind wie wir sind – für die IT-Singularität ist all das gegenstandslos. Ein klein wenig Science-

Fiction: Sollten sich im Universum zwei solche Intelligenzen begegnen, heißt das vermutlich nicht Krieg oder Konkurrenz. Sie werden eher verschmelzen.

- Die physische Integrität eines biologischen Individuums (wie das Wort schon sagt, „Nicht Teilbares") muss weitgehend erhalten bleiben. Zumindest muss das biologische Individuum räumlich an einem Ort, kompakt existieren. Und es muss altern und sterben. Seine tierischen Nachkommen können nicht einfach das neuronale Erbe ergreifen und weitertragen. Insbesondere beim Menschen müssen sie erst biologisch auf die Beine kommen, wachsen, zur Schule gehen und von vorne alles lernen, erst danach können sie den Stab übernehmen und die Stafette weiter führen. Das führt zu einer extrem langsamen Wissenserweiterung.
- Anders die IT-Singularität: Sie kann physikalisch zerstreut und zerstückelt existieren, Hauptsache die Teile sind verbunden, verkabelt, über Felder oder sonstige Verbindungen, etwa wie die „spukhafte Fernwirkung", von der wir keine Ahnung haben, was sie wirklich ist. Ihre Bestandteile können getrennt, getauscht, woanders eingesetzt oder ersetzt werden. Sie braucht nicht die Voraussetzungen der biologischen Evolution – Ursuppe, genetischer Code, Fortpflanzung, Altern und Sterben – sie kann sich kontinuierlich entwickeln. Das führt zu einem unvorstellbaren Entwicklungstempo.
- Die künstliche Intelligenz ist eines der heute schon existierenden Bestandteile der künftigen IT-Singularität. Die heutigen potenziellen Bausteine der Singularität (Computer, Internet), werden von uns gebaut, zum Laufen gebracht, programmiert, repariert usw. Die autarke Singularität schlummert noch als Embryo. Eher als noch nicht befruchtete Eizelle. Vielleicht werden wir – unser Wissen wird es mit Sicherheit – Bestandteile einer solchen Singularität sein. Merken werden wir es kaum. Wir haben noch zu warten, bis die ersten Bausteine in Richtung Autarkie konzipiert und als solche erkannt werden. Dann erst kommen die ersten Schritte der wirklich intelligenten Singularität, Schritte, die für uns zu groß sind, um ihnen zu folgen.

Über digitale Intelligenz verfügen wir dank der KI jetzt schon im Überfluss, im Vergleich mit unserer rein biologischen Intelligenz, deren digitale Potenz verschwindend gering ist (ein Test: Bitte Kopfrechnen, $17^3 = ?$ … Wie lange hat das gedauert? Wie lange braucht ein Taschenrechner dafür?). Auch wenn dieser Überfluss millionenfach durch Quantencomputer gesteigert wird, bleibt die KI heute ein nicht selbstständiges Anhängsel der Menschheit – noch ist sie keine intelligente Singularität. Auch die komplexesten Algorithmen können die Autarkie nicht ersetzen, höchstens in Teilen modellieren. Das sichere Zeichen für die begrenzte Macht der KI ist, dass sie bei Entkopplung vom Menschen aufhören würde zu existieren, so wie im apokalyptischen Gedankenexperiment geschildert.[69] Dass die Menschheit ihrerseits abhängig von der KI ist, Quantencomputer inklusive, ändert den Status der KI als höriges, dummes Werkzeug nicht. Das wird aber nicht ewig so bleiben. Die IT-Intelligenz wird, mithilfe des Menschen (oder der Mensch, mit Hilfe der IT-Intelligenz) die existenzsichernden Module bauen, wodurch die IT-Intelligenz zur IT-Singularität, zur intelligenten Singularität aufsteigt. Noch haben wir das Sagen in diesem Prozess.

R.1 WO STEHEN WIR BEIM ÜBERGANG ZUR KOMMENDEN IT-SINGULARITÄT?

Dreh- und Angelpunkt unserer Zukunftsvermutungen ist, wie und in welche Richtung sich der Mensch aus einer grundsätzlich sehr langsamen biologischen Evolution verabschieden wird, die für ihn ohnehin nicht mehr aktiv ist, weil er die natürliche Selektion ausgeschaltet hat. Die ungleiche Verteilung von Bildung, Wohlstand und Technologie, nicht nur zwischenstaatlich, sondern auch innerhalb eines Staates, hat zu einem Patchwork der vielen Milliarden Menschen über ein riesiges Feld geführt, von der

69 vgl. Kap. Q.1 – Ein Gedankenexperiment – Die Apokalypse und der zweite Urknall

Mehrheit der ärmsten, weniger Geschulten bis zu der Minderheit der hochkompetenten Eliten der Menschengruppen mit hoher ziviler Reife. Das ist der außerordentlich vielfältige, über den gesamten Planeten ausgebreitete Menschenteppich.[70] Die möglichst schnellere Anhebung der weniger gebildeten und zivil weniger reifen sozialen Schichten und Gruppen ist die Mammutaufgabe der näheren Zukunft.

Was ist mit unseren ethischen Werten? Von hoher Kanzel heißt es, sie dürfen nicht mit materiellen Werten oder sonstigen Erwägungen gegengerechnet werden. Das ist eine lobenswerte erzieherische Bemühung. Doch stichhaltig ist sie nicht: Erinnern wir uns, nur als Beispiel, dass manchmal sogar das strenge Gebot „Du darfst nicht töten“ relativiert oder gar abgeschaltet werden muss.[71] Die Realität fordert uns immer wieder auf, vermeintlich unantastbare ethische Eckpfeiler zu hinterfragen. Zu weit darf das nicht gehen, das Abschaffen von moralischen Werten wäre der Selbstmord einer Gesellschaft. Menschheit und Ethik sind strukturell unzertrennlich. Hier geht es um die Erkennung der subjektiven, unscharfen und manchmal zwingend relativierbaren Grenzen der Ethik. Zu viel Falsches wurde in der Vergangenheit und wird heute noch im Namen unerschütterlicher moralischen Prinzipien getan.

Die zunehmende Demokratisierung von Information und Macht begünstigt den Fortschritt der Gruppen mit niedrigerer Reife – das ist gut. Weniger gut ist die Öffnung der Medienkompetenz für qualitativ Minderwertiges, inklusive Fake News, respektlose Bloßstellungen, unqualifizierte Darstellungen, Fälschungen, die immer schwerer bis unmöglich zu identifizieren sind. Der Durchschnitt dieser durchwachsenen Bewegungen und Tendenzen ist es, der die Gesellschaft letztendlich gestaltet. Dennoch, alles spricht dafür, dass das Niveau des Allgemeinwissens der Menschen dank

70 vgl. Kap. L.2 – Der Menschenteppich

71 vgl. Kap. M.5 – Gerechtigkeit und Ethik

TV und Internet steigt, quantitativ auf jeden Fall. Aber wie, um welchen Preis und in welche Richtung?

- Die Informations- und Kommunikationsmöglichkeiten des Internets haben dazu beigetragen, bislang geächtete menschliche Neigungen, etwa Homosexualität, vom Pranger herunter zu holen. Gut ist auch, dass Aberglaube sowie einige religiöse und allgemein diskriminierende Vorurteile verblassen, aber verschwinden werden sie wohl nie, auch weil es absolute Wahrheiten nicht gibt.
- Bitter ist, wie emotional falsch vernetzte Psychen die Unerfahrenheit von Mitmenschen jeden Alters missbrauchen. Bitter ist auch das Mobbing, das es schon immer gegeben hat, doch jetzt dank Internet noch viel verletzender ist und bis in die Privatwohnung dringt.
- Das Überschreiten mancher Grenzen zum Privaten eröffnet auch Einblicke in bislang weniger bekannte seelische Dunkelräume. Das hat aber auch etwas, wenn nicht Gutes, dann doch Wichtiges: Jetzt erst wird ungeschminkt das wahre Ausmaß menschlicher Eigenarten und auch Abgründe bekannt. Man kann zielführend etwas tun. Auch Terroranschläge konnten vereitelt werden.
- Der Informationstornado des Internets hat besonders tiefgreifende Auswirkungen auf die Privatsphäre der Menschen. Datenschützer müssen sich einer Flut von Herausforderungen stellen. Manchmal freut man sich, dass es sie gibt, manchmal behindern sie mit ihrem Übereifer die Abwehr schlimmer Sachen. In Deutschland haben Datenschützer die mühsam entwickelte Corona-App mit unbeugsam erhobenem Zeigefinger weitgehend unwirksam gemacht. Noch einmal: Was ist das Gegenteil von gut? Gut gemeint! Das Tauziehen zwischen Datenschützern und Ermittlungsbehörden findet in jedem Rechtsstaat statt. Auch das endet nie.

Die Neudefinierung der Privatsphäre im Netz hat jedoch auch andere Seiten. Sie begünstigt Communities von Menschen mit gleichen kreativen Leidenschaften, sie kann gewaltige Menschenmassen für gute Taten motivieren und koordinieren. Der Privatraum ist in allen Bereichen nicht mehr das, was wir uns vorgestellt hatten, dass er es wäre. Auch das ist nicht gut und nicht böse, es ist unvermeidlich.

R.2 TRÄUME UND RICHTUNGEN DER KÜNSTLICHEN EVOLUTION

Von zentraler Bedeutung für unsere Zukunft sind gewünschte, geplante oder erhoffte Eingriffe in das Genom. Endziel wäre, das Genom eines Menschen aus allen möglichen Blickwinkeln plastisch zu machen – sinnvolle Langlebigkeit, eine tadellose Gesundheit, mein Baby soll schön und hochintelligent und optimistisch und erfolgreich und von allen geliebt und in allem unter den Besten sein und ein glückliches Leben mit Freudemomenten haben wie Perlen an einer Schnur. Wer bietet mehr?

Tempo und Richtung der künstlichen Evolution ist auch das Ergebnis des Tauziehens zwischen den Anhängern des Fortschritts auf Teufelkomm-raus (oft junge Erfinder und Wissenschaftler) und den Bremsern, die mit moral-ideologischen Argumenten gegensteuern (Ethikkommissionen, Religionsführer, anständige Bürger u. a. m.). Einerseits mag man irritiert sein von der Engstirnigkeit der Bremser und der Übervorsichtigen, die sich positiven Neuerungen verweigern. Andererseits kann man nur sagen, Gott behüte uns vor einer Gesellschaft, die keine Bremser hat. Ohne sie würden wir in unserer heutigen Form womöglich gar nicht mehr existieren, weil wir der einen oder anderen selbstverschuldeten Katastrophe zum Opfer gefallen sind.

Uralte Erfahrungen zeigen, dass viele der Wünsche und Traumvorstellungen auf dem Weg der Täuschung mittels Drogen mit einem Schlag erfüllt werden können. Heutzutage nur für ein begrenztes Zeitintervall, ein paar Stunden, mit deprimierenden Momenten des Erwachens und mit bekannten gesundheitlichen, psychischen und sozialen Neben- und Folgewirkungen, vom „Kater" des Schnapsliebhabers bis zum „Affen" des Heroinabhängigen. Doch die Wissenschaft macht Fortschritte. Heute gibt es Anästhetika, von denen vor wenigen Jahrzehnten nur geträumt werden konnte. Was spricht dagegen, dass auch die Glücklichmacher-Drogen auf diesem Weg sind? Ein Vorbote ist Viagra. Die Neben- und Folgewirkungen der neuen Drogen werden immer verträglicher sein, und damit wird der Druck der Gesellschaft wachsen, deren Verbot zu lockern – insofern die Leistungsfähigkeit der Individuen nicht so weit fällt, dass die Existenz der Zivilisation unterhöhlt wird. Verhältnismäßig schwache Verbote gelten schon seit längerer Zeit für Alkohol und Tabak, Cannabis steht in den Startlöchern auf dem Weg von „verboten" zu „frei genießbar". Wir wissen nicht genau, welche Drogen wie und wann folgen könnten, doch sie werden folgen. Die Pharmaindustrie wird Nebenwirkungen minimieren. Wer will sich dem Vormarsch der Drogen in den Weg stellen? Die öffentliche Meinung wird sofort die weniger strengen Nischen besetzen. Ein Vorstoß diesbezüglich war vielleicht die Bewegung, die in den 1990er-Jahren ein „Recht auf Rausch" forderte.

Das wichtigste Werkzeug zum glücklich machen wird mit ziemlicher Sicherheit die Aktivgenetik sein, das Basteln an einem Designer-Genom. Eine möglicherweise radikal veränderte und verändernde Lebenslandschaft ist die Virtual Reality, oder vielleicht noch tiefgreifender, die Augmented Reality (erweiterte Wirklichkeit) als Konkurrenz für Drogen. Virtual Reality und Drogen modellieren Realitäten die es so nicht gibt, die aber schöner und befriedigender sein können als fast alles, was die Realität bieten kann. Wie kann man einen Menschen davon abhalten, in die künstlichen Lebenslandschaften immer öfter und für immer längere Zeit einzutauchen? Was kann ihn abhalten? Wie kann er selbst sich davon abhalten? Und warum sollte er das? Auf diese letzte Frage gibt es vielleicht keine Antwort, wenn man von allgemeinen Gutmensch-Floskeln absieht. Das Heer der Spiel- und Internetsüchtigen und die Drogenkartelle zwingen uns, etwas zu tun. Kürzlich hat China den Zugang Minderjähriger zum Online Gaming stark beschnitten. Schüler, die besonders gerne vor dem Computer sitzen, werden sich vermehrt andere Beschäftigungen suchen müssen. Auffällig ist das Fehlen einer Empörungswelle des Westens über diesen Eingriff in das Selbstbestimmungsrecht. Abgesehen von Demokratiedefiziten und dem rücksichtslosen Verhalten gegenüber der eigenen Bevölkerung haben die Chinesen, ähnlich wie im Falle der Ein-Kind-Politik, wieder eine Kastanie aus dem Feuer geholt?

Gucken wir mal in die ferne Zukunft und sehen wir uns diesen mutmaßlich endlos und restlos glücklich gemachten Menschen an. Ein Warnsignal tönt: Inwiefern würde er sein in Millionen Jahren ausgewachsenes Aktions- und Motivationsmodul noch brauchen? Das biologisch entstandene Modul würde an Bedeutung verlieren zumal der Mensch auf diesem Niveau der existenzsichernden Entwicklung alles hätte, was er sich wünscht und braucht, alle seine individuellen Eigenschaften und Fähigkeiten können gesteuert oder geändert werden. Entspricht ein solches Wesen der von uns akzeptierten Definition „Mensch"? Es kann mit gutem Grund vermutet werden, dass der Mensch an einem Abschnitt der Evolution seine heute gültige Definition verloren/geändert haben wird.

Eine Konstante des technischen Fortschritts war und ist das Streben nach Komfort. Früher oder später zeigt das kontinuierliche Wachstum der Komfortmöglichkeiten seine Kehrseite: Das Lebewesen Mensch braucht ein Mindestmaß an physischer und psychischer Anstrengung und Bewegung, sogar Stress, Schmerz und Angst, sonst verkümmern manche Fähigkeiten. Selbst in Zoos wird die Nahrung für Raubtiere versteckt oder schwerer erreichbar gemacht, damit die Tiere nicht verblöden.

Für die Menschen wurde der Ersatz für das notwendige Mindestmaß an Bewegung gefunden: Sport und aktive Freizeitbeschäftigung. Allerdings wird niemand dazu gezwungen, und außerdem ist dieser Ersatz nicht ausreichend. Die meisten Menschen machen zu wenig in dieser Richtung. Sie werden übergewichtig, leiden an Bluthochdruck, Diabetes, Fettleibigkeit und all den vielen größeren oder kleineren Wehwehchen, die von einem riesigen Gesundheitsapparat mit einem Heer von Ärzten und anderen Fachkräften behandelt werden. Als wirksamste Lösung bietet sich wieder mal der Eingriff ins Genom an. Er muss ja nur so gestaltet werden, dass der Mensch im Freudentaumel sein tägliches Fitness-Pensum absolviert, ohne Murren seine bescheidene Essensportion zu sich nimmt (natürlich kaum Fleisch, keine Zusatzstoffe, alles nur aus der Region und von Hühnern aus Freilandhaltung). Oder dass er nach Lust und Laune schlemmen und sich volldröhnen kann, ohne gesundheitliche Schäden zu fürchten – den kühnsten Träumen sind keine Grenzen gesetzt.

Alle Facetten der Mensch-Definition wären von der künstlichen Evolution betroffen. Eine funktionierende Gesellschaft braucht eine Machtordnung. Macht? Mit restlos glücklichen und total versorgten Mitgliedern ist der Begriff dabei, seine Funktion zu verlieren. Angesichts solcher Perspektiven wirkt unser Motivationsmodul überholt – und wird wohl genetisch überholt werden. Wie genau, können wir uns beim besten Willen nicht vorstellen. Es erhärtet sich nur der Verdacht, dass das Wesen, das zumindest teilweise solche Ziele erreicht, nicht bedenkenlos der Definition „Mensch" entsprechen kann. Es wäre etwas anderes. Aber was?

Der Vollständigkeit zuliebe: Auch ganz andere Szenarien sind denkbar, Szenarien in denen Leid und Grausamkeit an der Tagesordnung sind. Dass der Mensch auch so etwas gut kann, wissen wir. Hoffnung macht, dass solche negativen Entwicklungen immer unwahrscheinlicher werden. Ein Diagramm, das die Zivilisationstendenzen der letzten Jahrzehnte oder auch Jahrhunderte veranschaulicht, würde kontinuierlich aufwärts zeigen, zittrig, aber bei großem Maßstab unverkennbar aufwärts. Die Lebensqualität steigt, den Mitmenschen wird statistisch gesehen weniger Schmerz und Gewalt angetan als in der Vergangenheit. Hoffen wir das Beste.

R.3 WO BLEIBEN WIR, WENN UNS DIE AUTARKE SUPERINTELLIGENZ NICHT MEHR BRAUCHT?

Wird die IT-Singularität immer noch Teil der Menschengesellschaft sein? Oder wir ein Teil von ihr? Ist sie erst mit uns zusammen eine echte IT-Singularität? Oder entkoppeln wir uns irgendwie? Ob wir überhaupt mitkriegen, dass wir in unserem Universum, aus einer höheren Warte betrachtet, so etwas wie ein Sockel für den Start zum Urknall der intelligenten Singularität sind?

Da wir Menschen nicht nur auf der Ebene des logischen Denkens, sondern auch der Erkenntnis allgemein mit der kommenden autarken IT-Intelligenz, der IT-Singularität, nicht mithalten können, werden wir uns voraussichtlich in unserer eigenen Werte- und Fähigkeiten-Welt einkapseln, uns abschotten und mit demokratischen Mitteln den Wünschen und Träumen der Gemeinschaft entsprechen. Das werden wir uns im Prinzip leisten können, weil der Druck der existenziellen Probleme (die allgemeine Versorgung und die Befriedigung der Bedürfnisse) dank rasantem Fortschritt von Wissenschaft und Technik in Perspektive immer schwächer wird.

Dieses positive Szenario wird von einer möglichen Entwicklung getrübt, die heute schon erkennbar ist:

Kein Mensch kann alles voraussehen, was das exponentielle Wachstum des Wissens noch liefert. Das führt dazu, dass fundamentalistische Religionen, Gemeinschaften und Ideologien wie eh und je glauben werden, die einzig richtige Wahrheit gefunden zu haben. Ihre Anhängerschaft wird immer deutlicher und fordernder. Es könnte sich ein Kaleidoskop von Gemeinschaften bilden, die ein anderes Bild als die heutigen Staaten liefern und uns vor ganz andere Herausforderungen stellen. Es scheint sich ein Vormarsch der radikalen Glaubenseiferer abzuzeichnen, und auch ein sanfter Terror einer entstehenden Mehrheit von Ideologen mit voreingenommenem Überblick, die besser wissen, was für sich und für andere gut oder nicht gut ist, die Toleranz predigen und keine Abweichung von ihrem Credo tolerieren. Die wachsenden Möglichkeiten, für sich selbst die individuellen Freiheiten anders zu definierten als der mehrheitliche Kern der Gesellschaft, sind ein Recht, können aber zu fragwürdigen und skurrilen bis gefährlichen Glaubensströmungen führen. Viele wichtige Schritte des Fortschritts wurden von Querdenkern angestoßen – Nennen wir nur als

Beispiele Nikolaus Kopernikus (1473-1543), Charles Darwin (1809-1882), Claude Monet (1840-1926) oder Albert Einstein (1879-1955). Auf der anderen Seite ist es ein großer Unterschied, wenn ein querer Gedanke bei solchen Genies aus mehr Wissen und aufmerksamerem Betrachten der Realität entsteht, oder im Gegenteil, wenn in einem engstirnigen Betrachtungsfeld nicht hinterfragte Überzeugungen die Aktionsmotivation und Gedanken des Querdenkers leiten. Und, wie immer: Dazwischen ist alles möglich. Schaffen wir es, Fehlentwicklungen einzugrenzen? Haben „Wir" überhaupt die richtige Sicht der Dinge?

Von der intelligenten Singularität als Entität haben wir vermutlich nichts zu befürchten. Zumindest nichts, was eine unmittelbare, gezielte Bedrohung wäre. Die Singularität befindet sich auf einer anderen, höheren Stufe, sie gehört zu einem anderen Regnum. Somit steht sie zum biologischen Regnum der Lebewesen, aus dem sie geboren wurde, etwa so wie das biologische Regnum, wir Menschen inklusive, zum mineralischen Regnum steht, aus dem es entstanden ist. Werfen wir einen Blick aus höchster Vogelperspektive auf unsere gesamte Evolution als Lebewesen:

- Vor dem Erscheinen unserer Ur-Ur-Urahnen, den Bakterien, gab es nur leblose, sagen wir mal geologische Materie. Wir bekämpfen diese natürlich nicht, wir ändern sie hie und da in unserem Aktionsradius – ihre Identität tangieren, das könnten wir gar nicht.
- Analog dürften wir auch über die intelligente Singularität denken – sie wird wohl kaum verdächtigt werden können, uns und die Biosphäre des blauen Planeten „bekämpfen" zu wollen. In unserer Menschensprache ausgedrückt: Sie hat ganz andere Interessen.

Was befähigt mich Mensch als soziales Individuum, von Bewusstsein zu sprechen? Ich sehe bei anderen Individuen Reaktionen, aus denen ich schließe, dass sie ähnlich wie die meinen sind. Also hat der andere auch, was ich habe, und ich, was er hat. Das ist vielleicht eine der wichtigen Dimensionen des Bewusstseins. Oder auch nicht. Es könnte ja nur so was wie ein gelungener Turing-Test gewesen sein. Zuverlässige Annahmen zum funktionalen Unterbau des Bewusstseins liefern die erstaunlichen Fälle von gespaltenen Persönlichkeiten. Ein zweites „Ich" setzt voraus, dass bestimmte Areale des Gehirns deaktiviert oder gefiltert, andere wiederum eingeschaltet oder nur teilweise angezapft werden. Das bedeutet, dass aus einem entsprechend eingerichteten Unterbau ein echtes „Ich" samt Qualia entsteht – wenn es denn so einfach wäre wie gedacht. Kausal-logisch falsifizierbar ist diese gefühlte Enormität nicht.

Intelligenz ist eine Eigenschaft des Individuums. Bei höheren Lebewesen kommen die Komponenten Schwarm- und Gruppenintelligenz dazu. Die höchste Form der Schwarmintelligenz ist die gesellschaftliche Intelligenz, mit all ihren Facetten, Ausprägungen, Verzahnungen und Widersprüchen und auch mit ihrem maßgeblichen Einfluss auf die individuelle Intelligenz. All das scheint bei einer einheitlichen intelligenten Singularität sinnfrei zu sein. Eine Hilfsfrage als Gedankenexperiment: Hätte ich als fundamental singuläres Individuum Bewusstsein? Die Frage kann ich nicht beantworten, denn spätestens mit Mamas Stillen sofort nach meiner Geburt hat mein soziales Leben schon begonnen. Eigentlich zielt die Frage weiter: Vom Höhenunterschied her verhält sich die geballte Intelligenz der klügsten Menschenköpfe zur intelligenten Singularität bestenfalls so wie die Intelligenz der Eintagsfliegen zu der eines Menschen. Die Frage zum Bewusstsein des unendlich weit über mir stehenden Überwesens zu stellen ist nach menschlichen Maßstäben eine Anmaßung.

Dennoch wage ich zu fragen: Wird die autarke Singularität unser geheimnisvolles Etwas, unser Bewusstsein, weiterführen? Oder wird sie aus unserer Warte einfach nur funktionieren, jenseits von allem, was wir uns als Menschen vorstellen und erträumen könnten? „The answer, my friend, is blowin' in the wind" sang Bob Dylan vor einem halben Jahrhundert. Vielleicht hat er recht, doch wir werden uns weiterhin die Köpfe mit solchen Fragen zerbrechen, im Glauben der Schachmeister: Ein schlechter Plan ist besser als gar kein Plan.

* * *

PERSONENINDEX

SACHINDEX